Kohlhammer

Klausur Intensiv Training BWL Band 15

Herausgeber: Werner Pepels

Die Kurzlehrbuchreihe „Klausur Intensiv Training BWL" bildet den prüfungs-
relevanten Stoff der Kernfächer des Wirtschaftsstudiums ab. Wirtschaftsmathematik wird in diesem Band in einer Breite und Tiefe behandelt, wie es für den
erfolgreichen Abschluss des Studiums als unerlässlich angesehen werden kann.

Horst Peters

Wirtschaftsmathematik

Verlag W. Kohlhammer

ISBN 3-17-016706-5

Herausgebervorwort

Die Kurzlehrbuchreihe „Klausur Intensiv Training BWL" (BWL-KIT) besteht aus 20 Bänden, welche die Kerninhalte der gängigen Fächer im Grundstudium deutschsprachiger Hochschulen repräsentieren. Jeder Band ist dabei auf die Kerninhalte des jeweiligen Fachs konzentriert und schafft somit eine knappe, Aussage fähige Darstellung des relevanten Lehrstoffs. Die Autoren der Reihe sind ausnahmslos Professoren/Innen mit langjähriger Vorlesungs- und Prüfungsroutine sowie eigener fachpraktischer Berufserfahrung.

Unterstützend wirken zusätzlich zahlreiche didaktische Hilfsmittel wie
▶ Übungsaufgaben mit ausformulierten Lösungshinweisen,
▶ kommentierte Literaturhinweise,
▶ umfassende Verzeichnisse zu Abkürzungen und Stichwörtern,
▶ klar formulierte Lehrziele für jedes Kapitel,
▶ informative Abbildungen,
▶ verständliche Formulierungen mit erklärten Fachbegriffen.

Jeder Band der Reihe vereint damit die Kennzeichen eines guten Lehrbuchs mit denen von Skripten. Vom Lehrbuch hat er die systematische, analytische Strukturierung, von Skripten seine anschauliche, anwendungsbezogene Aufmachung. Diese Kurzlehrbuchreihe eignet sich damit für alle BWL-/WiWi-Studierenden an Universitäten und Fachhochschulen sowie an Akademien (wie BA/VWA) und praxisorientierten Weiterbildungseinrichtungen. Ihnen wird hiermit eine fundierte Vor- und Nachbereitung aller gängigen Veranstaltungen sowie eine sichere Klausurvorbereitung zugänglich. Die Reihe eignet sich weiterhin bestens für Fach- und Führungskräfte in Industrie und Verwaltung.

Damit eine solche komplexe Reihe entstehen kann, bedarf es vielfältiger Unterstützung. Es sei daher den beteiligten Autoren/Innen gedankt. Ohne ihre kooperative Beteiligung wäre diese Reihe gar nicht möglich gewesen. Verbesserungsvorschläge (gerichtet an werner.pepels@t-online.de) sind im Übrigen jederzeit hoch willkommen.

Im Mittelpunkt aller Arbeiten während der Konzipierung und Erstellung dieser Kurzlehrbuchreihe stehen jedoch immer Sie als Leser. Daher sei Ihnen nunmehr aller erdenkliche Erfolg bei der Umsetzung der gewonnenen Erkenntnisse aus diesem Band in Studium und Beruf gewünscht.

Krefeld, im Juni 2002   Werner Pepels

Autorenvorwort

Mathematische Methoden und Anwendungen haben einen festen Stellenwert in der **Wirtschaftstheorie** und in der **Wirtschaftspraxis**. Grundlegende finanz- und wirtschaftsmathematische Kenntnisse sind deshalb zwingend erforderlich, um den Anforderungen in Studium und Praxis zu genügen.

Die „Mathematik für Wirtschaftswissenschaftler" gehört an allen deutschen Hochschulen zum **unverzichtbaren Standardrepertoire des betriebswirtschaftlichen Grundstudiums**. Sie stellt für viele Studierende jedoch ein nur schwer zu überwindendes Hindernis dar. Um den erforderlichen Leistungsschein zu erwerben, ist zum Semesterende in aller Regel eine **Klausur** zu absolvieren.

Dieses Buch richtet sich an **alle Studierende eines wirtschaftswissenschaftlichen Studiums**. Es widmet sich vor allem den Studierenden, die sich seit längerer Zeit nicht mehr mit der Mathematik beschäftigt haben oder ohnehin **gewisse Berührungsängste** mit dieser Materie haben.

Ziel dieses Buches ist es, den **klausurrelevanten Lehrstoff** der Mathematik-Veranstaltung an Fachhochschulen, Universitäten und sonstigen Bildungseinrichtungen wie Verwaltungs- und Wirtschaftsakademien oder Berufsakademien abzudecken und ihn so darzustellen, dass ihn auch der mathematisch weniger geschulte Leser nachvollziehen kann. Es umfasst die Themenbereiche **Grundlagen, Finanzmathematik, Differentialrechnung, Lineare Algebra** und **Lineare Optimierung**. Der Stoff basiert auf jahrelangen Vorlesungsveranstaltungen an der FH Düsseldorf und an Verwaltungs- und Wirtschaftsakademien.

Dazu habe ich den Stoff durch **viele Beispiele und Graphiken** veranschaulicht und das Formelwerk auf das notwendige Maß beschränkt. Am Ende der jeweiligen Kapitel finden sich **Übungsaufgaben** mit den dazugehörigen **Lösungen einschließlich Lösungswegen**. Bei der Erstellung des Manuskripts habe ich stets Wert darauf gelegt, dass der Bezug zur Wirtschaftswissenschaft und zur angewandten Betriebswirtschaft deutlich wird. Dazu kamen mir meine eigenen Erfahrungen in der Wirtschaftspraxis zu Hilfe.

Den Leserinnen und Lesern dieses Buches wünsche ich gutes Gelingen beim Durcharbeiten des Stoffes, viel Erfolg bei der Prüfung und nicht zuletzt auch ein wenig Freude mit der Wirtschaftsmathematik.

Dieser Text enthält naturgemäß Zahlen und Formeln. Sollte sich der eine oder andere Fehler eingeschlichen haben, so geht dies selbstverständlich zu meinen Lasten. Für entsprechende Hinweise ebenso wie für Kritik und Verbesserungsvorschläge – die Sie über die Adresse horst.peters@fh-duesseldorf.de an mich leiten können – möchte ich mich bereits an dieser Stelle bedanken.

Düsseldorf, im Juni 2002   Horst Peters

Inhaltsverzeichnis

Abkürzungs- und Symbolverzeichnis

Allgemeine mathematische Abkürzungen und Symbole

$\mathbb{N}$, $\mathbb{Z}$, $\mathbb{Q}$, $\mathbb{R}$,	Zahlenmengen: Natürliche Zahlen, Ganze Zahlen, Rationale Zahlen, Reelle Zahlen
e	Euler'sche Zahl (e = 2,7182818...)
a, b, c, d,...	beliebige (reelle) Zahlen
x, y, z	Variablen
$\in$ bzw. $\notin$	ist Element von bzw. ist kein Element von
\	„ohne" (z.B. $\mathbb{R} \setminus \{0\}$: $\mathbb{R}$ ohne das Element 0)
{ }	Menge (z.B. {1; 5}: Menge, bestehend aus den Elementen 1 und 5)
$\sqrt{}$, $\sqrt[n]{}$	Quadratwurzel, n-te Wurzel aus
$\log_a$, ln, lg	Logarithmus zur Basis a, Logarithmus zur Basis e (Logarithmus naturalis), Logarithmus zur Basis 10 (dekadischer Logarithmus)
T_1, T_2, T_3	Terme
$\wedge$	und
$\vee$	oder
<, $\leq$	kleiner , kleiner oder gleich
>, $\geq$	größer , größer oder gleich
p, q	Koeffizienten für pq-Formel (quadratische Gleichung)
R_{n-1}	Restpolynom bei Polynomdivision
$\Rightarrow$	daraus folgt
$\Leftrightarrow$	Äquivalenz
∞	unendlich
Σ	Summe
f, f(x)	Funktion, Funktion von x
$\mathbb{D}_f$	Definitionsbereich der Funktion f
f^{-1}	Umkehrfunktion
f'(x), f''(x)	1. Ableitung der Funktion f, 2. Ableitung der Funktion f
$\mathbb{L}$	Lösungsmenge
lim	Limes (=Grenzwert einer Funktion, z.B. $\lim_{x \to \infty} \frac{1}{x} = 0$, d.h., wenn man gedanklich x gegen unendlich gehen lässt, geht die Funktion $\frac{1}{x}$ gegen 0.)
A, B, C	Matrizen A, B, C
A^T	transponierte Matrix
A^{-1}	Inverse der Matrix A
EE	Ergebniseinheit
GE	Geldeinheit
ME	Mengeneinheit
ZE	Zeiteinheit

Griechisches Alphabet

α	A	Alpha	ι	I	Iota	ρ	P	Rho
β	B	Beta	κ	K	Kappa	σ	Σ	Sigma
γ	Γ	Gamma	λ	Λ	Lambda	τ	T	Tau
δ	Δ	Delta	μ	M	My	υ	Y	Ypsilon
ε	E	Epsilon	ν	N	Ny	ϕ	Φ	Phi
ζ	Z	Zeta	ξ	Ξ	Xi	χ	X	Chi
η	H	Eta	o	O	Omikron	ψ	Ψ	Psi
θ	Θ	Theta	π	Π	Pi	ω	Ω	Omega

Finanzmathematische Abkürzungen

A	Jährliche Annuität
a	unterjährliche Annuität
a_1 bzw. a_t	erstes bzw. t-tes Folgenelement einer arithmetischen Folge (t=1, ..., n), auch: Abschreibungsbetrag
c	jährlicher Abschreibungssatz
C	(börsennotierter) Kurs der einer Anleihe
C_E	Emissionskurs (=Ausgabekurs) einer Anleihe
d	konstante Differenz zweier benachbarter Folgenelemente bei arithmetischer Folge
g_1 bzw. g_t	erstes bzw. t-tes Folgenelement einer geometrischen Folge (t=1,n) i Zinssatz als Dezimalzahl (=Zinssatz bezogen auf 1 €, z.B. i = 0,04: 4 €-Cent bezogen auf 1 €) ; i = $^p/_{100}$
$\tilde{i}$	äquivalenter Jahreszins
i*	effektiver Jahreszinssatz
K_0	Anfangsbestand (Kapital), aber auch: Anschaffungs-/Herstellungskosten
K_m	Endguthaben nach m Perioden
K_n	Kapital oder Buchwert nach n Jahren
K_t	Kapital oder Buchwert nach t Jahren
K_T	Kapital nach T Tagen
m	Anzahl Perioden bei Raten bzw. Renten
n	Anzahl der Folgenelemente, aber auch: Laufzeit, Nutzungsdauer
p	Zinsfuß (bezogen auf 100 €, z.B. p = 4: 4 € bezogen auf 100 €)
p.a.	„pro anno" (Zinssatz bezogen auf ein Jahr)
q	konstanter Quotient zweier benachbarter Folgenelemente bei geometrischer Folge, aber auch: q = 1 + i (Aufzinsungsfaktor)
q^{-n}	Abzinsungsfaktor bei Zinssatz i und n Jahren
q^n	Aufzinsungsfaktor bei Zinssatz i und n Jahren
q^t	Aufzinsungsfaktor bei Zinssatz i und t Jahren
r	jährliche Rente oder gleichmäßige (auch unterjährliche) Rate
r´	konforme Ersatzrate (= fiktive Jahresendzahlung)
R_0^∞	Rentenbarwert für jährliche, nachschüssige Rentenbarwert bei ewiger (nachschüssiger), jährlicher Rente
RBF (n, i)	Rentenbarwertfaktor für n Jahre und Zinssatz i

REF (n, i)	Rentenendwertfaktor für n Jahre und Zinssatz i
R_n	Rentenendwert (= Endvermögen bei Rentenzahlungen nach n Jahren)
s	Skontosatz (z.B. 0,02 = 2%)
s_∞	Wert der unendlichen (geometrischen) Reihe
S_0	Anfangsschuld (= Schuld zum Zeitpunkt 0)
s_n	Wert einer Reihe bei n Summanden
S_t	Restschuld zum Zeitpunkt t
t	Index des Folgenelements oder Zeitpunkt (t = 1, ... , n)
T	Verzinsungsdauer in Tagen
T	Tilgungsbetrag
Z_m	Zinsen nach m Perioden
Z_T	Zinsen für T Tage

Ökonomisch relevante Variablen

$\varepsilon_{f, x}$	Punktelastizität von f bzgl. x
C	Konsum
DB	Deckungsbeitrag
$E_{f,x}$	Bogenelastizität von f bzgl. x
G	Gewinn
K	Gesamtkosten
k	Stückkosten
K_f	Gesamte Fixkosten
k_f	Fixkosten pro Stück bzw. pro ME
K_v	variable Gesamtkosten
k_v	variable Stückkosten
N	Nutzen
p	Stückpreis
r	Input (Produktionseinsatzfaktormengen)
U	Umsatz
x	Output, Absatzmenge
Y	Volkseinkommen

Abbildungsverzeichnis

1. Mathematische Grundlagen

Lehrziele

Nach Durcharbeiten dieses Kapitels sollen die Studierenden in der Lage sein,

▶ die grundlegenden arithmetischen Rechenregeln und -gesetze sicher anzuwenden,

▶ mit Potenzen, Wurzeln und Logarithmen sicher umzugehen,

▶ Äquivalenzumformungen durchzuführen,

▶ lineare Gleichungen und quadratische Gleichungen sicher zu lösen,

▶ nicht-lineare Gleichungen aufzulösen, gegebenenfalls unter Anwendung des Horner-Schemas oder der Polynomdivision,

▶ Ungleichungen zu lösen.

1.1 Zahlenmengen

In der Mathematik unterscheidet man verschiedene Zahlenmengen. Alle diese Mengen haben unendlich viele Elemente, dennoch sind diese Mengen unterschiedlich „groß". Man kann sich gedanklich alle Zahlen auf einem Zahlenstrahl untergebracht vorstellen.

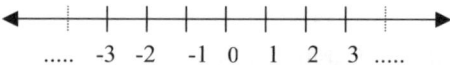

Das einfachste und grundlegendste Zahlensystem sind die **natürlichen Zahlen** (1, 2, 3, ...). Schließt man die 0 und die negativen Zahlen mit ein, so bezeichnet man diese Menge als **ganze Zahlen**. Für die meisten Berechnungen reichen jedoch die ganzen Zahlen nicht aus, denn eine Zahl wie etwa 0,5 (= $\frac{1}{2}$) oder $\frac{2}{3}$ ist nicht in der Menge der ganzen Zahlen enthalten. Hierfür benötigen wir eine neue Zahlenmenge, die wir als **rationale Zahlen** bezeichen. Die rationalen Zahlen umfassen alle Brüche und damit auch die ganzen Zahlen (z. B. ist $1 = \frac{1}{1}$). Mit den rationalen Zahlen sind allerdings noch nicht alle denkbaren Zahlen erfasst. Der Zahlenstrahl ist noch immer „lückenhaft". Es gibt Zahlen, die sich nicht als Bruch darstellen lassen, z. B. die beiden Naturkonstanten π (= 3,14159...) und e (= 2,71828..., „Euler'sche Zahl") oder etwa $\sqrt{3}$, diese Zahlen heißen irrational. Erweitert man die rationalen Zahlen um die irrationalen Zahlen, so erhält man die **reellen Zahlen**. Sie decken den Zahlenstrahl komplett ab, deshalb ist es sehr praktisch, wenn man für Berechnungen die reellen Zahlen zu Grunde legt, denn um etwaige „Lücken" braucht man sich dann nicht mehr zu sorgen.

Zusammenfassung:

Zahlen	Begriff	Abk.
1, 2,.3, ...	Natürliche Zahlen	$\mathbb{N}$
... –3, –2, –1, 0, 1, 2, 3, ...	Ganze Zahlen	$\mathbb{Z}$
Alle Brüche	Rationale Zahlen	$\mathbb{Q}$
Alle rationalen Zahlen plus alle irrationalen Zahlen (z. B. π, e, $\sqrt{2}$)	Reelle Zahlen	$\mathbb{R}$

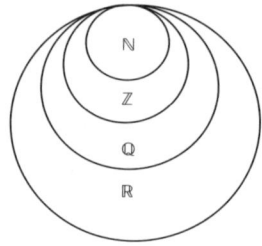

1.2 Wichtige Regeln und Rechengesetze

Bevor wir uns mit „höherstehenden" mathematischen Themen beschäftigen, ist es notwendig, die folgenden elementaren Rechenregeln zu verinnerlichen. Dabei seien a, b, c und d beliebige Zahlen aus $\mathbb{R}$:

i) $-(-a) = a$ „Minus mal Minus ergibt Plus"

ii) $-a = (-1) \cdot a$

iii) $-ab = -(a \cdot b) = (-a) \cdot b = a \cdot (-b)$

iv) $(-a) \cdot (-b) = ab$

v) $\frac{a}{b} = a \cdot \frac{1}{b}$

vi) $-\frac{a}{b} = -(a : b) = \frac{-a}{b} = \frac{a}{-b}$

vii) $\frac{a \cdot c}{b \cdot c} = \frac{a}{b}$ Erweitern bzw. Kürzen von Brüchen

viii) aber: $\frac{a+c}{b+c} \neq \frac{a}{b}$ „Summen kürzen nur die D..."

ix) $\frac{a}{b} \cdot \frac{c}{d} = \frac{a \cdot c}{b \cdot d}$ Multiplikation von Brüchen
                               („Zähler mal Zähler, Nenner mal Nenner")

x) $\frac{a}{b} + \frac{c}{d} = \frac{a \cdot d + c \cdot b}{b \cdot d}$ Addition von Brüchen
                               (Gemeinsamer Nenner, dann Zähler addieren)

xi) $\frac{a}{b} - \frac{c}{d} = \frac{a \cdot d - c \cdot b}{b \cdot d}$ Subtraktion von Brüchen

xii) $\frac{\frac{a}{b}}{\frac{c}{d}} = \frac{a}{b} \cdot \frac{d}{c}$ Division durch einen Bruch
                               (= Multiplikation mit Kehrwert)

xiii) $a \cdot b = b \cdot a$ **Kommutativgesetz**

xiv) $a \cdot (b + c) = a \cdot b + a \cdot c$ **Distributivgesetz**

xv) aber: $a + b \cdot c \neq (a + b) \cdot c$ „Punktrechnung vor Strichrechnung"

xvi) $(a + b)^2 = a^2 + 2ab + b^2$ **1. binomische Formel**   (1.1)

xvii) $(a - b)^2 = a^2 - 2ab + b^2$ **2. binomische Formel**   (1.2)

xviii) $(a + b) \cdot (a - b) = a^2 - b^2$ **3. binomische Formel**   (1.3)

Beispiele:

zu i): $-(-3) = 3$.   ii): $-3 = (-1) \cdot 3$.   iii): $-3 \cdot 4 = -(3 \cdot 4) = (-3) \cdot 4 = 3 \cdot (-4) = -12$.

iv): $(-3) \cdot (-4) = 3 \cdot 4 = 12$.   v): $\frac{3}{4} = 3 \cdot \frac{1}{4}$.   vi): $-\frac{3}{4} = \frac{-3}{4} = \frac{3}{-4}$.   vii): $\frac{15}{10} = \frac{5 \cdot 3}{5 \cdot 2} = \frac{3}{2}$.

viii): aber $\frac{5+3}{5+2} = \frac{8}{7} \neq \frac{3}{2}$.   ix): $\frac{3}{4} \cdot \frac{5}{8} = \frac{15}{32}$. x): $\frac{3}{4} + \frac{2}{3} = \frac{3 \cdot 3 + 2 \cdot 4}{4 \cdot 3} = \frac{17}{12}$. xi): $\frac{3}{4} - \frac{2}{3} = \frac{3 \cdot 3 - 2 \cdot 4}{4 \cdot 3} = \frac{1}{12}$.

xii): $\frac{\frac{3}{4}}{\frac{3}{2}} = \frac{3}{4} \cdot \frac{2}{3} = \frac{1}{2}$.   xiii: $3 \cdot 4 = 4 \cdot 3$ xiv): $3 \cdot (4 + 5) = 3 \cdot 4 + 3 \cdot 5 = 12 + 15 = 27$.

xv): aber $3 + 4 \cdot 5 \neq 7 \cdot 5$, denn: $3 + 4 \cdot 5 = 3 + 20 = 23$ (Punkt- vor Strichrechnung).

xvi): $(3 + 5)^2 = 3^2 + 2 \cdot 3 \cdot 5 + 5^2 = 9 + 30 + 25 = 64 \ (= 8^2)$ 1. binomische Formel.

xvii): $(7 - 4)^2 = 7^2 - 2 \cdot 7 \cdot 4 + 4^2 = 49 - 56 + 16 = 9 \ (= 3^2)$ 2. binomische Formel.

xviii): $(4 + 3) \cdot (4 - 3) = 4^2 - 3^2 = 16 - 9 = 7 \ (= 7 \cdot 1)$ 3. binomische Formel.

Aufgabe 1: Lösen Sie die Klammern auf und vereinfachen Sie soweit möglich!

a) $2x - 4y - (2x - (x + 3y))$ b) $a + b - (2a - (b + a) - b)$

c) $(x + 2y) \cdot (u - 3v)$ d) $(x - y - z) \cdot (x + y - z)$

Aufgabe 2: Klammern Sie folgende Ausdrücke aus!

a) $28xz - 14xy + 35ux$ b) $15uvw + 18uv - 33uvx$

Aufgabe 3: Wenden Sie die binomischen Formeln an!

a) $x^2 - x + 0{,}25$ b) $64a^2 - 4b^2$

c) $(7a - 15b) \cdot (15b + 7a)$ d) $(a+b)^3$ e) $(a-b)^3$

Aufgabe 4: Kürzen Sie, falls möglich!

a) $\dfrac{2x - 2}{x - 1}$ b) $\dfrac{4x + 2}{8x + 4}$ c) $\dfrac{x + 1}{x - 1}$

Aufgabe 5: Führen Sie geeignete Operationen mit Brüchen durch!

a) $\frac{5}{2} + \frac{3}{5}$ b) $\frac{7}{6} - \frac{3}{5}$ c) $\frac{3/4}{5/4}$ d) $\frac{(a-b)}{(a+b)} + \frac{(a+b)}{(a-b)}$.

1.3 Potenzen, Wurzeln und Logarithmen

1.3.1 Potenzen und Wurzeln

Sowohl in der Finanzmathematik als auch in der Analysis tauchen Potenzen auf. Zunächst betrachten wir den besonders anschaulichen Fall, dass der Exponent eine natürliche Zahl ist.

a) Potenzen mit natürlichen Exponenten ($\in \mathbb{N}$)

Man spricht von einer Potenz mit natürlichem Exponenten, wenn man eine reelle Zahl n-mal mit sich selbst multipliziert. Dabei verwendet man folgende Schreibweise:

Definition

$$a^n = \underbrace{a \cdot a \cdot a \cdot \ldots \cdot a}_{n\text{-mal}} \qquad \text{mit } a \in \mathbb{R},\, n \in \mathbb{N}.$$

Die „Grundzahl" (hier: a) heißt **Basis** und die „Hochzahl" (hier: n) wird als **Exponent** bezeichnet. Der Gesamtausdruck heißt **Potenz** (hier: a^n).

Bemerkungen und Beispiele

i)   Es gilt stets (solange keine Klammern gesetzt sind): „Potenzrechnung vor Punktrechnung vor Strichrechnung", d. h. die Potenzbildung hat Vorrang vor den „üblichen" Operationen „·", „÷", „+" und „–".

ii) $3^4 = 3 \cdot 3 \cdot 3 \cdot 3 = 81.$

iii) $(-3)^4 = (-3) \cdot (-3) \cdot (-3) \cdot (-3) = 81.$

iv)   aber: $-3^4 = -81.$ („Potenzrechnung **vor** Strichrechnung")

v) $(4 \cdot 5)^3 = 20^3 = 8.000.$

vi)   aber: $4 \cdot 5^3 = 4 \cdot 125 = 500.$ („Potenzrechnung **vor** Punktrechnung")

vii) $(\frac{1}{2})^3 = \frac{1}{2} \cdot \frac{1}{2} \cdot \frac{1}{2} = \frac{1}{8}$

viii) $(-\frac{1}{2})^3 = (-\frac{1}{2}) \cdot (-\frac{1}{2}) \cdot (-\frac{1}{2}) = (-\frac{1}{8})$

ix)   (**Zehnerpotenzen**)

      „Große" Zahlen werden häufig durch Zehnerpotenzen dargestellt, z. B.:

      $1.000 = 10^3$ (eintausend)

      $1.000.000 = 10^6$ (eine Million)

      $1.000.000.000 = 10^9$ (eine Milliarde)

      $12.345.679 \cdot 27 = 333.333.333 = 3,33 \cdot 10^8$

Die meisten Taschenrechner „meistern" die Anzeige großer Zahlen ebenfalls mit Hilfe der Zehnerpotenz. Ein Rechner mit achtstelligem Display wird bei der letzten Operation in der Regel die Anzeige $\boxed{3.3333333^{08}}$ liefern, was nichts anderes als $3,33 \cdot 10^8$ bedeutet.

Für den Umgang mit Potenzen bei natürlichem Exponenten gelten gewisse Rechenregeln, die – vielleicht noch aus Ihrer Schulzeit bekannt – als die fünf **Potenzgesetze** bezeichnet werden:

	Potenzgesetz	Beispiel	Formel
1.	$a^m \cdot a^n = a^{m+n} \quad a \in \mathbb{R}, m, n \in \mathbb{N}.$	$2^3 \cdot 2^2 = \underbrace{2 \cdot 2 \cdot 2}_{3\text{-mal}} \cdot \underbrace{2 \cdot 2}_{2\text{-mal}} = 2^{3+2} = 2^5 = 32.$	(1.4)
2.	$\dfrac{a^m}{a^n} = a^{m-n} \quad a \in \mathbb{R}, m, n \in \mathbb{N} \quad a \neq 0.$	$\dfrac{2^3}{2^2} = \dfrac{2 \cdot 2 \cdot 2}{2 \cdot 2} = 2^{3-2} = 2.$	(1.5)
3.	$(a \cdot b)^n = a^n \cdot b^n \quad a, b \in \mathbb{R}, n \in \mathbb{N}.$	$6^2 = (2 \cdot 3)^2 = 2^2 \cdot 3^2 = 4 \cdot 9 = 36.$	(1.6)
4.	$\left(\dfrac{a}{b}\right)^n = \dfrac{a^n}{b^n} \quad a, b \in \mathbb{R}, n \in \mathbb{N} \quad b \neq 0.$	$\left(\dfrac{6}{3}\right)^2 = \dfrac{6^2}{3^2} = \dfrac{36}{9} = 4.$	(1.7)
5.	$(a^m)^n = a^{mn} \quad a \in \mathbb{R}, m, n \in \mathbb{N}.$	$8^2 = (2^3)^2 = 2^{3 \cdot 2} = 2^6 = 64.$	(1.8)

Achtung! Für die *Addition* bzw. *Subtraktion von Potenzen* gibt es *keine* entsprechenden Rechenregeln, d. h. Ausdrücke wie z. B. $x^2 + y^2$ oder $x^2 + x^3$ sind nicht mehr zu vereinfachen. Allenfalls kann man ausklammern [z. B. $4x^2 + 8y^2 = 4 \cdot (x^2 + 2y^2)$] oder bei gleicher Potenz zusammenfassen [z. B. $4x^2 + 5x^2 = 9x^2$].

b) Potenzen mit ganzzahligen Exponenten ($\in \mathbb{Z}$)

Wir wollen nun den Potenzbegriff auf ganze Zahlen ausdehnen und definieren folgendermaßen:

Definition

i) $a^{-n} = \dfrac{1}{a^n}$ mit $a \in \mathbb{R} \setminus \{0\}, n \in \mathbb{Z}$

ii) $a^0 = 1$ mit $a \in \mathbb{R} \setminus \{0\}$.

Bemerkungen und Beispiele

i)   Bedenkt man, dass man einen Quotienten $\dfrac{a^m}{a^n}$ auch als Produkt schreiben kann in der Form $a^m \cdot \dfrac{1}{a^n}$, so erkennt man, dass aus Definition i) sofort das 2. Potenzgesetz ableitbar ist, denn $a^m \cdot \dfrac{1}{a^n} \overset{\text{Def. i)}}{=} a^m \cdot a^{-n} \overset{\text{1. Pot. ges.}}{=} a^{m-n}$.

ii) $2^{-3} = \dfrac{1}{2^3} = \dfrac{1}{8} = 0{,}125$.   iii) $(-2)^{-3} = \dfrac{1}{(-2)^3} = -\dfrac{1}{8} = -0{,}125$.

iv) $17^0 = 1$.   v) 0^0 ist nicht definiert.

c) Wurzeln oder: Potenzen mit rationalen (gebrochenen) Exponenten ($\in \mathbb{Q}$)

Schließlich ist es sinnvoll, den Potenzbegriff nochmals zu erweitern, wenn man etwa aus der Gleichung $x^2 = 2$ den Wert x bestimmen will. Potenziert man beide Seiten mit $\frac{1}{2}$, so ergibt sich $\underbrace{\left(x^2\right)^{\frac{1}{2}}}_{=x} = 2^{\frac{1}{2}}$ bzw. $x = 2^{\frac{1}{2}}$.: Der gesuchte Wert ergibt sich offensichtlich in Form einer Potenz mit der Basis 2 und dem gebrochenen Exponenten $\frac{1}{2}$. Für derartige Berechnungen hat man die **Wurzel** eingeführt.

Definition

i)   Die nichtnegative Lösung x von $x^2 = a$, $a \in \mathbb{R}$ und $a \geq 0$ heißt die **Quadratwurzel** $\sqrt[2]{a}$ (auch : $\sqrt{a}$). [Schreibweise: $x = \sqrt[2]{a} = \sqrt{a} = a^{\frac{1}{2}}$.]

ii) Die nichtnegative Lösung x von $x^n = a$, $a \in \mathbb{R}$ und $a \geq 0$, $n \in \mathbb{N}$ heißt die **n-te Wurzel** $\sqrt[n]{a}$. [Schreibweise: $x = \sqrt[n]{a} = a^{\frac{1}{n}}$.]

iii) Die nichtnegative Lösung x von $x^n = a^m$, $a \in \mathbb{R}$ und $a \geq 0$, $n \in \mathbb{N}$, $m \in \mathbb{Z}$ heißt $\sqrt[n]{a^m}$.   [Schreibweise: $x = \sqrt[n]{a^m} = a^{\frac{m}{n}}$.], $\frac{m}{n} \in \mathbb{Q}$

Bemerkungen und Beispiele

i) Das Wurzelziehen ist die Umkehroperation des Potenzierens, d.h. zieht man die n-te Wurzel und potenziert „hoch n", dann gelangt man wieder zur Ausgangszahl, z.B.. $(\sqrt[3]{8})^3 = (8^{\frac{1}{3}})^3 = 8$.

ii) Es gilt: $\sqrt[n]{a^m} = (\sqrt[n]{a})^m$, z.B. $\sqrt[3]{8^5} = (\sqrt[3]{8})^5 = 2^5 = 32$.

iii) Gemäß obiger Definition iii) kann jede Wurzel in eine Potenz umgeschrieben werden, z.B. $\sqrt[5]{4^2} = 4^{\frac{2}{5}}$. Diese Eigenschaft erweist sich in der Differentialrechnung bei der Ableitung von Wurzelfunktionen als vorteilhaft.

iv) Es gilt: $a^{-\frac{m}{n}} = \frac{1}{a^{\frac{m}{n}}} = \frac{1}{\sqrt[n]{a^m}}$, z.B. $32^{-\frac{2}{5}} = \frac{1}{32^{\frac{2}{5}}} = \frac{1}{\sqrt[5]{32^2}} = \frac{1}{4}$.

v) Die Wurzel aus einer negativen Zahl ist im Bereich der reellen Zahlen nicht definiert. $\sqrt{-9}$ ist beispielsweise nicht definiert.

vi) $\sqrt{0} = 0$.

vii) $\sqrt{16} = 4$.

viii) $\sqrt[10]{1.024} = 2$.

ix) $\sqrt[4]{4} = \sqrt[4]{2^2} = 2^{\frac{2}{4}} = 2^{\frac{1}{2}} = \sqrt{2} \overset{\text{(Taschenrechner)}}{=} 1{,}41421\ldots$.

x) $\sqrt{-16}$ ist nicht definiert.

xi) $-\sqrt{16} = -4$.

xii) Die fünf Potenzgesetze bleiben auch für die Potenzen $a^{\frac{m}{n}}$, also für Potenzen mit gebrochenem Exponenten, gültig (siehe folgende Beispiele).

xiii) $\sqrt[4]{256} \cdot \sqrt{256} = 256^{\frac{1}{4}} \cdot 256^{\frac{1}{2}} = 256^{\frac{1}{4}+\frac{1}{2}} = 256^{\frac{3}{4}} = (\sqrt[4]{256})^3 = 4^3 = 64$.　(1. Potenzgesetz)

xiv) $\dfrac{\sqrt[3]{8^4}}{\sqrt[3]{8^5}} = \dfrac{8^{\frac{4}{3}}}{8^{\frac{5}{3}}} = 8^{\frac{4}{3}-\frac{5}{3}} = 8^{-\frac{1}{3}} = \dfrac{1}{8^{\frac{1}{3}}} = \dfrac{1}{\sqrt[3]{8}} = \dfrac{1}{2}$.　(Anwendung des 2. Potenzgesetzes)

xv) $\sqrt{4} \cdot \sqrt{9} = 4^{\frac{1}{2}} \cdot 9^{\frac{1}{2}} = (4 \cdot 9)^{\frac{1}{2}} = 36^{\frac{1}{2}} = \sqrt{36} = 6$.　(Anwendung des 3. Potenzgesetzes)

xvi) $\dfrac{\sqrt{100}}{\sqrt{25}} = \dfrac{100^{\frac{1}{2}}}{25^{\frac{1}{2}}} = \left(\dfrac{100}{25}\right)^{\frac{1}{2}} = 4^{\frac{1}{2}} = \sqrt{4} - 2$.　(Anwendung des 4. Potenzgesetzes)

xvii) $\sqrt{\sqrt[4]{256}} = \left(256^{\frac{1}{4}}\right)^{\frac{1}{2}} = 256^{\frac{1}{4}\cdot\frac{1}{2}} = 256^{\frac{1}{8}} = \sqrt[8]{256} = 2$. (Anwendung d. 5. Potenzgesetzes)

1.3.2 Logarithmen

Für bestimmte wirtschafts- und finanzmathematische Berechnungen ist bei Vorliegen einer Potenz der **Exponent** zu bestimmen. Wie lautet etwa die Lösung der Gleichung $2^x = 32$? Potenzen mit gesuchtem Exponenten führen uns auf den Begriff des **Logarithmus**.

Definition

$$a^x = c \Leftrightarrow x = \log_a c \qquad a \in \mathbb{R}^+ \setminus \{1\}, c \in \mathbb{R}^+, x \in \mathbb{R}$$

Sprechweise: „x ist gleich dem Logarithmus von c zur Basis a".

Der Logarithmus von c zur Basis a gibt den (gesuchten) Exponenten x an, mit dem a potenziert werden muss, um c zu erhalten. Es ist – wie bereits das Wurzelziehen – eine weitere Umkehroperation zum Potenzieren.

Im obigen Zahlenbeispiel kann man also formulieren: $2^x = 32 \Leftrightarrow x = \log_2 32$. In diesem einfachen Fall erkennt man bereits durch „Hinsehen", dass die Lösung $x = 5$ lautet, d. h. 5 ist der Logarithmus von 32 zur Basis 2. In den meisten Fällen ist jedoch eine Berechnung notwendig, um den Logarithmus zu bestimmen. Wie kann man diese Berechnung praktisch bewerkstelligen?

Während man „früher" Logarithmentafeln verwendete, ist die Logarithmusberechnung heutzutage mit dem Taschenrechner eine vergleichsweise leichte Übung. Jedoch bietet der Taschenrechner in der Regel nur zwei Logarithmusfunktionen an, nämlich die Taste $\boxed{\text{ln}}$ und die Taste $\boxed{\text{lg}}$ (gelegentlich auch $\boxed{\text{log}}$). Dahinter verbergen sich die beiden gebräuchlichsten Logarithmen, nämlich:

▶ $\ln c = \log_e c$ natürlicher Logarithmus = Logarithmus zur Basis e
         ($e = 2{,}21728...$ Euler'sche Zahl[1])
▶ $\lg c = \log_{10} c$ dekadischer Logarithmus = Logarithmus zur Basis 10

Diese beiden speziellen Logarithmen reichen aus, um jeden Logarithmus zu einer beliebigen Basis zu berechnen (z. B. $\log_2 32$). Hierfür macht man sich folgende Rechenregel zu Nutze:

$$\log_a c = \frac{\log_b c}{\log_b a} \tag{1.9}$$

Die Basis kann frei gewählt werden. Wählt man nun $b = e$ oder $b = 10$, dann lässt sich schreiben:

$$\log_a c = \frac{\ln c}{\ln a} = \frac{\lg c}{\lg a} \tag{1.10}$$

---

1 Die Eulersche Zahl e ist – wie auch die Zahl π (=3,14156...) – eine Naturkonstante. Sie taucht u. a. überall dort auf, wo wir es mit Wachstumsprozessen zu tun haben. In Zusammenhang mit der stetigen Verzinsung (vgl. Kapitel 2) wird die Zahl e näher erläutert.

Beispiele

i) $2^x = 32 \Leftrightarrow x = \log_2 32 \overset{b=e}{=} \dfrac{\ln 32}{\ln 2} \overset{\text{Taschenrechner}}{=} \dfrac{3,4657...}{0,6931...} = 5.$

ii) $1,05^x = 2 \Leftrightarrow x = \log_{1,05} 2 \overset{b=10}{=} \dfrac{\lg 2}{\lg 1,05} \overset{\text{Taschenrechner}}{=} \dfrac{0,30103}{0,02119...} = 14,2.$

Das Beispiel ii) enthält bereits eine finanzmathematische Anwendung. 14,2 ist die Anzahl der Jahre, die ein Kapital benötigt, um sich zu verdoppeln, wenn es zu 5 % pro Jahr verzinslich angelegt wird.[2]

Aus den fünf Potenzgesetzen lassen sich drei **Logarithmengesetze** ableiten:

	Logarithmengesetz	Beispiel	Formel
1.	$\log_a(c \cdot d) = \log_a c + \log_a d$ $a \in \mathbb{R}^+ \setminus \{1\},\, c,\, d \in \mathbb{R}^+.$	$\log_2(4 \cdot 8) = \log_2 4 + \log_2 8 = 2 + 3 = 5$ $\text{denn}: 2^5 = 32 (= 4 \cdot 8).$	(1.11)
2.	$\log_a\left(\dfrac{c}{d}\right) = \log_a c - \log_a d$ $a \in \mathbb{R}^+ \setminus \{1\},\, c,\, d \in \mathbb{R}^+.$	$\log_a\left(\dfrac{243}{9}\right) = \log_3 243 - \log_3 9 = 5 - 2 = 3$ $\text{denn}: 3^3 = 27 \left(= \dfrac{243}{9}\right)$	(1.12)
3.	$\log_a c^r = r \cdot \log_a c$ $a \in \mathbb{R}^+ \setminus \{1\},\, c \in \mathbb{R}^+,\, r \in \mathbb{R}.$	$\log_4 16^3 = 3 \cdot \log_4 16 = 3 \cdot 2 = 6$ $\text{denn}: 4^6 = 4096 \left(= 16^3\right)$	(1.13)

Bemerkungen und Beispiele

i)   Für die Ausdrücke $\log_a(c+d)$ bzw. $\log_a(c-d)$ gibt es *keine* Rechenregeln.

ii)   Das Logarithmieren und anschließende Potenzieren mit derselben Basis führt wieder auf die Ursprungszahl, d.h. Logarithmieren ist eine Umkehroperation des Potenzierens: $a^x = c \Leftrightarrow x = \log_a c \overset{\text{beiderseitiges}}{\underset{\text{Potenzieren}}{\Leftrightarrow}} a^x = a^{\log_a c} = c.$

Beispiele:
- $3^x = 81 \Leftrightarrow x = \log_3 81$. Potenzieren führt auf $3^x = 3^{\log_3 81} = 81$.
- $e^x = 17 \Leftrightarrow x = \ln 17$. Potenzieren führt auf $e^x - e^{\ln 17} = 17$.
- $\ln x = 2 \Leftrightarrow \underset{=x}{\underline{e^{\ln x}}} = e^2 \Leftrightarrow x = e^2$.

iii) $\log_a a = 1$, denn $a^1 - a$.

iv) $\log_a 1 = 0$, denn $a^0 = 1$.

v) $\log_a 0$ ist nicht definiert, denn a^x ist immer größer 0.

vi) $\lg 1.000 = \lg 10^3 = 3 \cdot \lg 10 = 3 \cdot 1 = 3$.

vii) $\ln e^2 = 2 \cdot \ln e = 2 \cdot 1 = 2$.

viii) $\log_2 1.024 = \log_2 2^{10} = 10 \cdot \log_2 2 = 10 \cdot 1 = 10$.

ix) $\log_2 1.025 \overset{\text{Rechenregel}}{=} \dfrac{\ln 1025}{\ln 2} = \dfrac{6,93244...}{0,6931...} = 10,0014$.

---

2 Näheres dazu in Kapitel 2.

Aufgabe 6: Formen Sie mit Hilfe der Potenzgesetze um!

a) $\dfrac{a^{-x} \cdot \left(a^2 - 1\right)^{-x}}{a^3 - a}$ b) $\dfrac{\sqrt[3]{(a+b)^4}}{\sqrt[3]{a+b}}$

Aufgabe 7: Berechnen Sie mit Hilfe eines Taschenrechners!

a) $\log_2 17$ b) $\log_{1,05} 3$

1.4 Gleichungen

1.4.1 Äquivalenzumformungen

Äquivalenzumformungen sind das entscheidende Instrument, um Gleichungen und Ungleichungen zu lösen. Zunächst wollen wir uns auf Gleichungen beschränken.

Definition

> Eine Gleichung ist die Verbindung zweier Terme T_1 und T_2 durch die Beziehung $T_1 = T_2$.

Ein Term kann dabei eine einzelne Zahl oder auch eine Operation sein (z. B. $4 \cdot x$, $x+3$ usw.). Eine Gleichung können wir uns anschaulich als Waage vorstellen, die sich in der Balance befindet. Entscheidend ist nicht, wie schwer beide Seiten sind – d. h. wie groß die Terme sind –, einzig relevant ist die Gleichheit der beiden Seiten.

Beispiel:
$x + 3 = 7$ bzw. $T_1 = T_2$.

Definition

> Eine Äquivalenzumformung ist eine Umformung, bei der eine Gleichung in eine **äquivalente** Gleichung überführt wird.
>
> Wir schreiben: $\boxed{T_1 = T_2 \Leftrightarrow T_1{}^* = T_2{}^*}$

Äquivalent („gleichwertig") bedeutet, dass die Gleichungen $T_1 = T_2$ und $T_1{}^* = T_2{}^*$ dieselben Lösungsmengen besitzen.
Folgende Operationen sind Äquivalenzumformungen:

Äquivalenzumformung	Operation	Beispiel
$T_1 = T_2 \Leftrightarrow T_1 + T_3 = T_2 + T_3$	Addition	$x - 4 = 6 \mid +4$ $\Leftrightarrow x = 10$
$T_1 = T_2 \Leftrightarrow T_1 - T_3 = T_2 - T_3$	Subtraktion	$x + 3 = 7 \mid -3$ $\Leftrightarrow x = 4$
$T_1 = T_2 \Leftrightarrow T_1 \cdot T_3 = T_2 \cdot T_3$	Multiplikation	$x \cdot \frac{1}{2} = 3 \mid \cdot 2$ $\Leftrightarrow x = 6$
$T_1 = T_2 \Leftrightarrow \dfrac{T_1}{T_3} = \dfrac{T_2}{T_3}$ $(T_3 \neq 0)$	Division	$3x = 6 \mid :3$ $\Leftrightarrow x = 2$
$T_1 = T_2 \Leftrightarrow a^{T_1} = a^{T_2}$, $a \in \mathbb{R}^+ \backslash \{1\}$	Exponentialbildung	$x = 3 \Leftrightarrow 2^x = 2^3$
$T_1 = T_2 \Leftrightarrow \log_a T_1 = \log_a T_2$	Logarithmieren	$e^x = 17 \Leftrightarrow \underbrace{\ln e^x}_{=x} = \ln 17$
$T_1 \cdot T_2 \cdot \ldots \cdot T_n = 0 \Leftrightarrow T_1 = 0 \vee T_2 = 0$ $\vee \ldots \vee T_n = 0$	Produkt mehrerer Terme wird = 0, wenn wenigstens ein Term = 0 wird.	$x \cdot (x+1) \cdot (x^2 - 9) = 0$ $\Leftrightarrow x = 0 \vee x+1 = 0 \vee x^2 - 9 = 0$ $L = \{0; -1; -3; 3\}$
Vorsicht beim Potenzieren und Wurzelziehen!		
Fall 1: Exponent ist ungerade.		
$T_1 = T_2 \Leftrightarrow T_1^n = T_2^n$ $n \in \mathbb{N}$, n ungerade	Potenzieren	$x = 2 \mid^3$ $\Leftrightarrow x^3 = 2^3 \Leftrightarrow x^3 = 8$
$T_1 = T_2 \Leftrightarrow \sqrt[n]{T_1} = \sqrt[n]{T_2}$ $n \in \mathbb{N}$, n ungerade	Wurzelziehen	$x^3 = 27 \mid \sqrt[3]{}$ $\Leftrightarrow x = \sqrt[3]{27} = 3$
Fall 2: Exponent ist gerade.		
$T_1^n = T_2^n \Leftrightarrow T_1 = T_2 \vee T_1 = -T_2$ $n \in \mathbb{N}$, n gerade	Potenzieren	$x = 3 \Leftrightarrow x^2 = 3^2$ bzw. $x^2 = 9$, aber: $x^2 = 9 \Leftrightarrow x = 3 \vee x = -3$
$T_1 = T_2 \Leftrightarrow \sqrt[n]{T_1} = \sqrt[n]{T_2} \vee \sqrt[n]{T_1} = \sqrt[n]{T_2}$, $n \in \mathbb{N}$, n gerade	Wurzelziehen	$x^3 = \Leftrightarrow \sqrt[4]{x^4} = \sqrt[4]{16}$ $\vee \sqrt[4]{x^4} = -\sqrt[4]{16}$ bzw. $x = 2 \vee x = -2$

1.4.2 Lineare Gleichungen und lineare Gleichungssysteme

$\boxed{ax + b = cx + d}$

Die lineare Gleichung ist die einfachste aller Gleichungen. Die Variable x tritt nur in der ersten Potenz auf.

1. Beispiel:

Eine Autovermietung stellt zwei Tarife zur Auswahl (x = Anzahl gefahrener Kilometer):

Tarif 1: 100 € Festbetrag und 0,60 € pro gefahrenen Kilometer (100 + 0,6x),

Tarif 2: 60 € Festbetrag und 0,80 € pro gefahrenen Kilometer (60 + 0,8x),

Gesucht ist die Kilometerzahl, bei der die Kosten beider Varianten gleich hoch sind.

Lösung: $100 + 0,6 \cdot x = 60 + 0,8 \cdot x \mid -60 \Leftrightarrow 40 + 0,6 \cdot x = 0,8x \mid -0,6x$

$\Leftrightarrow 40 = 0,2 \cdot x \mid : 0,2 \Leftrightarrow x = \frac{40}{0,2} = 200$ Kilometer

Unterhalb 200 Kilometer wäre somit Tarif 2 vorteilhaft, oberhalb 200 Kilometer entsprechend Tarif 1.

2. Beispiel:

Die Fachhochschule Großherzen hat ein Sommerkonzert für einen gemeinnützigen Zweck veranstaltet. Die Eintrittspreise betrugen 2,50 € für Jugendliche und Studierende sowie 5,00 € für Erwachsene. Insgesamt besuchten 800 Personen das Konzert, die Einnahme betrug 3.080 €. Wie viele Jugendliche/Studierende und wie viel Erwachsene besuchten das Konzert?

Lösung: x: Anzahl Jugendlicher , 800 – x: Anzahl Erwachsene

$2,50 \cdot x + 5 \cdot (800 - x) = 3.080$ lineare Gleichung

$\Leftrightarrow 2,50 \cdot x + 4.000 - 5 \cdot x = 3.080 \,|\, -4.000 \Leftrightarrow -2,5 \cdot x = -920 \,|\, :(-2,5)$

$\Leftrightarrow x = 368$

Das Konzert besuchten 368 Jugendlichen/Studenten und (800–368=) 432 Erwachsene.

Lineare Gleichungssysteme

Häufig tauchen lineare Gleichungen in Zusammenhang mit **linearen Gleichungssystemen** auf. Wir werden uns in Kapitel 5 (Lineare Algebra) eingehender damit befassen. Sie werden jedoch bereits hier angesprochen, da sie für einige Operationen in der Differentialrechnung benötigt werden. Wir beschränken uns an dieser Stelle auf die einfachsten Fälle „2 Gleichungen mit 2 Unbekannten" und „3 Gleichungen mit 3 Unbekannten".

Ein **lineares Gleichungssystem aus 2 Gleichungen und 2 Unbekannten** hat die allgemeine Form:

$a_1 x + b_1 y = c_1$

$\wedge \quad a_2 x + b_2 y = c_2$ $a_1, b_1, c_1, a_2, b_2, c_2 \in \mathbb{R}$

x und y sind die unbekannten Variablen, a, b, c sind bekannte Parameter.

Zur Lösung stehen drei gleichwertige Verfahren zur Verfügung: **Additionsverfahren**, **Gleichsetzungsverfahren** und **Einsetzungsverfahren**. Alle drei Verfahren verfolgen das Ziel, das Gleichungssystem auf 1 Gleichung mit 1 Unbekannten zu reduzieren. Es bleibt jedem selbst überlassen, für welche dieser drei Methoden er sich entscheidet. Wir werden alle drei Lösungsverfahren an folgendem Beispiel demonstrieren.

Beispiel:

Die Produktion von Kinderfahrrädern und Rollern erfolgt auf zwei Maschinen:

	Produktionsdauer in Minuten		
	Fahrrad (x)	Roller (y)	Laufzeit der Maschine
Maschine 1	30	15	600
Maschine 2	32	24	720

Wie viel Stück Fahrräder (x) und wie viel Stück Roller (y) können pro Tag produziert werden, wenn beide Maschinen voll ausgelastet sind?

Lösung: $30 \cdot x + 15 \cdot y = 600$ [1] und $32 \cdot x + 24 \cdot y = 720$ [2]

Zunächst empfiehlt es sich, durch geeignete Äquivalenzumformung die Gleichungen zu vereinfachen. Dazu dividieren wir Gleichung [1] durch den größten gemeinsamen Teiler von 30, 15 und 600, nämlich 15, Gleichung [2] dividieren wir durch 8:

$$2 \cdot x + y = 40 \quad \text{[1] und } 4 \cdot x + 3 \cdot y = 90 \text{ [2]}$$

a) Additionsverfahren

Beim Additionsverfahren werden jeweils zwei Gleichungen paarweise addiert oder die zweite Gleichung von der ersten subtrahiert. Die Addition/Subtraktion der *Ursprungsgleichungen* ist mathematisch zwar korrekt, führt in der Regel aber nicht zum gewünschten Ergebnis. Im Beispiel erhielten wir aus der Addition [1]+[2] die Gleichung $6x + 4y = 130$. Wir haben unsere Situation sogar verschlechtert, denn nun liegt nur *eine* Gleichung, jedoch mit *zwei* Unbekannten vor.

Das Verfahren bekommt allerdings seinen Sinn, wenn wir die Gleichungen mittels Äquivalenzumformungen so „aufbereiten", dass bei anschließender Addition/Subtraktion eine Unbekannte eliminiert wird. Im Beispiel wollen wir die Gleichung [1] mit –2 multiplizieren:

$$[1] \cdot (-2): \quad -4x - 2y = -80$$
$$\oplus \quad \underline{4x + 3y = 90}$$
$$/ \quad \boxed{y = 10}$$

Um x zu erhalten, setzen wir y = 10 in Gleichung [1] ein:
$$2x + 10 = 40 \,|\!-\!10 \; \Leftrightarrow 2x = 30\,|:2 \; \Leftrightarrow \boxed{x = 15}$$

Es werden täglich 15 Fahrräder und 10 Roller produziert.

b) Gleichsetzungsverfahren

Bei diesem Verfahren werden beide Gleichungen nach derselben Variablen aufgelöst und gleich gesetzt.
[1]: $2 \cdot x + y = 40 \Leftrightarrow y = 40 - 2x$ und [2]: $4x + 3y = 90 \Leftrightarrow y = 30 - \frac{4}{3}x$
Gleichsetzung $y - y$ bzw. $40 - 2x = 30 - \frac{4}{3}x \,|+ 2x - 30$
$\Leftrightarrow 10 = \frac{2}{3}x \,|\cdot \frac{3}{2} \Leftrightarrow \boxed{x = 15}$ eingesetzt in [1]: $y = 40 - 2 \cdot 15$ bzw. $\boxed{y = 10}$

c) Einsetzungsverfahren

Bei diesem Verfahrem wird eine Gleichung nach einer Variablen aufgelöst und in die andere Gleichung eingesetzt.
[1]: $2 \cdot x + y = 40 \Leftrightarrow y = 40 - 2x \rightarrow$ [2]
[2]: $4x + 3 \cdot (40 - 2x) = 90$
$\Leftrightarrow 4x + 120 - 6x = 90 \Leftrightarrow -2x = -30\,| \; :(-2) \Leftrightarrow \boxed{x = 15}$
eingesetzt in [1]: $y = 40 - 2.15$ bzw. $\boxed{y = 10}$.

Alle drei Verfahren liefern mit vergleichbarem Aufwand die eindeutige Lösung x = 15 und y = 10.

Grundsätzlich ist auch denkbar, dass das Gleichungssystem keine eindeutige oder überhaupt keine Lösung besitzt. Letzteres wäre zum einen mathematisch denkbar, zum anderen ist es möglich, dass das Gleichungssystem zwar eine mathematische Lösung liefert, jedoch ökonomisch keinen Sinn macht, wenn wir etwa im vorliegenden Beispiel für x oder y einen negativen Wert – also eine negative Stückzahl – erhalten hätten.

Ein Beispiel eines Gleichungssystems aus **3 Gleichungen mit 3 Unbekannten** findet sich in der folgende Übungsaufgabe 9b). Der Lösungsweg erfolgt zweistufig. Im ersten Schritt wird zweimal aus zwei Gleichungen jeweils dieselbe Variable eliminiert, sodass man schließlich zwei Gleichungen mit zwei Unbekannten erhält. Im zweiten Schritt rechnet man „wie gewohnt" weiter und löst nach einer Variablen auf. Durch Einsetzen erhält man dann die anderen gesuchten Unbekannten.

Aufgabe 8: Lösen Sie die folgenden Gleichungen nach der angegebenen Variablen auf!

a) $5.000 \cdot (1+r \cdot \frac{1}{2}) = 5.125$ (nach r)

b) $3a - 5ab = 7b + 2a$ (nach a)

Aufgabe 9: Lösen Sie die folgenden linearen Gleichungssysteme!

a) $6a - 2b = 40 \wedge 2a + 3b = 105$

b) $2x - 3y + z = 8 \wedge x + 2y - 3z = 11 \wedge 5x - 4y + 3z = 15$.

1.4.3 Quadratische Gleichungen

$$\boxed{ax^2 + bx + c = 0} \qquad a \neq 0$$

Häufig treten auch quadratische Gleichungen auf. Sie stellen insofern eine Erweiterung der linearen Gleichungen dar, als nun zusätzlich zu dem linearen Ausdruck der quadratische Term ax^2 hinzutritt.

Zur Bestimmung der Lösungsmenge gibt es folgende geläufige Lösungsverfahren:

a) abc-Formel, b) pq-Formel, c) quadratische Ergänzung.

Eine quadratische Gleichung hat entweder zwei, eine oder gar keine reelle Lösung.

a) **Lösung mit abc-Formel**

Die Gleichung $ax^2 + bx + c = 0$ ($a \neq 0$) mit den vorgegebenen Koeffizienten a, b, und c hat folgende Lösung:

$$\boxed{x_{1/2} = \frac{-b \pm \sqrt{b^2 - 4ac}}{2a}} \qquad \text{abc-Formel} \qquad (1.14)$$

Der Radikand $b^2 - 4ac$ wird als **Diskriminante** bezeichnet. Mit $D = b^2 - 4ac$ gilt:

Falls $D > 0 \Rightarrow$ die quadratische Gleichung hat 2 reelle Lösungen
Falls $D = 0 \Rightarrow$ die quadratische Gleichung hat 1 reelle Lösung
Falls $D < 0 \Rightarrow$ die quadratische Gleichung hat keine reelle Lösung

1. Beispiel: (Diskriminante > 0)

$2x^2 - 14x + 20 = 0 \qquad \mathbb{D} = \mathbb{R} \qquad a = 2 \ , \ b = -14 \ , \ c = 20$

$x_{1/2} = \frac{14 \pm \sqrt{14^2 - 4 \cdot 2 \cdot 20}}{2 \cdot 2} = \frac{14 \pm \sqrt{36}}{4} = \frac{14 \pm 6}{4} \ ; \ x_1 = \frac{20}{4} = \underline{5} \qquad x_2 = \frac{8}{4} = \underline{2} \ ; \ L = \{2; 5\}$

2. Beispiel: (Diskriminante = 0)

$3x^2 - 6x + 3 = 0 \qquad \mathbb{D} = \mathbb{R} \qquad a = 3 \ , \ b = -6 \ , \ c = 3$

$x_{1/2} = \frac{6 \pm \sqrt{36 - 4 \cdot 3 \cdot 3}}{6} = \frac{6}{6} = \underline{1}. \qquad L = \{1\}$

3. Beispiel: (Diskriminante < 0)

$3x^2 - 6x + 4 = 0 \qquad \mathbb{D} = \mathbb{R} \qquad a = 3 \ , \ b = -6 \ , \ c = 4$

$x_{1/2} = \frac{7 \pm \sqrt{36 - 48}}{6} = \frac{7 \pm \sqrt{-12}}{6} \qquad$ keine Lösung in $\mathbb{R} \qquad L = \{\}$

4. Beispiel:

$4x^2 + x + 17 = 0 \qquad\qquad\qquad \mathbb{D} = \mathbb{R}^+$

Der Definitionsbereich $\mathbb{R}^+$ ist typisch für ökonomische Funktionen, wenn es sich bei der Variable x um nicht-negative Größen wie Mengen oder Stückzahlen handelt. Hier brauchen wir gar nicht erst anfangen zu rechnen, denn für $x \geq 0$ summieren wir mit $4x^2$ und x zwei nicht-negative Terme zur Zahl 17 hinzu, was niemals zum Ergebnis 0 führen kann, somit ist $L = \{\}$.

b) **Lösung mit pq-Formel**

Die quadratische Gleichung $ax^2 + bx + c = 0$ ($a \neq 0$) ist zunächst in Normalform zu bringen (d. h. Koeffizient vor dem x^2 ist gleich 1). Dazu dividieren wir durch a und erhalten:

$x^2 + \underbrace{\frac{b}{a}}_{=p}x + \underbrace{\frac{c}{a}}_{=q} = 0$ bzw. mit $p = \frac{b}{a}$ und $q = \frac{c}{a}$: $\boxed{x^2 + px + q = 0}$

Die zugehörige Lösungsformel lautet: $\boxed{x_{1/2} = -\frac{p}{2} \pm \sqrt{\left(\frac{p}{2}\right)^2 - q}}$ pq-Formel (1.15)

mit der Diskriminante: $D = (\frac{p}{2})^2 - q$

Wir greifen die Beispiele 1–3 aus a) auf:

1. Beispiel: (Diskriminante > 0)

$2x^2 - 14x + 20 = 0 \quad |:2 \quad \mathbb{D} = \mathbb{R} \ \Leftrightarrow \ x^2 - 7x + 10 = 0 \ ; \ p = -7 \ , \ q = 10$

$x_{1/2} = \frac{7}{2} \pm \sqrt{\frac{49}{4} - 10} = \frac{7}{2} \pm \sqrt{\frac{9}{4}} = \frac{7}{2} \pm \frac{3}{2} \ ; \ x_1 = \frac{10}{2} = \underline{5} \qquad x_2 = \frac{4}{2} = \underline{2} \ ; \ L = \{2; 5\}$

2. Beispiel: (Diskriminante = 0)

$3x^2 - 6x + 3 = 0 \quad |:3 \quad \mathbb{D} = \mathbb{R} \ \Leftrightarrow \ x^2 - 2x + 1 = 0 \ ; \ p = -2 \ , \ q = 1$

$x_1 = \frac{2}{2} \pm \sqrt{1 - 1} = \underline{1}. \ ; \ L = \{1\}$

3. Beispiel: (Diskriminante < 0)

$3x^2 - 6x + 4 = 0 \qquad |:3 \quad \mathbb{D} = \mathbb{R} \Leftrightarrow x^2 - 2x + \frac{4}{3} = 0$; $p = -2$, $q = \frac{4}{3}$

$x_{1/2} = \frac{2}{2} \pm \sqrt{1 - \frac{4}{3}} = 1 \pm \sqrt{-\frac{1}{3}}$ keine Lösung in $\mathbb{R}$

Hinweis: (Satz von Vieta)

Zwischen den Lösungen x_1 und x_2 sowie p und q bestehen folgende Beziehungen:

$$\boxed{p = -(x_1 + x_2) \quad \text{und} \quad q = x_1 \cdot x_2} \qquad (1.16)$$

c) Quadratische Ergänzung

Die quadratische Ergänzung macht sich die binomischen Formeln zu Nutze. Dieses Verfahren ist zeitlich etwas aufwändiger als die Anwendung der Lösungsformeln. Es eignet sich insbesondere dann, wenn die Lösungsformeln nicht bekannt sind oder nicht zur Verfügung stehen (gelegentlich in der Klausur der Fall).

Quadratische Ergänzung heißt: Addition von $(\frac{p}{2})^2$ auf beiden Seiten.

Beispiel:

$2x^2 - 14x + 20 = 0 \,|:2 \; \mathbb{D} = \mathbb{R}$

$\Leftrightarrow x^2 - 7x + 10 = 0$ (Normalform mit $p = -7$ und $q = 10$)   bzw. $x^2 - 7x = -10$

Quadratische Ergänzung: Halbieren des Koeffizienten -7 und Quadrieren $[(\frac{-7}{2})^2 = \frac{49}{4}]$ und anschließendes Hinzuaddieren auf beiden Seiten der Gleichung. Dies führt auf:

$x^2 - 7x + \frac{49}{4} = -10 + \frac{49}{4}$

Wir können nun auf der linken Seite der Gleichung die 1. binomische Formel „rückwärts" anwenden:

$(x - \frac{7}{2})^2 = \frac{9}{4} \quad | -\frac{9}{4} \Leftrightarrow (x - \frac{7}{2})^2 - \frac{9}{4} = 0 \quad$ statt $\frac{9}{4}$ schreiben wir $(\frac{3}{2})^2$

$\Leftrightarrow \quad (x - \frac{7}{2})^2 - (\frac{3}{2})^2 = 0$

Anwendung der 3. binomischen Formel „rückwärts", $a^2 - b^2 = (a - b) \cdot (a + b)$:

$\Leftrightarrow \quad (x - \frac{7}{2} - \frac{3}{2}) \cdot (x - \frac{7}{2} + \frac{3}{2}) = 0 \Leftrightarrow (x - \frac{10}{2}) \cdot (x - \frac{4}{2}) = 0$

$\Leftrightarrow \quad (x - 5) \cdot (x - 2) = 0 \quad \Leftrightarrow x - 5 = 0 \;$ oder $\; x - 2 = 0$

$\Leftrightarrow \quad x = 5 \;$ oder $\; x = 2 \qquad\qquad L = \{2; 5\}$

Die Lösung mit Hilfe der quadratischen Ergänzung liefert uns auch die Zerlegung der Gleichung in die beiden Linearfaktoren $(x - 5)$ und $(x - 2)$. Anstelle der Form $x^2 - 7x + 10 = 0$ lässt sich die Gleichung auch als Produkt von Linearfaktoren, nämlich $(x - 5) \cdot (x - 2) = 0$, schreiben. Die Zerlegung von Gleichungen in ihre Linearfaktoren spielt bei der Lösung von Gleichungen höheren als zweiten Grades eine wichtige Rolle.

Aufgabe 10: Bestimmen Sie die Lösungsmenge folgender quadratischer Gleichungen:

a) $x^2 - 18x + 17 = 0$ b) $x^2 + 10x + 25 = 0$ c) $x^2 - 2x + 4 = 0$!

Aufgabe 11: („Goldener Schnitt") In der Architektur hat der so genannte „goldene Schnitt" eine große Bedeutung. Demnach wird eine Strecke so in zwei Teilstrecken a und b geteilt, dass das Verhältnis der Gesamtstrecke zur Seite a genau dem Verhältnis der Seite a zu b entspricht. Berechnen Sie die Seiten a und b, wenn die Gesamtstrecke (a+b) 10 Meter lang ist.

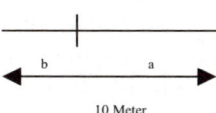

1.4.4 Gleichungen höheren Grades

Die lineare und die quadratische Gleichung sind spezielle Ausprägungen des allgemeinen Gleichungstyps n-ten Grades (n-ter Ordnung):

$$a_n x^n + a_{n-1} x^{n-1} + \ldots + a_4 x^4 + a_3 x^3 + a_2 x^2 + \underbrace{a_1 x + a_0 = 0} \qquad a_n \neq 0$$

lineare Gleichung
quadratische Gleichung
Gleichung 3. Grades
Gleichung 4. Grades
Gleichung n-ten Grades

In der Wirtschaftsmathematik haben wir es auch mit Gleichungen höheren als zweiten Grades zu tun. Für Gleichungen mit n ≥ 3 gibt es – von einigen, hier nicht weiter betrachteten Spezialfällen abgesehen – keine elementaren Lösungsmethoden mehr. Das folgende Ablaufschema verdeutlicht die Vorgehensweise zur Lösungsfindung:

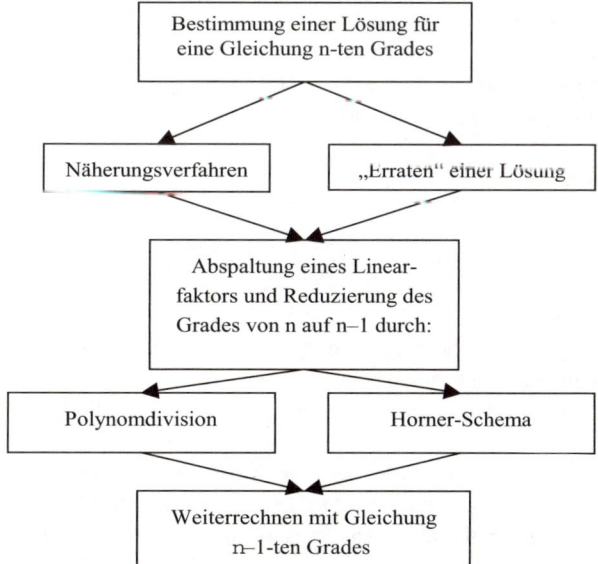

▶ Ein **Näherungsverfahren** liefert eine Folge von Werten, die sich der tatsächlichen Lösung beliebig annähern. Ein Verfahren werden wir in Kapitel 3 mit dem Newton-Verfahren kennen lernen.

▶ Wenn wir eine Lösung x_1 gefunden haben, sei es durch ein Näherungsverfahren, durch Ausprobieren oder schlichtweg durch „Erraten", so können wir durch Abspalten des Linearfaktors $(x - x_1)$ den Grad der Gleichung von n auf n–1 reduzieren. Wenn es uns etwa gelingt, aus einer Gleichung 3. Grades eine Lösung zu finden, so reduziert sich das Problem auf eine quadratische Gleichung, für die es die bewährten Lösungsmethoden gibt.

▶ Als Rechentechnik können wir die **Polynomdivision** oder das **Horner-Schema** anwenden.

Abspaltung eines Linearfaktors und Polynomdivision:

Sei x_1 eine Lösung der Gleichung n-ten Grades, so bezeichnet man $(x - x_1)$ als **Linearfaktor** und die Gleichung n-ten Grades lässt sich schreiben in der Form:

$$ax^n + ... + a_1 x + a_0 = (x - x_1) \cdot R_{n-1}(x) = 0$$

$R_{n-1}(x)$ bezeichnet man als Restpolynom (n–1)-ten Grades.

Wenn wir $(x - x_1)$ durch den Linearfaktor dividieren, so erhalten wir:

$$R_{n-1}(x) = \frac{a_n x^n + ... + a_1 x + a_0}{x - x_1}$$

Diese Methode bezeichnet man als **Polynomdivision**.

Beispiel:

Gegeben sei die Gleichung: $x^3 - 6x^2 + 11x - 6 = 0$

Durch Ausprobieren haben wir die Lösung $x_1 = 1$ gefunden. Somit können wir die Polynomdivision – Verfahren wie schriftliches Dividieren – durch den Linearfaktor $(x–1)$ durchführen:

$$(x^3 - 6x^2 + 11x - 6) : (x–1) = x^2 - 5x + 6$$

$$
\begin{aligned}
- \quad & \underline{(x^3 - x^2)} \\
& \quad -5x^2 + 11x \\
& \quad \underline{-(-5x^2 + 5x)} \\
& \qquad\qquad 6x - 6 \\
& \qquad\qquad \underline{-(6x - 6)} \\
& \qquad\qquad\qquad 0
\end{aligned}
$$

Die Polynomdivision ist ohne Rest „aufgegangen", was zeigt, dass es sich um eine Lösung handelt. Andernfalls wäre ein Restpolynom geblieben.

Nach der Polynomdivision lässt sich die Gleichung schreiben in der Form:

$$(x - 1) \cdot (x^2 - 5x + 6) = 0$$

Dieses Produkt wird $=0$, wenn entweder der erste Faktor oder der zweite Faktor Null werden. Aus dem ersten Faktor $(x - 1) = 0$ folgt sofort die bereits bekannte Lösung $x = 1$. Der zweite Faktor führt auf eine quadratische Gleichung, nämlich $x^2 - 5x + 6 = 0$. Die Anwendung der

pq-Formel führt auf die weiteren Lösungen $x_{2/3} = \frac{5}{2} \pm \sqrt{\frac{25}{4}} - 6$ bzw. $x_2 = 2$ und $x_3 = 3$. Damit können wir das Polynom schließlich als Produkt von drei Linearfaktoren schreiben:
$$x^3 - 6x^2 + 11x - 6 = (x - 1) \cdot (x^2 - 5x + 6) = (x - 1) \cdot (x - 2) \cdot (x - 3) = 0$$
Ausmultiplizieren des Ausdrucks würde wieder zu der Ursprungsform führen.

Eine alternative Methode zur Polynomdivision ist das **Horner-Schema**. Die Idee des Horner-Schemas beruht darauf, dass man eine Gleichung n-ter Ordnung wie folgt aufspalten kann:

Horner-Schema

Eine Gleichung n-ten Grades: $a_n x^n + a_{n-1} x^{n-1} + a_{n-2} x^{n-2} + ... + a_2 x^2 + a_1 x + a_0 = 0$ lässt sich auch in folgender Form darstellen:
$(...(((a_n x + a_{n-1}) \cdot x + a_{n-2}) \cdot x + a_{n-3}) \cdot x + ... + a_1) \cdot x + a_0 = 0.$

Zur Anwendung des Horner-Schemas bei einer bekannten Lösung x_1 gehen wir folgendermaßen vor:

Vorgehen beim Horner-Schema:
- Wir bilden ein Schema mit 3 Zeilen und n Spalten.
- In der 1. Zeile notieren wir die Koeffizienten a_n, a_{n-1}, ..., a_2, a_1, a_0.
- Den Wert der 1. Spalte in Zeile 2 setzen wir gleich Null.
- Die 3. Zeile ist die Summenzeile: Hier wird die Summe der beiden darüber liegenden Werte aus Zeile 1 und 2 gebildet.
- Der Wert der 2. Zeile ergibt sich durch Multiplikation der Lösung x_1 mit dem Summenwert aus der vorangegangenen Spalte.
- Nach Abschluss des Verfahrens muss sich für den Wert in der Zelle „unten rechts" der Wert 0 ergeben (ansonsten ist x_1 keine Lösung).
- In der Summenzeile liefert das Horner-Schema die Koeffizienten des Restpolynoms $R_{n-1}(x)$.

---

1. Beispiel:

Gegeben sei wie oben die Gleichung: $x^3 - 6x^2 + 11x - 6 = 0$ mit der Lösung $x_1 = 1$. Das Polynom hat die Koeffizienten 1, –6, 11 und –6. Das Horner-Schema hat damit folgendes Aussehen:

Koeffizienten des Restpolynoms

Koeffizienten des Restpolynoms
Ergebnis: $(x - 1) \cdot (x^2 - 5x + 6) = 0$

Hinweis: Falls die gesuchte Lösung ganzzahlig ist, finden wir sie unter den Teilern von a_0. Diese Regel hilft bei der gezielten Suche nach einer Lösung.

2. Beispiel:

Gegeben sei die Gleichung: $x^4 + 2x^3 - 12x^2 + 14x - 5 = 0$.

Wir suchen gezielt eine Lösung aus den Teilern von a_0, also aus den Teilern von -5 und starten einen Lösungsversuch mit :

	1	2	-12	14	-5
$x = -5$	--	-5	15	-15	5
	1	-3	3	-1	<u>0</u>

Wir lesen in der untersten Zeile die Koeffizienten des Restpolynoms ab und können die Gleichung durch Abspaltung des Linearfaktors $(x + 5)$ folgendermaßen schreiben:

$(x + 5) \cdot (x^3 - 3x^2 + 3x - 1) = 0$. Unschwer erkennen wir $x = 1$ als weitere Lösung und wenden das Horner-Schema ein weiteres Mal an:

	1	2	-12	14	-5
$x = -5$	--	-5	15	-15	5
	1	-3	3	-1	<u>0</u>
$x = 1$	--	1	-2	1	
	1	-2	1	<u>0</u>	

Damit erhalten wir: $(x + 5) \cdot (x - 1) \cdot (x^2 - 2x + 1) = 0$. Den Term $(x^2 - 2x + 1)$ können wir unter Anwendung der 2. binomischen Formel in der Form $(x - 1)^2$ schreiben, sodass wir letzten Endes die Ursprungsgleichung vollständig in Linearfaktoren zerlegt haben: $(x + 5) \cdot (x - 1)^3 = 0$. Es liefert die Lösungen -5 und 1 bzw. $\mathbb{L} = \{-5; 1\}$.

Aufgabe 12: Bestimmen Sie die Lösungen folgender Gleichungen:

a) $3x^3 + 6x^2 + 3x = 0$ b) $x^4 - x^3 - 18x^2 + 52x - 40 = 0$

c) $125x^3 - 225x^2 - 845x + 561 = 0$ (Hinweis: Eine NST liegt bei $\frac{3}{5}$.) !

1.4.5 Wurzel-, Bruch- und Exponentialgleichungen

a) Wurzelgleichungen

Bei Wurzelgleichungen tritt die Variable x im Radikanden auf. Wurzelgleichungen können „tückisch" sein, denn um beispielsweise die Lösung einer Quadratwurzel zu bestimmen, müssen als Gegenoperation der Quadratwurzel beide Seiten der Gleichung quadriert werden. Da aber die Quadrierung keine Äquivalenzumformung ist, müssen die errechneten Lösungswerte nicht zwingend mit den Lösungen der Ursprungsgleichung übereinstimmen. Es können „neue" Lösungen hinzutreten, sodass stets die Probe durch Einsetzen in die Ursprungsgleichung durchzuführen ist.

Beispiel:

$2 \cdot \sqrt{x+1} - \sqrt{2x+3} = 1$

Zunächst Bestimmung des Definitionsbereichs: Radikanden ≥ 0, d.h. $x+1 \geq 0$ und

$2x+3 \geq 0 \Rightarrow x \geq -1$ und $x \geq -\frac{2}{3} \Rightarrow \mathbb{D} = \{x \mid x \geq -1\}$

$2 \cdot \sqrt{x+1} = 1 + \sqrt{2x+3} \mid^2 \Rightarrow 4 \cdot (x+1) = (1 + \sqrt{2x+3})^2 \mid$ Ausmultiplizieren

$\Leftrightarrow 4x + 4 = 1 + 2 \cdot \sqrt{2x+3}) + 2x + 3 \Leftrightarrow 2x = 2 \cdot \sqrt{2x+3} \mid^2 \Rightarrow 4x^2 = 4 \cdot (2x+3) \mid :4$

$\Leftrightarrow x^2 - 2x - 3 = 0 \mid$ pq-Formel $\Leftrightarrow x_1 = -1$ oder $x_2 = 3$

Probe: $x_1 = -1$ eingesetzt: $0 - 1 = 1$ falsch ; $x_2 = 3$ eingesetzt: $4 - 3 = 1$ wahr

$\Rightarrow \underline{\underline{\mathbb{L} = \{3\}}}$; -1 ist keine Lösung.

b) Bruchgleichungen

Bruchgleichungen sind Gleichungen, bei denen die Lösungsvariable x im Nenner auftritt. Hier ist die Bestimmung des Definitionsbereichs wichtig, damit sichergestellt ist, dass nicht durch die Zahl 0 dividiert wird.

Beispiel:

$\frac{1}{x+1} - \frac{4}{x+3} = 0 \quad \mathbb{D} = \mathbb{R} \setminus \{-1; 3\}$, Multiplikation mit $(x + 1) \cdot (x + 3)$

$(x + 3) - 4 \cdot (x + 1) = 0 \Leftrightarrow x + 3 - 4x - 4 = 0 \Leftrightarrow -3x - 1 = 0 \Leftrightarrow -3x = 1$

$\Leftrightarrow \underline{x = -\frac{1}{3}} \qquad \underline{\underline{\mathbb{L} = \{-\frac{1}{3}\}}}$.

c) Exponentialgleichungen

Exponentialgleichungen sind Gleichungen, bei denen die Lösungsvariable x mindestens einmal im Exponenten auftritt. Die Lösung findet man durch Logarithmieren.

Beispiel:

$3^{x+1} = 6^{x-1} \mid \ln \quad \mathbb{D} = \mathbb{R} \qquad \Leftrightarrow \ln 3^{x+1} = \ln 6^{x-1} \mid$ 3. Logarithmunggesetz

$\Leftrightarrow (x + 1) \cdot \ln 3 = (x - 1) \cdot \ln 6 \Leftrightarrow x \cdot \ln 3 + \ln 3 = x \cdot \ln 6 - \ln 6$

$\Leftrightarrow \underbrace{\ln 3 + \ln 6}_{\ln(3 \cdot 6)} = x \cdot \underbrace{(\ln 6 - \ln 3)}_{\ln\left(\frac{6}{3}\right)} \Leftrightarrow \ln 18 = x \cdot \ln 2 \mid : \ln 2 \Rightarrow x = \frac{\ln 18}{\ln 2} = 4{,}1699$.

Bestimmen Sie die Definitionsbereiche und lösen Sie nach x auf!

Aufgabe 13: (Wurzelgleichungen)   a) $\frac{6}{\sqrt{x+4}} + \sqrt{5x - 24} = \sqrt{x+4}$ b) $\frac{1}{\sqrt{x+5}} = \frac{4}{x}$

Aufgabe 14: (Bruchgleichungen)   a) $\frac{5x}{x-4} + \frac{x}{x+1} = \frac{6x}{x-1}$ b) $\frac{1}{x-1} - \frac{1}{x+1} = 0$

Aufgabe 15: (Exponentialgleichungen)   a) $4^{x-3} = \frac{1}{16}$ b) $3^{4x-4} = \frac{3^{x-1}}{3}$

1.5 Ungleichungen

Ungleichungen treten u. a. in der linearen Optimierung auf. Sie repräsentieren dann beispielsweise Kapazitäts- oder Budgetbeschränkungen.

Bei einer Ungleichung werden zwei Terme gegenübergestellt, für die anstelle des „=“-Zeichens nun die Relationen „>“, „<“, „≥“ oder „≤“ gelten. Im Vergleich zur Behandlung von Gleichungen gibt es einige Unterschiede zu beachten, auf die wir hinweisen wollen.

Die wichtigsten Regeln bei Äquivalenzumformungen:

– Addition und Subtraktion auf beiden Seiten der Ungleichung verändern die Relation nicht (analog wie bei Gleichungen).

– Multiplikation und Division mit einer positiven Zahl bzw. durch eine positive Zahl ist analog wie bei Gleichungen.

– Multiplikation und Division mit einer negatien Zahl bzw. durch eine negative Zahl führt zur Umkehrung des Ungleichheitszeichens, also Wechsel von „>“ auf „<“ und umgekehrt.

– Kehrwertbildung führt zur Umkehrung des Ungleichheitszeichens.

– Ein Produkt zweier Faktoren ist *größer* Null, wenn entweder beide Faktoren größer Null oder beide Faktoren negativ sind („Plus“ mal „Plus“ oder „Minus“ mal „Minus“).

– Ein Produkt zweier Faktoren ist *kleiner* Null, wenn ein Faktor größer Null und der andere Faktor negativ ist („Plus“ mal „Minus“ oder „Minus“ mal „Plus“).

Beispiele:

1. $x + 4 < 7$ $\quad | -3 \quad \Leftrightarrow x < 3$
2. $x - 5 \geq 12$ $\quad | +5 \quad \Leftrightarrow x \geq 17$
3. $4 \cdot x < 20$ $\quad | : 4 \quad \Leftrightarrow x < 5$
4. $-3 \cdot x \leq 27$ $\quad | : (-3) \Leftrightarrow x \geq 9$ (Umkehrung des Ungleichheitszeichens)
5. $0 < x < y \Leftrightarrow \frac{1}{x^n} > \frac{1}{y^n} \quad n > 0$ (Umkehrung des Ungleichheitszeichens)

6. $x \cdot y > 0 \Leftrightarrow x > 0$ und $y > 0$ oder $x < 0$ und $y < 0$
7. $x \cdot y < 0 \Leftrightarrow x > 0$ und $y < 0$ oder $x < 0$ und $y > 0$
8. $x^2 > 16 \Leftrightarrow x^2 - 16 > 0 \Leftrightarrow (x - 4) \cdot (x + 4) > 0$
   $\Leftrightarrow x - 4 > 0 \wedge x + 4 > 0 \quad \vee \quad x - 4 < 0 \wedge x + 4 < 0$
   $\Leftrightarrow x > 4 \quad \wedge x > -4 \quad \vee \quad x < 4 \quad \wedge x < -4$
   $\Leftrightarrow \underline{x > 4 \vee x < -4}$
9. $x^2 \leq 36 \Leftrightarrow x^2 - 36 \leq 0 \Leftrightarrow (x - 6) \cdot (x + 6) \leq 0$
   $\Leftrightarrow x - 6 \leq 0 \wedge x + 6 \geq 0 \vee x - 6 \geq 0 \wedge x + 6 \leq 0$
   $\Leftrightarrow \underset{-6 \leq x \leq 6}{\underline{x \leq 6 \wedge x \geq -6}} \vee \underset{\text{nicht möglich}}{\underline{x \geq 6 \wedge x \leq -6}} \Leftrightarrow \underline{-6 \leq x \leq 6}$

10. $\frac{x}{x-1} > -2$ $\quad | \cdot (x - 1) \quad\quad\quad x \neq 1$

Eine Fallunterscheidung ist notwendig, da unklar ist, ob mit einer positiven oder negativen Zahl multipliziert wird.

Fall 1: $x - 1 > 0$ bzw. $\underline{x > 1}$ (keine Änderung des Ungleichheitszeichens)

$\Leftrightarrow x > -2 \cdot (x - 1) \Leftrightarrow x > -2x + 2 \mid + 3x$

$\Leftrightarrow 3x > 2 \Leftrightarrow x > \frac{2}{3}$ Lösung: $x > 1$

Fall 2: $x - 1 < 0$ bzw. $\underline{x < 1}$ (Umkehrung des Ungleichheitszeichens)

$\Leftrightarrow x < -2 \cdot (x - 1) \Leftrightarrow x < -2x + 2 \mid + 3x$

$\Leftrightarrow 3x < 2 \Leftrightarrow x < \frac{2}{3}$ Lösung: $x < \frac{2}{3}$

$\Rightarrow \underline{L = \{x \mid x < \frac{2}{3} \vee x > 1\}}$ keine Lösung: $\frac{2}{3} \leq x \leq 1$.

Aufgabe 16: Bestimmen Sie die Lösungsmengen folgender Ungleichungen:

a) $6 - x^2 < 0$ b) $-6x + 4 \geq x - 6$ c) $\dfrac{-4}{x - 4} < x$

2. Finanzmathematik

Lehrziele

Nach Durcharbeiten dieses Kapitels sollen die Studierenden

▶ das Prinzip der arithmetischen und geometrischen Folgen und Reihen beherrschen und es als Grundlage aller finanzmathematischen Berechnungen begreifen,

▶ Abschreibungen als Anwendung von Folgen und Reihen verstehen,

▶ in der Lage sein, finanzmathematische Fragestellungen der Zins- und Zinseszinsrechnung *eigenständig* einzuordnen und zu bearbeiten und dabei insbesondere jährliche, unterjährliche und stetige Zinseffekte sachgerecht zu berücksichtigen,

▶ die Rentenrechnung, insbesondere die Berechnung von Rentenend- und Barwerten, beherrschen,

▶ die wichtigsten Tilgungsformen kennen und in der Lage sein, Zinsen, Tilgungsbeträge und Annuitäten zu berechnen sowie einen Tilgungsplan aufzustellen.

2.1 Folgen und Reihen

Eine Zahlenfolge ist eine Hintereinanderreihung von Zahlenwerten (z. B. die Folge der Primzahlen 2, 3, 5, 7, 11, 13, ...). Sie hat ein Anfangselement – im Beispiel der Primzahlen das Element 2 – und danach entweder endlich oder unendlich viele weitere Elemente. Man spricht entsprechend von **endlicher** oder **unendlicher** Folge. Man versucht in der Regel, die Gesetzmäßigkeit einer Folge zu bestimmen und in einen Formelausdruck zu fassen. Gelingt dies, so kann man mühelos jedes beliebige Folgenelement berechnen.[1]

Für die Finanzmathematik interessieren uns nur zwei spezielle Folgen: die **arithmetische** Folge und die **geometrische** Folge. Alle finanzmathematischen Anwendungen und Berechnungen bauen auf diesen beiden Folgentypen auf, sodass es sinnvoll ist, sich vorab mit diesen beiden Folgentypen zu befassen.

2.1.1 Arithmetische Folgen und Reihen

Eine **arithmetische Folge** ist eine Zahlenfolge, bei der die Differenz zweier benachbarter Folgenelemente konstant ist. Der konstante Abstand wird mit d bezeichnet.

Beispiel:

Ein Unternehmer plant die Umsätze für die nächsten 5 Jahre und unterstellt dabei folgende Planzahlen (Angaben in Mio. €):

Jahr	1	2	3	4	5
Szenario 1	2	8	14	20	26
Folgenelement	a_1	a_2	a_3	a_4	a_5

Die Planzahlen folgen einer bestimmten Gesetzmäßigkeit: Ausgehend vom Initialwert $a_1 = 2$ wächst der geplante Umsatz Jahr für Jahr um einen konstanten Betrag, nämlich 6 Mio. €; oder anders ausgedrückt: die Differenz zwischen zwei aufeinanderfolgenden Jahren ist konstant gleich 6 Mio. €. Es handelt sich dabei um eine arithmetische Folge.

Wir wollen im Folgenden eine Gesetzmäßigkeit ableiten, damit wir in der Lage sind, allein durch Kenntnis des Anfangselements und des Abstands d *jedes beliebige* Folgenelement zu berechnen. Dies erfolgt nach dem Prinzip der **Rekursion** („Rückführung"), d. h. man beginnt beim vorgegebenen Anfangselement a_1 und führt jedes Folgenelement a_t immer wieder auf das Initialelement a_1 zurück.

---

1 Für die Folge der Primzahlen ist dies bis heute noch nicht gelungen. Man weiß zwar, dass die Folge unendlich ist, d. h. es gibt unendlich viele Primzahlen, aber es existiert keine Gesetzmäßigkeit, nach der man z. B. die 17. Primzahl berechnen könnte.

Im Beispiel:

$$a_1 = 2$$

$$a_2 = 8 = 2 + 6 = a_1 + d$$

$$a_3 = 14 = 8 + 6 = a_2 + d = a_1 + 2 \cdot d$$

$$a_4 = 20 = 14 + 6 = a_3 + d = a_1 + 3 \cdot d$$

....

$$a_t = a_{t-1} + d = a_1 + (t-1) \cdot d$$

Somit ergibt sich das **allgemeine Bildungsgesetz für eine arithmetische Folge** bei gegebenem Anfangselement a_1 und konstantem Abstand d:

$$\boxed{a_t = a_1 + (t-1) \cdot d} \quad \text{für alle } t \geq 1 \text{ und } t \in \mathbb{N} \qquad (2.1)$$

Beispiele:

(1) Für das obige Szenario (a_1=2 und d=6) errechnet sich der Umsatz im Jahr t=5: a_5 = 2 + (5 – 1) · 6 = 26.

(2) Für die Folge 3, 7, 11, 15, 19, ... lautet das 37. Element: a_{37} = 3 + (37 – 1) · 4 = 147.

Häufig interessiert jedoch nicht nur das soundsovielte Folgenelement, vielmehr will man die **Summe** aller Folgenelemente wissen. Man spricht dann von einer **Reihe**, abgekürzt s_n. Handelt es sich um eine arithmetische Folge, so spricht man, wenn man die Folgenelemente aufaddiert, vom Wert einer **arithmetischen Reihe**.

Beispiele:

(1) Wie hoch ist der Gesamtumsatz des Unternehmers über die 5 Jahre, also s_5 = 2 + 8 + 14 + 20 + 26?

(2) Wie lautet der Wert der Summe s_{37} = 3 + 7 + 11 + 15 + 19 + ... + 147?

Wir werden sehen, dass man auch für die arithmetische Reihe eine Gesetzmäßigkeit entwickeln kann.

Es gilt allgemein für eine Reihe: $s_n = \sum_{t=1}^{n} a_t$.

Falls a_t eine arithmetische Folge ist, gilt: $s_n = \sum_{t=1}^{n} [a_1 + (t-1) \cdot d] = \underbrace{\sum_{t=1}^{n} a_1}_{a_1 \cdot n} + d \cdot \underbrace{\sum_{t=1}^{n} t}_{X} - \underbrace{\sum_{t=1}^{n} d}_{d \cdot n}$.

Als einzige unbekannte Größe in unserer Formel verbleibt die mit X gekennzeichnete Summe. Es handelt sich dabei um die Summe der natürlichen Zahlen, d. h. X = 1 + 2 + 3 + 4 + ... + n. Für diese Summe können wir – ohne diese hier herzuleiten – eine Gesetzmäßigkeit angeben.[2] Sie lautet: X = 1 + 2 + 3 + 4 + ... n

---

2 Vgl. Kapitel „Herleitung der Formeln für arithmetische und geometrische Reihe" am Ende des Buches. Das gezeigte Verfahren wird als „Gauß'scher Trick" bezeichnet und geht auf eine Anekdote zurück, nach der Carl Friedrich Gauß als Junge zusammen mit seinen Mitschülern von ihrem verkaterten Lehrer die Aufgabe bekam, die Zahlen von 1 bis 100 zusammenzuzählen. Der Lehrer, der hoffte, nun eine Weile seine Ruhe zu haben, war schnell wieder nüchtern, als der junge Gauß bereits nach wenigen Minuten das Ergebnis präsentieren konnte.

$= \frac{n \cdot (n+1)}{2}$. Fassen wir zusammen, erhalten wir das allgemeine Bildungsgesetz für eine arithmetische Reihe:

$$s_n = d \cdot \frac{n \cdot (n+1)}{2} + (a_1 - d) \cdot n$$ (2.2)

Beispiele:

(1) Der Gesamtumsatz des Unternehmers über 5 Jahre beträgt

$s_5 = 6 \cdot \frac{5 \cdot (5+1)}{2} + (2-6) \cdot 5 = 90 - 20 = \underline{\underline{70.}}$

2) Der Wert der Summe $3 + 7 + 11 + 15 + 19 + ... + 147$ (147 = 37. Element) beträgt

$s_{37} = 4 \cdot \frac{37 \cdot (37+1)}{2} + (3-4) \cdot 37 = 2.812 - 37 = \underline{\underline{2.775.}}$

2.1.2 Geometrische Folgen und Reihen

Bleiben wir bei unserem Unternehmer, der als Alternative zum oben dargestellten Szenario folgende Umsätze (in Mio. €) für die nächsten 5 Jahre schätzt:

Jahr	1	2	3	4	5
Szenario 2	2	4	8	16	32
Folgenelement	g_1	g_2	g_3	g_4	g_5

Auch hier ist eine Gesetzmäßigkeit erkennbar. Der prognostizierte Umsatz wächst jedoch nicht mehr um einen konstanten Absolutbetrag, sondern um einen konstanten *Faktor*, nämlich den Faktor 2. Dieses Merkmal ist kennzeichnend für eine geometrische Folge.

Verallgemeinernd lässt sich festhalten: Eine **geometrische Folge** ist eine Zahlenfolge, bei der der Quotient zweier benachbarter Folgenelemente (bzw. der Steigerungsfaktor) konstant ist.

Auch für die geometrische Folge gilt es, eine Gesetzmäßigkeit abzuleiten. Zur Kennzeichnung der geometrischen Folge in Abgrenzung zur arithmetischen Folge bezeichnen wir die Folgenelemente nun mit g_1, g_2 usw. Der konstante Quotient wird mit q bezeichnet.

Im Beispiel:

$g_1 = 2$

$g_2 = 4 = 2 \cdot 2 = g_1 \cdot 2$

$g_3 = 8 = 4 \cdot 2 = g_2 \cdot 2 = g_1 \cdot 2^2$

$g_4 = 16 = 8 \cdot 2 = g_3 \cdot 2 = g_1 \cdot 2^3$

...

$g_t = g_{t-1} \cdot q = g_1 \cdot q^{t-1}$

Damit können wir das allgemeine Bildungsgesetz einer geometrischen Folge bei gegebenem Anfangselement g_1 und konstantem Quotienten q formulieren:

$$\boxed{g_t = g_1 \cdot q^{t-1}} \quad \text{für alle } t \geq 1, t \in \mathbb{N} \qquad (2.3)$$

Beispiele:

(1) Für das obige Szenario (g_1=2 und q=2) errechnet sich der Umsatz im Jahr t=5: $g_5 = 2 \cdot 2^{5-1}$ $= 2 \cdot 2^4 = 2 \cdot 16 = \underline{\underline{32}}$

(2) Die Folge 100; 120; 144; 172,8; 207,36 ... ist eine geometrische Folge, denn der Quotient zweier benachbarter Elemente ist konstant = 1,2 (bzw. die Steigerungsquote ist 20 %). Gesucht sei das 17. Element dieser Folge.
Es ist: g_1=100 und q=1,2 $\Rightarrow g_{17} = 100 \cdot 1,2^{17-1} = \underline{1.848,84}$.

(3) Eine geometrische Folge kann auch absteigend sein, z. B. 100; 50; 25; 12,5; 6,25 ... Gesucht sei hier das 10. Folgenelement. Mit g_1=100 und q=$\frac{1}{2}$ erhalten wir: $g_{17} = 100 \cdot (\frac{1}{2})^{11-1} = 100 \cdot (\frac{1}{2})^{10} = \underline{0,09766}$.

Wie bei der arithmetischen Folge wollen wir auch für die geometrische Folge die **Summe** der Folgenelemente, also den Wert der **geometrischen Reihe** berechnen. Wir müssen also schreiben: $s_n = \sum_{t=1}^{n} g_t = \sum_{t=1}^{n} g_1 \cdot q^{t-1} = g_1 \cdot \underbrace{\sum_{t=1}^{n} q^{t-1}}_{=Y}$. Aufzulösen bleibt der Summenausdruck Y mit $Y = q^0 + q^1 + q^2 + ... q^{n-2} + q^{n-1}$. Mithilfe eines weiteren Gauß'schen Tricks lässt sich auch dieser Ausdruck zu $Y = \frac{q^n - 1}{q - 1}$ vereinfachen.[3] Damit erhalten wir zusammengefasst das **allgemeine Bildungsgesetz für eine geometrische Reihe**:

$$\boxed{s_n = g_1 \cdot \frac{q^n - 1}{q - 1}} \quad q > 0, q \neq 1 \qquad (2.4)$$

Beispiele:

(1) Der Gesamtumsatz des Unternehmers über 5 Jahre beträgt in obigem Beispiel:
$s_5 = 2 \cdot \frac{2^5 - 1}{2 - 1} = 2 \cdot 31 = \underline{62 \text{ Mio. €}}$.

(2) Ein Angestellter hat ein aktuelles Jahreseinkommen von 50.000 € (t=0). Wie hoch wird sein Jahreseinkommen in 10 Jahren (t=10) sein und wie hoch ist sein erlöstes Gesamteinkommen über die gesamten 10 Jahre, wenn er mit einer jährlichen Einkommenssteigerung von 5 % rechnet?

t=0	t=1	t=2	...	t=9	t=10
g_1	g_2	g_3	...	g_{10}	g_{11} (d. h. n=11)
50.000	$50.000 \cdot 1,05^1$	$50.000 \cdot 1,05^2$	...	$50.000 \cdot 1,05^9$	$50.000 \cdot 1,05^{10}$

Im ersten Teil der Frage ist das Einkommen im Jahre 10, also der 11. Folgenwert der geometrischen Folge mit g_1=50.000 und q=1,05 gesucht. Es gilt damit: $50.000 \cdot 1,05^{11-1} = \underline{81.444,73 \text{ €}}$.

Im zweiten Teil der Frage ist nach dem Wert der geometrischen Reihe gefragt. Die Lösung lautet: $s_{11} = 50.000 \cdot \frac{1,05^{11} - 1}{1,05 - 1} = \underline{710.339,36 \text{ €}}$.

---

3 Die Herleitung ist erneut am Ende des Buches wiedergegeben.

Das Beispiel (2) hat gezeigt: Entscheidend bei der Anwendung der Formeln für Folgen und Reihen ist *nicht* die *Anzahl der Jahre, sondern* die *Anzahl der Folgenelemente*. Man sollte deshalb zuerst die Folge aufstellen und die Folgenelemente durch den Index durchnummerieren. Anhand des Indexes des letzten Folgenelements (im Beispiel: 11) kann man dann sofort die zugehörige Formel verwenden.

Abschließend wollen wir noch der Frage nachgehen, wie sich der Wert der geometrischen Folge entwickelt, wenn die Anzahl der Folgenelemente „sehr groß" wird. Falls $\rho > 1$, so wird auch die Summe der Folgenelemente beliebig groß (Exponentialeffekt). Dies tritt jedoch nicht für den Fall $0 < q < 1$ ein.

Wir wollen für den Fall $0 < q < 1$ eine Grenzbetrachtung durchführen. Gesucht ist

$$\lim_{n\to\infty} s_n = \lim_{n\to\infty} g_1 \cdot \frac{q^n-1}{q-1} = g_1 \cdot \lim_{n\to\infty} \frac{q^n-1}{q-1} \overset{\text{Mult. mit}(-1)}{=} g_1 \cdot \lim_{n\to\infty} \frac{1-q^n}{1-q} .$$ Für $0 < q < 1$ wird der

Ausdruck q^n für „sehr große" Werte von n „beliebig klein", geht also gegen 0, sodass im Ergebnis stehen bleibt: $g_1 \cdot \frac{1}{1-q}$. Man spricht hier von einer **unendlichen geometrischen Reihe**. Wir wollen dies zusammenfassen:

Wenn s_n eine endliche geometrische Reihe ist und es gilt $0 < q < 1$, dann hat die unendliche Reihe s_∞ einen endlichen Grenzwert und es gilt:

$$\boxed{s_\infty = \lim_{n\to\infty} s_n = \lim_{n\to\infty} g_1 \cdot \frac{q^n-1}{q-1} = g_1 \cdot \frac{1}{1-q}}\quad 0 < q < 1, s_n \text{ endliche geometrische Reihe}$$
(2.5)

Beispiel:
Wir betrachten die Folge aus dem obigen Beispiel: 100; 50; 25; 12,5; 6,25 ... Wie hoch ist die Summe aller Folgenelemente, selbst wenn die Zahl der Folgenelemente beliebig groß wird?

Lösung:
Wir haben mit $q=\frac{1}{2}$ die Bedingung für eine unendliche geometrische Reihe erfüllt. Mit $g_1= 100$ gilt schließlich: $s_\infty=100 \cdot \frac{1}{1-0,5} = \underline{200}$. Die Summe aller Folgenelemente wird niemals den Wert 200 überschreiten.

Man kann sich diesen Gedanken auch folgendermaßen veranschaulichen: Ein Spaziergänger schreitet zunächst eine Strecke von 100 Metern ab. Danach geht er nur noch 50 Meter (hat also insgesamt 150 Meter zurückgelegt). Die dritte und vierte Etappe beträgt 25 Meter und 12,5 Meter etc. Wenn er jedes weitere Teilstück gegenüber dem vorherigen halbiert, wird es ihm nicht gelingen, eine Gesamtstrecke zurückzulegen, die 200 Meter übersteigt. Der Grenzwert dieser unendlichen Reihe beträgt also 200 Meter.

2.1.3 Finanzmathematische Anwendungen von Folgen und Reihen (Übersicht)

Die folgende Tabelle gibt einen Überblick über die Anwendung der arithmetischen und geometrischen Folgen und Reihen in der Finanzmathematik und in der Abschreibungsrechnung. Daran wird zugleich erkennbar, dass das gesamte

Instrumentarium der Finanzmathematik letztlich auf diesen beiden Folgen- bzw. Reihentypen aufbaut.

Begriff und Formel	Anwendung	Kap.
Arithmetische Folge $a_t = a_1 + (t-1) \cdot d$	Einfache Zinsrechnung (Einmalzahlung) Lineare Abschreibung	2.3.1 2.2
Arithmetische Reihe $s_n = \sum_{t=1}^{n} a_t = d \cdot \dfrac{n \cdot (n+1)}{2} + (a_1 - d) \cdot n$	Rentenartige Zahlungen bei einfacher Verzinsung Ratentilgung	2.3.1 2.5.3
Geometrische Folge $g_t = g_1 \cdot q^{t-1}$, $g > 0$	Auf- und Abzinsung einzelner Beträge Geometrisch-degressive Abschreibung	2.3.2 2.2.2
Geometrische Reihe $s_n = g_1 \cdot \sum_{t=1}^{n} q^{t-1} = g_1 \cdot \dfrac{q^n - 1}{q - 1}$	Rentenrechnung Annuitätenrechnung	2.4 2.5.2

Aufgabe 17: Geben Sie an, um welche Art von Folge es sich im Folgenden handelt (arithmetische Folge, geometrische Folge, weder noch) und berechnen Sie gegebenenfalls den 17. Folgenwert!

a) 1, 1,04, $1,04^2$, $1,04^3$, $1,04^4$, ...   b) 2, 5, 9, 14, 20, 27, ...

c) 4, 1, –2, –5, –8, ...

Aufgabe 18: Ein Großvater möchte für sein Enkelkind etwas Geld ansparen und steckt ihm deshalb nach folgendem Prinzip Geld ins Sparschwein: in der 1. Woche 1 €-Cent, in der zweiten Woche 2 €-Cent, in der dritten Woche 4 €-Cent usw.

a) Welchen Betrag in € muss der Großvater seinem Enkelkind in der 20. Woche ins Sparschwein stecken?   *geom. Folge*

b) Welchen Betrag hätte der Großvater nach 20 Wochen für sein Enkelkind gespart?

                                                                                       geom Reihe

Aufgabe 19: 30 Studenten sitzen in einem Biergarten an einem Tisch zusammen, jeder hat ein Glas Bier vor sich stehen. Nun will jeder Student mit jedem anderen das Bierglas anstoßen. Wie oft wird insgesamt angestoßen?   *arithmetische Reihe*

Aufgabe 20: In einem Preisausschreiben winken als 1. Preis 100.000 €, als 2. Preis 50.000 €, als 3. Preis 25.000 € usw. Welcher Geldbetrag wird maximal ausgeschüttet, selbst wenn man die Folge „beliebig" groß werden lässt?

                                                                   geomet. Reihe

2.2 Abschreibungen

2.2.1 Abschreibungsmethoden

Abschreibungen lassen sich als Anwendung von arithmetischen und geometrischen Folgen interpretieren, gehören somit – obwohl keine Zahlungen vorliegen – im weiteren Sinne zur Finanzmathematik.

Der Aufwand für Betriebsmittel (Gebäude, Grundstücke, Maschinen, Fahrzeuge) wird in der Gewinn- und Verlustrechnung (GuV) in Form von **Abschreibungen** (kurz: AfA) erfasst. Die Abschreibungsdauer richtet sich nach der **betriebsgewöhnlichen Nutzungsdauer**, die für das betreffende Wirtschaftsgut den **AfA-Tabellen** entnommen werden kann.

Es wäre beispielsweise nicht sachgerecht, eine Maschine über 1 Mio. €, die für 10 Jahre angeschafft wird und nach und nach verschleißt, im Jahre der Anschaffung zu 100 % als Aufwand zu verbuchen Dies würde bedeuten, dass der Buchwert „auf einen Schlag" auf 0 € sinkt. Sinnvollerweise verteilt man die 1 Mio. € Investitionsauszahlungen auf 10 Jahre, d. h. man schreibt sie über 10 Jahre ab. In der Bilanz erscheint dann jeweils der **Restbuchwert**.

Uns beschäftigt hier die Frage, nach welcher **Abschreibungsmethode** die Wertminderung zu erfassen ist. Dazu bietet der Gesetzgeber (§ 7 Einkommensteuergesetz) im Wesentlichen folgende Varianten an:

▶ Grundstücke und Gebäude sind zwingend **linear** abzuschreiben.

▶ Bewegliche Wirtschaftsgüter (Maschinen, Fahrzeuge) *können* auch linear abgeschrieben werden. Alternativ dürfen sie aber auch „in fallenden Jahresbeträgen" abgeschrieben werden. In der Praxis hat sich die **geometrisch-degressive** AfA durchgesetzt, bei der jeweils vom Restbuchwert mit einem bestimmten Prozentsatz abgeschrieben wird. Der maximale Abschreibungssatz beträgt seit 01.01.2001 pro Jahr 20 %. Da in der Wirtschaftspraxis oft das Ziel verfolgt wird, möglichst früh möglichst viel abzuschreiben, wird dieser Methode häufig der Vorzug gegenüber der linearen AfA gegeben.

▶ Bei Wirtschaftsgütern, deren Leistung über die Jahre erheblich schwankt, kann – in der Praxis jedoch selten – die Abschreibung nach Maßgabe der Leistung, z. B. über ein Zählwerk, vorgenommen werden (**Leistungsabschreibung**).

Die lineare AfA führt auf eine arithmetische Folge, während die geometrisch-degressive AfA eine geometrische, jedoch absteigende Folge darstellt. Da eine geometrische Folge mit fallenden Beträgen aber niemals den Zielwert 0 erreichen kann, ist es notwendig, dass man nach einer bestimmten Anzahl von Jahren auf die lineare AfA wechselt. Dies gestattet der Gesetzgeber ausdrücklich, jedoch nicht den umgekehrten Weg (Eselsbrücke: „*Degressiv und linear geht klar, linear und degressiv geht schief*").

2.2.2 Lineare und geometrisch-degressive Abschreibung

Abkürzungen: n betriebsgewöhnliche Nutzungsdauer

t Zeitpunkt (t = 1, ... , n)

c jährlicher Abschreibungssatz (z. B. 20 %)

K_0 Anschaffungs- oder Herstellungskosten

K_t Buchwert nach t Jahren

K_n Wert am Ende der Nutzungsdauer (0 oder Schrottwert)

a bzw. a_t Abschreibungsbetrag (zum Zeitpunkt t)

Beispiel:

Ein Unternehmer kauft eine Maschine mit Anschaffungskosten 100.000 € bei einer betriebsgewöhnlichen Nutzungsdauer (=Abschreibungsdauer) n = 8 Jahre.

i)   Die Maschine soll *linear* auf 0 € (bzw. symbolisch 1 € = Errinerungswert in den „Büchern") abgeschrieben werden, d. h. $K_8 = 0$ und $a = \frac{100.000}{8} = 12.500$ €. Daraus ergibt sich folgender Abschreibungsplan:

Lösung:

Jahr	Wert zu Jahresbeginn	Abschreibung im Jahr	Restbuchwert
1	100.000 €	12.500 €	87.500 €
2	87.500 €	12.500 €	75.000 €
3	75.000 €	12.500 €	62.500 €
4	62.500 €	12.500 €	50.000 €
5	50.000 €	12.500 €	37.500 €
6	37.500 €	12.500 €	25.000 €
7	25.000 €	12.500 €	12.500 €
8	12.500 €	12.500 €	–

ii) Alternativ soll die Maschine mit dem Höchstsatz 20 % jährlich *geometrisch-degressiv* abgeschrieben werden.

Jahr	Wert zu Jahresbeginn	Abschreibung im Jahr	Restbuchwert
1	100.000	20.000	80.000
2	80.000	16.000	64.000
3	64.000	12.800	51.200
4	51.200	10.240	40.960
5	...	...	...

Verallgemeinerung (geometrisch-degressive AfA):

Jahr	Wert zu Beginn des Jahres	Abschreibung im Jahr	Buchwert am Jahresende
1	K_0	$K_0 \cdot c$	$K_0 - K_0 \cdot c = K_0 \cdot (1-c)$
2	$K_0 \cdot (1-c)$	$K_0 \cdot (1-c) \cdot c$	$K_0 \cdot (1-c) - K_0 \cdot (1-c) \cdot c = K_0 \cdot (1-c)^2$
3	$K_0 \cdot (1-c)^2$	$K_0 \cdot (1-c)^2 \cdot c$	$K_0 \cdot (1-c)^3$
⋮	⋮	⋮	⋮
t	$K_0 \cdot (1-c)^{t-1}$	$K_0 \cdot (1-c)^{t-1} \cdot c$	$K_0 \cdot (1-c)^{t-1}$

",4>Geometrisch-degressive Abschreibung

Abschreibungsbetrag im Jahre t	$a_t = K_0 \cdot (1-c)^{t-1} \cdot c$	(2.6)
Restwert nach t Jahren	$K_t = K_0 \cdot (1-c)^t$	(2.7)

Der Restwert folgt der Gesetzmäßigkeit einer geometrischen Folge (vgl. 2.3) mit abnehmenden Folgenwerten.

Im Beispiel.: $c = 0{,}2$, $K_0 = 100.000$ €. Im Jahre 5 wäre die AfA
$a_5 = 100.000 \cdot (1 - 0{,}2)^{5-1} \cdot 0{,}2 = 8.192$ € und der Restbuchwert wäre
$K_5 = 100.000 \cdot (1 - 0{,}2)^{5-1} = 40.960$ €

Um in den „Genuss" der geometrisch-degressiven AfA zu gelangen, zugleich aber nach Ablauf der betriebsgewöhnlichen Nutzungsdauer die Vollabschreibung zu erreichen, hat sich in der Praxis die **Kombination aus anfänglicher geometrisch-degressiver AfA mit späterem Übergang auf die lineare AfA** durchgesetzt. Der Umstieg sollte sinnvollerweise in *dem* Jahr erfolgen, in dem erstmalig der lineare AfA-Betrag bezogen auf die jeweilige Restlaufzeit höher wird als der entsprechende geometrisch-degressive Betrag.

Auf Basis der obigen Beispielzahlen erhält man folgendes Ergebnis:

Jahr	Wert zu Jahresbeginn	AfA-Wert bei linearer AfA	AfA-Wert bei geom.-degr. AfA	Abschreibung im Jahr	Buchwert am Jahresende	AfA-Methode
	Geometrisch-degressive AfA (20 %) mit Wechsel auf lineare AfA					
1	100.000 €	12.500 €	20.000 €	**20.000 €**	80.000 €	geom.-degr.
2	80.000 €	11.429 €	16.000 €	**16.000 €**	64.000 €	geom.-degr.
3	64.000 €	10.667 €	12.800 €	**12.800 €**	51.200 €	geom.-degr.
4	51.200 €	10.240 €	10.240 €	**10.240 €**	40.960 €	linear
5	40.960 €	10.240 €	8.192 €	**10.240 €**	30.720 €	linear
6	30.720 €	10.240 €	6.144 €	**10.240 €**	20.480 €	linear
7	20.480 €	10.240 €	4.096 €	**10.240 €**	10.240 €	linear
8	10.240 €	10.240 €	2.048 €	**10.240 €**	–	linear

Verallgemeinerung:

Jahr	Buchwert zu Jahresbeginn	Geom-degr. AfA	Lineare AfA	Buchwert am Jahresende
1	K_0	$K_0 \cdot c$	$\dfrac{K_0}{n}$	K_1
2	K_1	$K_1 \cdot c$	$\dfrac{K_1}{n-1}$	K_2
$\vdots$	$\vdots$	$\vdots$	$\vdots$	$\vdots$
t	K_{t-1}	$K_{t-1} \cdot c$	$\dfrac{K_{t-1}}{n-(t-1)} = \dfrac{K_{t-1}}{n-t+1}$	K_t

Der Unternehmer wird in *dem* Jahr von der geometrisch-degressiven auf die lineare Abschreibung übergehen, in dem erstmalig die lineare Afa – bezogen auf die Restnutzungsdauer – größer (oder gleich) ist als die geometrisch-degressive AfA. Formal ist diese Bedingung erfüllt, falls gilt:

$$\frac{K_{t-1}}{n-t+1} \geq K_{t-1} \cdot c \quad \text{bzw. nach Auflösen:} \quad \boxed{t \geq n+1-\frac{1}{c}} \tag{2.8}$$

Im Beispiel: c = 0,2, n= 8 $\Rightarrow$ t $\geq$ 8 + 1 – 5 bzw. t $\geq$ 4 , d. h. der Wechsel sollte im Jahre 4 erfolgen. Dieses Ergebnis wird in der obigen Zahlentabelle bestätigt.

Aufgabe 21: Eine Maschine hat einen Anschaffungswert von € 60.000. Die zulässige Abschreibungsdauer betrage 12 Jahre. Die Anlage soll – sofern aufgrund der AfA-Methode möglich – vollständig abgeschrieben werden.
a) Erstellen Sie den Abschreibungsplan auf Basis der linearen Abschreibung!
b) Erstellen Sie den Abschreibungsplan auf Basis der geometrisch-degressiven Abschreibung (20 %) mit Wechsel auf lineare Abschreibung
c) Stellen Sie die kumulierten Abschreibungsbeträge in Abhängigkeit der Zeit für beide Abschreibungsmethoden in einem gemeinsamen Koordinatensystem dar!

2.3 Zins- und Zinseszinsrechnung

Im Folgenden befassen wir uns mit der Anwendung von Folgen und Reihen auf finanzmathematische Fragestellungen. Dabei geht es in diesem Abschnitt vorrangig um die **Verzinsung von Einmalbeträgen**.
Die Verzinsung von Einmalbeträgen hängt von den drei Größen Kapital, Laufzeit und Zinssatz ab:

► Das **Kapital** ist ein vorgegebener Vermögensbetrag, entweder ein „heutiger" Anfangsbestand oder ein in der Zukunft liegender Endbetrag.

▶ Die **Laufzeit** gibt den Zeitraum an, über den Kapital zur Verfügung gestellt und verzinst wird. Die Laufzeit wird üblicherweise in Tagen, Monaten, Quartalen oder Jahren angegeben.

▶ Der **Zinssatz** bemisst das Entgelt für die zeitweise Kapitalüberlassung. Er wird in der Regel als Prozentsatz „p. a." (z. B. 5 % p. a.) bzw. als Dezimalzahl (z. B. 0,05 p. a.) oder als Bruch (z. B. $\frac{5}{100}$ p. a.) angegeben. Das Kürzel „p. a." („pro anno") gibt an, dass sich der Zinssatz auf ein Jahr bezieht.

Zu unterscheiden ist zwischen **einfacher Zinsrechnung** und **Zinseszinsrechnung**. Bei der einfachen Zinsrechnung wird das Kapital linear, d. h. proportional zur Zeit verzinst. Zinseszinsen dagegen entstehen dadurch, dass Zinsen einem Konto gutgeschrieben und in den Folgeperioden wieder mitverzinst werden. Die folgende Tabelle gibt Auskunft über die Zinsgepflogenheiten für die wichtigsten Anlageformen.

Konto- bzw. Anlageform	Zinsgutschrifts-/belastungstermine	Verzinsungsmethode	Zinseffekte
Laufendes Konto (Girokonto, Kontokorrentkonto)	In der Regel quartalsweise, zum 31.03., 30.06., 30.09., 31.12. eines Kalenderjahres	Deutsche Zinsmethode, d. h. 1 Jahr = 360 Tage, 1 Monat = 30 Tage	Innerhalb eines Quartals einfache Verzinsung; Zinseszinsen erst nach Überschreiten eines Quartals oder mehrerer Quartale.
Sparbuch, Bausparkonto	Zum 31.12. eines Kalenderjahres	Deutsche Zinsmethode	Innerhalb eines Kalenderjahres einfache Verzinsung; Zinseszinsen nach Überschreiten eines oder mehrerer Zinsgutschrifttermine (31.12.).
Termingelder	Nach Ablauf der Anlagefrist (1 Monat, 3, 6 oder 12 Monate)	Euro-Zinsmethode, d. h. taggenaue Auszählung, bezogen auf 360 Tage.	Innerhalb einer Termingeldperiode einfache Verzinsung; Zinseszinseffekte bei mehreren hintereinandergeschalteten Termingeldanlagen und Nichtauszahlung der Zinsen.

Konto- bzw. Anlageform	Zinsgutschrifts-/ belastungstermine	Verzinsungsmethode	Zinseffekte
Festverzinsliche Wertpapiere (Bundesschatzbriefe, Kommunalobligationen etc.)	Jährlich oder halbjährlich zu einem vom Emittenten (z. B. Bund, Kommune) festgelegten Zinszahlungszeitpunkt	Zinsen werden stets für eine volle Zinsperiode (Jahr oder Halbjahr) gutgeschrieben. Bei Erwerb des Wertpapiers werden für den Zeitraum zwischen letzter Zinszahlung und Wertpapiererwerb so genannte „Stückzinsen" taggenau berechnet.	Zwischen zwei Zinszahlungsterminen einfache Verzinsung; Zinseszinseffekte nach „Überschreiten" eines Zinsgutschrifttermins.

Außerdem ist für unsere Zinsberechnungen noch bedeutsam, ob eine Zahlung am *Ende* einer Periode (z. B. Jahr, Monat) oder am *Anfang* erfolgt. Im ersten Fall sprechen wir von **nachschüssiger**, im anderen Fall von **vorschüssiger** Zahlung. Falls nichts anderes ausdrücklich erwähnt wird, ist von nachschüssigen Zahlungen auszugehen.

2.3.1 Einfache (lineare) Verzinsung

Beispiel:

Ein Sparer eröffnet am 25. April ein mit 1,5 % pro Jahr verzinstes Sparbuch und zahlt sofort 1.000 € darauf ein. Weitere Ein- oder Auszahlungen erfolgen bis zum Jahresende nicht. Wie hoch ist sein Endguthaben am 31.12. nach Zinsgutschrift?

Lösung:

Der Anlagezeitraum beträgt 245 Tage. Die Zinsen werden dem Sparer anteilig für 245 Tage bzw. für ein $\frac{245}{360}$ Jahr gutgeschrieben: Zinsen = $1.000 \cdot \frac{1,5}{100} \cdot \frac{245}{360} = \underline{10,21\ €}$. Endbestand per 31.12 = 1.000 + 10,21 = $\underline{1.010,21\ €}$.

Verallgemeinerung:

Abkürzungen:
K_0 — Anfangsbestand (Kapital)

T — Verzinsungsdauer in Tagen

p — Zinsfuß, bezogen auf 100 €
(z. B. p = 1,5, d. h. 1,5 € Euro Zinsen auf 100 €)

i — $= \frac{p}{100}$ Zinssatz, bezogen auf 1 €
(z. B. i = 0,015 = $\frac{1,5}{100}$, d. h. 1,5 Cent Zinsen auf 1 €)

Z_T — Zinszahlung /-belastung für T Tage

K_T — Endbestand nach T Tagen

Dann gilt: $Z_T = K_0 \cdot \frac{p}{100} \cdot \frac{T}{360} = K_0 \cdot i \cdot \frac{T}{360}$ sowie $K_T = K_0 + Z_T = K_0 \cdot \left(1 + \frac{p}{100} \cdot \frac{T}{360}\right)$

bzw.
$$\boxed{K_T = K_0 \cdot \left(1 + i \cdot \frac{T}{360}\right)}$$
(2.9)

Im Beispiel:

$K_0 = 1.000$, $i = 0,015$, $T = 245$ $\Rightarrow Z_{245} = 1.000 \cdot 0,015 \cdot \frac{245}{360} = 10,21 \,€$

sowie $K_{245} = 1.000 \cdot \left(1 + 0,015 \cdot \frac{245}{360}\right) = 1.010,21 \,€.$

Achtung! Beachten Sie stets die Regel „Punktrechnung vor Strichrechnung". In obigem Beispiel rechnen Sie also zuerst den Ausdruck $0,015 \cdot \frac{245}{360}$ aus und addieren anschließend die Zahl 1. Bitte **nicht**: $1,015$ mal $\frac{245}{360}$.

Beispiele und Anwendungen zur einfachen Zinsrechnung:

i) **Zinsstaffel** (Abrechnung eines laufenden Kontos)

Kontostand   31.12.2001:   5.000 €
Bewegungen: 15.01.2002   + 2.000 €
                        31.01.2002   − 3.000 €
                        28.02.2002   + 1.000 €

Kontoabschluss per 31.03.2002 bei 1 % p. a. Guthabenverzinsung?

Lösung:

Saldo (Guthaben)	Zinstage	Zinsen
5.000	15	$Z_{15} = 5.000 \cdot 0,01 \cdot \frac{15}{360} = 2,08 \,€$
7.000	15	$Z_{15} = 7.000 \cdot 0,01 \cdot \frac{15}{360} = 2,92 \,€$
4.000	30	$Z_{30} = 4.000 \cdot 0,01 \cdot \frac{30}{360} = 3,33 \,€$
5.000	30	$Z_{30} = 5.000 \cdot 0,01 \cdot \frac{30}{360} = 4,17 \,€$
Summe	**90**	$\mathbf{Z_{gesamt} = Z_{90} = Z_{15} + Z_{15} + Z_{30} + Z_{30}}$

$$Z_{90} = 5.000 \cdot 0,01 \cdot \tfrac{15}{360} + 7.000 \cdot 0,01 \cdot \tfrac{15}{360} + 4.000 \cdot 0,01 \cdot \tfrac{30}{360} + 5.000 \cdot 0,01 \cdot \tfrac{30}{360}$$

$$= \frac{0,01}{360} \cdot \left(\underbrace{5.000 \cdot 15}_{\text{Zinszahl 1}} + \underbrace{7.000 \cdot 15}_{\text{Zinszahl 2}} + \underbrace{4.000 \cdot 30}_{\text{Zinszahl 3}} + \underbrace{5.000 \cdot 30}_{\text{Zinszahl 4}} \right) = \frac{0,01}{360} \cdot 450.000 = 12,50 \,€.$$
$$\underbrace{}_{\text{Gesamtzinszahl}}$$

Wie das Beispiel zeigt, können wir die Berechnung besonders „ökonomisch" durchführen, indem wir einfach die so genannten **Zinszahlen** (Bestand mal Tage) berechnen, die Zinszahlen zur Gesamtzinszahl aufsummieren und die Gesamtzinszahl schließlich mit $\frac{\text{Zinssatz}}{360}$ multiplizieren. Die staffelförmige Berechnung ist in der folgenden Tabelle noch einmal zusammenfassend dargestellt:

Text	Valuta	Soll	Haben	Saldo	Tage T	Zinszahlen
Saldovortrag	31.12.01		5.000 €	+5.000 €	15	75.000
Gutschrift	15.01.02		2.000 €	+7.000 €	15	105.000
Abbuchung	31.01.02	3.000 €		+4.000 €	30	120.000
Abbuchung	28.02.02		1.000 €	+5.000 €	30	150.000
Abschluss	31.03.02			+5.000 €		
				Σ	90	450.000

$$Z = 450.000 \cdot \frac{0,01}{360} = 12,50 \text{ €}$$

Achtung! Der Divisor ist **stets 360 Tage**, unabhängig vom Abrechnungszeitraum. Wenn man also – wie im Beispiel – ein laufendes Konto über 90 Tage abrechnet, so ist dennoch durch 360 zu dividieren und nicht etwa durch 90. Der abzurechnende Zeitraum (z. B. 90 Tage) ist in der Zinszahl enthalten.

ii) Skonto

Beispiel:

Ein Lieferant stellt einem Kunden folgende Rechnung:
▶ 10.000 €, zahlbar innerhalb von 7 Tagen abzüglich 3 % Skonto
▶ oder Zahlung inerhalb von 21 Tagen netto.
Für welche Zahlungsform sollte sich der Abnehmer entscheiden?

Lösung:

Der Kunde hat die Möglichkeit, entweder in 7 Tagen 9.700 € oder 14 Tage später 10.000 € zu zahlen. Der Lieferant gewährt dem Kunden also einen Lieferantenkredit über 9.700 € mit einer Laufzeit von 14 Tagen, für den 300 € Zinsen fällig werden. Um eine Vorteilhaftigkeitsentscheidung zu treffen, berechnen wir den äquivalenten Jahreszinssatz dieses Lieferantenkredits nach der Formel für einfache Verzinsung:

$$Z = 300 = 9.700 \cdot \tilde{i} \cdot \frac{14}{360} \Leftrightarrow \tilde{i} = \frac{300}{9.700} \cdot \frac{360}{14} = 0,7953 = \underline{79,53\% \text{ p.a.}} \text{ äquivalenter Jahreszinssatz}$$

Durch die Inanspruchnahme des dreiwöchigen Zahlungsziels würde der Abnehmer einen Kredit in Anspruch nehmen, der einem Jahreszins von über 79 % p. a. entspricht. Er sollte deshalb den Skonto – notfalls unter Inkaufnahme einer immer noch günstigeren kurzfristigen Kontoüberziehung – nach Möglichkeit ausnutzen.

Verallgemeinerung:

Der äquivalente Jahreszinssatz beträgt:

$$\boxed{\tilde{i} = \frac{s}{1-s} \cdot \frac{360}{T}}$$ s: Skontosatz (z.B. 0,03) T: Laufzeit in Tagen (z.B. 14 Tage) (2.10)

iii) Zinsgutschrift bei regelmäßiger Zahlung

Die folgende Fragestellung ist für die Behandlung unterjähriger Zahlungen in der Rentenrechnung und Tilgungsrechnung von großer Bedeutung.

Beispiel:

Ein Bausparer zahlt auf seinen mit 2,5 % p. a. verzinsten Bausparvertrag jeweils zum Monatsende Raten über r = 100 € ein. Wie hoch ist sein Kontostand zum Jahresende (31.12.), wenn sein Guthaben zu Jahresbeginn 5.000 € beträgt?

Lösung:

t		Rate r	Guthaben	Zinstage bzw. -jahr	Zinsen
0	31.12.	100	$5.000 + 0 \cdot 100$	30 bzw. $\frac{1}{12}$	
1	31.01.	100	$5.000 + 1 \cdot 100$	30 bzw. $\frac{1}{12}$	$\frac{0,025}{12} \cdot (5.000 + 0 \cdot 100)$
2	28.02.	100	$5.000 + 2 \cdot 100$	30 bzw. $\frac{1}{12}$	$\frac{0,025}{12} \cdot (5.000 + 1 \cdot 100)$
3	31.03.	100	$5.000 + 3 \cdot 100$	30 bzw. $\frac{1}{12}$	$\frac{0,025}{12} \cdot (5.000 + 2 \cdot 100)$
$\vdots$	$\vdots$	$\vdots$	$\vdots$	$\vdots$	$\vdots$
11	30.11.	100	$5.000 + 11 \cdot 100$	30 bzw. $\frac{1}{12}$	$\frac{0,025}{12} \cdot (5.000 + 10 \cdot 100)$
12	31.12.	100	$5.000 + 12 \cdot 100$	30 bzw. $\frac{1}{12}$	$\frac{0,025}{12} \cdot (5.000 + 11 \cdot 100)$
	Σ	1.200	6.200	360 bzw. $\frac{12}{12}$	Z_{12}

Zu berechnen sind die Zinsen nach 12 Monaten, d. h. Z_{12}:

$$Z_{12} = \frac{0,025}{12} \cdot \left[12 \cdot 5.000 + 100 \cdot \left(\underbrace{0 + 1 + 2 + \ldots + 10 + 11}_{\substack{\text{arithmetische Reihe mit} \\ a_1 = 1, d = 1, n = 12}} \right) \right]$$

$$= \frac{0,025}{12} \cdot \left(12 \cdot 5.000 + 100 \cdot \frac{11 \cdot 12}{2} \right) = 0,025 \cdot \left(5.000 + 12 \cdot 100 \cdot \frac{11}{2 \cdot 12} \right) \quad (*)$$

$$K_{12} = 5.000 + 12 \cdot 100 + Z_{12} = \underline{5.000} + \underline{12 \cdot 100} + \underline{0,025 \cdot 5.000} + \underline{\underline{0,025 \cdot 12 \cdot 100 \cdot \frac{11}{2 \cdot 12}}}$$

$$= 5.000 \cdot (1 + 0,025) + 12 \cdot 100 \cdot \left(1 + 0,025 \cdot \frac{11}{24} \right) = 5.125 + 1.213,75 = \underline{\underline{6.338,75 \, €}}.$$

Verallgemeinerung:

m	Anzahl Perioden (im Beispiel 12 Monate)
K_0	Anfangsguthaben (im Beispiel 5.000 €)
r	gleichmäßige Rate (im Beispiel 100 €)
i	Zinssatz p. a. als Dezimalzahl (im Beispiel 0,025)
K_m bzw. Z_m	Endguthaben bzw. Zinsen nach m Perioden

Ausdruck (*) wird zu: $\boxed{Z_m = i \cdot \left(K_0 + m \cdot r \cdot \frac{m-1}{2m} \right)}$ Zinsen für m **nachschüssige**, gleichmäßige Zahlungen (2.11)

$$K_m = K_0 + m \cdot r + Z_m = K_0 + m \cdot r + i \cdot \left(K_0 + m \cdot r \cdot \frac{m-1}{2m} \right) \text{ bzw. nach Auflösen:}$$

$$K_m = K_0 \cdot (1+i) + m \cdot r \cdot \left(1 + \frac{i}{m} \cdot \frac{m-1}{2}\right)$$

$\underbrace{\qquad}$ aufgezinstes Anfangsguthaben $\underbrace{\qquad}$ aufgezinste Ratenzahlungen

Endbestand bei m **nachschüssigen**, gleichmäßigen Zahlungen (2.12)

Falls die Zahlungen **vorschüssig** (z. B. am Monatsanfang) erfolgen, verändern sich die Ausdrücke folgendermaßen:

$$Z_m = i \cdot \left(K_0 + m \cdot r \cdot \frac{m+1}{2m}\right)$$

Zinsen für m **vorschüssige**, gleichmäßige Zahlungen (2.13)

$$K_m = K_0 \cdot (1+i) + m \cdot r \cdot \left(1 + \frac{i}{m} \cdot \frac{m+1}{2}\right)$$

Endbestand bei m **vorschüssigen**, gleichmäßigen Zahlungen (2.14)

Die Ausdrücke $\frac{m-1}{2}$ bzw. $\frac{m+1}{2}$ geben die **durchschnittliche Verzinsungsdauer** der gleichmäßigen Ratenzahlungen an. Im Beispiel monatlicher Zahlungen (m=12) beträgt die durchschnittliche Verzinsungsdauer einer Rate somit 5,5 Monate (nachschüssig) bzw. 6,5 Monate (vorschüssig).

Aufgabe 22: Ein Sparer eröffnet am 17.04. ein mit 1,5 % p. a. verzinstes Sparkonto und zahlt 5.000 € ein. Wie hoch ist das Endvermögen am 31.12. nach Zinsgutschrift, wenn ansonsten keine weiteren Bewegungen zu verzeichnen sind?

Aufgabe 23: Ein Lieferant stellt seinem Kunden einen Betrag in Höhe von 5.000 € plus 16 % MwSt. in Rechnung, zahlbar innerhalb von 7 Tagen unter Abzug von 2 % Skonto oder innerhalb von 21 Tagen netto. Berechnen Sie den äquivalenten Jahreszinssatz!

Aufgabe 24: Rechnen Sie ein Sparkonto (2 % p. a. Verzinsung p. a.) zum 31.12. ab: Stand am 31.12. des Vorjahres: 4.500 €, Abhebung am 15.03.: 2.000 €, Einzahlung am 31.05.: 5.000 €, Einzahlung am 30.09.: 3.000 €, Abhebung am 15.12.: 4.000 €!

Aufgabe 25: Ein Sparer zahlt bei einem Jahresanfangsbestand von 3.000 € zweimal im Monat jeweils nachschüssige, gleichmäßige Beträge à 250 € auf sein Bausparkonto ein, das mit 2,5 % p. a. verzinst wird.
a) Wie hoch ist sein Endbestand am 31.12. nach Zinsgutschrift?
b) Der Sparer möchte statt der 24 Einzahlungen à 250 € (=insgesamt 6.000 €) eine Einmalzahlung à 6.000 € tätigen. Wann (nach wie viel Tagen) muss diese Zahlung erfolgen, damit er das gleiche Endvermögen wie in a) erzielt?

2.3.2 Zinseszinsrechnung bei jährlicher Verzinsung

Wir wollen uns nun mit dem Fall beschäftigen, dass ein Kapital über mehrere Jahre angelegt und jährlich verzinst wird. Bleiben die jährlichen Zinsen auf dem Konto „stehen", so werden sie in den Folgejahren wieder mit verzinst, es entstehen dabei **Zinseszinsen**. Die Zinseszinsen führen dazu, dass sich das Kapital im Verhältnis zur Zeit nicht mehr linear, sondern exponentiell entwickelt. Es liegt hier eine Anwendung der geometrischen Folge vor.

Wir unterstellen wie bisher **Einmalzahlungen**. Die Einmalzahlung kann ein „heutiger" Wert sein, von dem man einen zukünftigen Wert bestimmt. Das Vorausrechnen von der Gegenwart in die Zukunft heißt **Aufzinsung**. Es kann aber auch eine zukünftige Zahlung oder ein zukünftiger Zahlungsanspruch gegeben sein, den man in die Gegenwart „zurückrechnen" will. Diesen Rückrechnungsvorgang bezeichnet man als **Abzinsung**.

Abbildung 1: Jährliche Aufzinsung   **Abbildung 2:** Jährliche Abzinsung

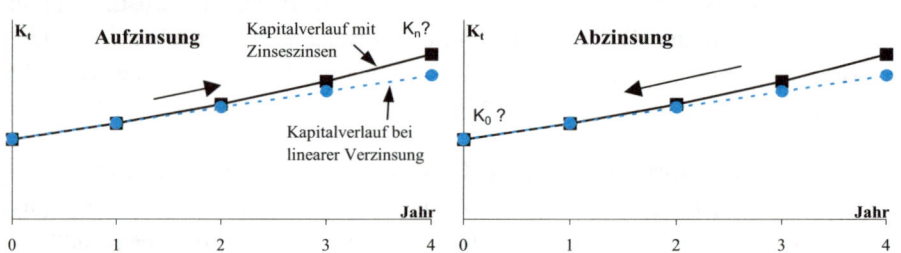

a) Jährliche Aufzinsung

Beispiel:
Ein Anleger legt 1.000 € für 4 Jahre zu 5 % p. a. verzinslich an. Zinsen werden am Ende eines Jahres gutgeschrieben und in den Folgejahren mit verzinst. Wie hoch ist das Guthaben nach 4 Jahren?

Lösung:
Entwicklung des Endvermögens nach 4 Jahren (K_4):

$K_0 = 1.000$

$K_1 = 1.000 + 1.000 \cdot 0{,}05 = 1.000 \cdot 1{,}05 = K_0 \cdot 1{,}05 = 1.050$

$K_2 = K_1 + K_1 \cdot 0{,}05 = K_1 \cdot 1{,}05 = K_0 \cdot 1{,}05^2 = 1.102{,}50$

$K_3 = K_2 + K_2 \cdot 0{,}05 = K_2 \cdot 1{,}05 = K_0 \cdot 1{,}05^3 = 1.157{,}63$

$K_4 = K_3 + K_3 \cdot 0{,}05 = K_3 \cdot 1{,}05 = K_0 \cdot 1{,}05^4 = \underline{1.215{,}51}$

[Zum Vergleich (lineare Verzinsung): $K_4 = 1.000 \cdot (1 + 0{,}05 \cdot 4) = 1.200\ €$]

Das errechnete Endguthaben können wir folgendermaßen zerlegen:

$$1.215{,}51 = \underbrace{1.000}_{\text{Anfangskapital}} + \underbrace{200}_{\text{Zinsen auf das Anfangskapital}} + \underbrace{15{,}51}_{\substack{\text{Zinsen auf gutgeschriebene} \\ \text{Zinsen (=Zinseszinsen)}}}$$

Verallgemeinerung:

Abkürzungen: n   Jahre

   i   Zinssatz als Dezimalzahl

   q $= 1 + i$

   K_0 Anfangskapital

   K_n Endkapital

Ersetzen wir die Zahlen des Beispiels durch Buchstaben, so erhalten wir den allgemeinen Ausdruck für das **Endkapital bei jährlicher Aufzinsung**:

$$K_n = K_0 \cdot (1+i)^n \quad \text{bzw.} \quad \boxed{K_n = K_0 \cdot q^n} \quad q^n \text{: Aufzinsungsfaktor} \qquad (2.15)$$

Das Endkapital errechnet sich einfach aus dem Produkt des Anfangskapitals mit dem Faktor q^n, der sich durch den Zinssatz i und der Laufzeit n bestimmt. q^n wird als **Aufzinsungsfaktor** bezeichnet und ist tabelliert (vgl. Anhang, Tabelle 1). Die Werte K_1, K_2, ... bilden eine geometrische Folge.

Im Beispiel: $K_4 = 1.000 \cdot 1{,}05^4 = 1.215{,}51 \,€$.

Beispiele und Anwendungen zur Aufzinsung

i) Nach wie viel Jahren verdoppelt sich ein Anfagskapital, wenn es zu 5 % p. a. angelegt wird?

   Lösung:

   Es muss gelten: $K_n = 2 \cdot K_0$ bzw. $K_0 \cdot 1{,}05^n = 2 \cdot K_0 \Leftrightarrow 1{,}05^n = 2$.

   Es gibt 2 Lösungsmöglichkeiten:

   1. Lösung durch Verwendung der Tabelle für Aufzinsungsfaktoren (vgl. Anhang, Tabelle 1); bei gegebenem Zinssatz 0,05 suchen wir das Jahr, in dem der Aufzinsungsfaktor erstmalig den Wert 2 erreicht. Im Beispiel ist dies bei n=15 der Fall, d. h. frühestens nach 15 Jahren hat sich das Kapital verdoppelt.

   2. Lösung durch Logarithmieren:

$$1{,}05^n = 2 \Leftrightarrow n = \log_{1,05} 2 \overset{\text{Umrechnungsregel}}{=} \frac{\ln 2}{\ln 1{,}05} = \frac{0{,}693}{0{,}049} = \underline{\underline{14{,}21}}.$$

   Die nächste ganzzahlige Jahreszahl ist n=15 Jahre.

ii) Ein Anleger investiert in einen Bundesschatzbrief Typ B[4], der für die nächsten 7 Jahre folgende Zinssätze bietet: 3,00 %, 3,50 %, 4,00 %, 4,25 %, 4,75 %, 5,00 %, 5,25 %.[5] Wie hoch ist das Guthaben bei Anlage von 1.000 €?

---

4 Bundesschatzbriefe sind vom Bund herausgelegte, nicht an der Börse gehandelte Wertpapiere mit jährlich „treppenförmig" ansteigender Verzinsung. Man unterscheidet dabei die Typen A und B. **Typ A** hat eine Laufzeit von 6 Jahren, die Zinsen werden jährlich ausgezahlt. **Typ B** hat eine Laufzeit von 7 Jahren, die Zinsen werden jährlich dem Kapital gutgeschrieben und erst nach Ablauf der 7 Jahre vergütet (Zinseszinseffekt).

5 Originalkonditionen Stand März 2002.

Lösung:
Bei wechselnden Zinssätzen braucht man nur die Aufzinsungsfaktoren miteinander zu multiplizieren:
$K_7 = 1.000 \cdot 1,03 \cdot 1,035 \cdot 1,04 \cdot 1,0425 \cdot 1,0475 \cdot 1,05 \cdot 1,0525 = \mathbf{1.337,99 \text{ €}}.$

iii) Wie hoch ist die durchschnittliche, jährliche Verzinsung (Rendite) des Bundesschatzbriefes gemäß ii)?

Lösung:
Gesucht ist derjenige *konstante* Zinssatz, der zu demselben Endvermögen führt, wie auf Basis der wechselnden Zinssätze.
Gesucht: i* mit $1.000 \cdot (1+i^*)^7 = 1.337,99$ bzw. $(1+i^*)^7 = 1,33799$

$\Leftrightarrow 1+i^* = \sqrt[7]{1,33799} = 1,0425$, somit $i^* = 0,0425 = \underline{\underline{4,25\% \text{ p.a.}}}$

Achtung! Man könnte in iii) auch auf die Idee kommen, den Durchschnittszinssatz mit dem arithmetischen Mittel zu berechnen, im Beispiel also einfach $\frac{0,035+...+0,0525}{7}$. Dies führt zwar im vorliegenden Fall zu einem nahezu identischen Resultat, ist aber vom Verfahren her **falsch**. Richtig und sachgerecht ist die oben gezeigte Vorgehensweise. Diesen Mittelwert (im Beispiel 1,0425) bezeichnet man als **geometrisches Mittel**. Merke also: Bei Aufzinsungs- ebenso wie bei Wachstumsvorgängen ist zur Berechnung der durchschnittlichen Verzinsungs- bzw. Wachstumsrate das geometrische und **nicht** das arithmetische Mittel zu verwenden.

---

b) Jährliche Abzinsung

Beispiel:
Ein Student möchte sich in 4 Jahren zum Ende seines Studiums ein neues Auto leisten. Er rechnet mit einem Kaufpreis von 15.000 €. Welchen Einmalbetrag muss er „heute" anlegen, damit er sein Sparziel erreicht, wenn sein Anlagebetrag jährlich mit 6 % verzinst wird?

Lösung:
Im vorliegenden Beispiel ist der Zukunftswert 15.000 € (=K_4) gegeben und in die Gegenwart „zurückzurechnen". Dies lässt sich ausgehend von der Aufzinsungsformel sofort bewerkstelligen:

$K_0 \cdot 1,06^4 = 15.000 \;\big|: 1,06^4 \quad \Leftrightarrow \quad K_0 = \frac{15.000}{1,06^4} = 15.000 \cdot 1,06^{-4} = \underline{\underline{11.881,41 \text{ €}}}.$

Der Student muss also „heute" 11.881,41 € anlegen, um in 4 Jahren unter Berücksichtigung von Zinsen und Zinseszinsen über genau 15.000 € zu verfügen.

Verallgemeinerung:

$$K_n = K_0 \cdot q^n \Leftrightarrow K_0 = \frac{K_n}{q^n} \quad \text{bzw.} \quad \boxed{K_0 = K_n \cdot q^{-n}} \quad q^{-n}: \text{Abzinsungsfaktor} \quad (2.16)$$

Den Vorgang der finanzmathematischen Rückrechnung von der Zukunft in die Gegenwart bezeichnet man als **Abzinsung** oder auch **Diskontierung**. Der Faktor q^{-n} heißt **Abzinsungsfaktor** und ist tabelliert (vgl. Anhang, Tabelle 2).
Abzinsungsvorgänge haben in der Betriebswirtschaft eine große Bedeutung, denn dadurch sind wir in der Lage, Planzahlen oder sonstige zukünftige Zahlungsverpflichtungen oder -ansprüche zum gegenwärtigen Zeitpunkt zu bewer-

ten. Das Prinzip wird z. B. in der Investitionsrechnung oder in der Unternehmensbewertung angewendet. Unter ii) finden Sie ein Beispiel aus der Investitionsrechnung.

Beispiele und Anwendungen zur Abzinsung

i) Ein Vater will zur Geburt seines Kindes einen Betrag zu 6 % p. a. so anlegen, dass dem Kind in 18 Jahren 20.000 € zur Ausbildungsfinanzierung zur Verfügung stehen. Welchen Betrag muss der treu sorgende Vater heute anlegen?

Lösung:
gegeben: K_{18} = 20.000 ; i = 6 % p. a. gesucht: K_0
K_0 = 20.000 · $1{,}06^{-18}$ = 20.000 · 0,3503 = <u>7.007,88 €.</u>

ii) (**Investitionsrechnung**) Ein Unternehmer plant eine Investition mit einer heutigen Auszahlung (t=0) in Höhe von 50.000 €. Die Investition soll vollständig aus Eigenmitteln finanziert werden. Die Planungen gehen davon aus, dass die Investition 3 Jahre lang Einzahlungsüberschüsse erwirtschaftet, und zwar 10.000 € im ersten, 20.000 € im zweiten und 30.000 € im dritten Jahr. Wie für derartige Planrechnungen üblich, setzen wir die Einzahlungsüberschüsse jeweils in einem Betrag zum Ende des jeweiligen Geschäftsjahres an. Unterjährige Zinseffekte werden also vernachlässigt oder sind bereits eingerechnet.

Wir wollen die Investition am Zahlenstrahl verdeutlichen, wobei die Auszahlung durch den nach unten gerichteten Pfeil gekennzeichnet ist, während Einzahlungsüberschüsse nach oben zeigen:

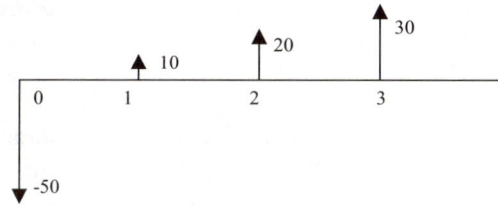

Alternativ hätte der Unternehmer die Möglichkeit, 50.000 € festverzinslich zu 6 % p. a. anzulegen.
Frage: Ist die Investition vorteilhaft oder unvorteilhaft?

Lösung:
Wie bewertet man verschiedene Zahlungen bzw. Zahlungsüberschüsse zu verschiedenen Zeitpunkten? Gäbe es keine Zinsen oder würden wir sie ignorieren, wäre die Bewertung höchst einfach: 50.000 € Auszahlung stehen 60.000 € Einzahlungsüberschüssen gegenüber, ergibt per Saldo ein Plus von 10.000 €.
Ganz so einfach ist die Lösung leider nicht, denn eine Grundregel der Finanzmathematik besagt ja gerade, dass Zahlungen zu verschiedenen Zeitpunkten niemals einfach addiert werden dürfen, denn jede zeitliche Verschiebung induziert Zinseffekte, die rechnerisch zu berücksichtigen sind. Sinnvoll und richtig ist es dagegen, wenn wir alle Zahlungen durch Auf- oder Abzinsung auf ein und denselben Zeitpunkt beziehen. Als Bezugszeitpunkt wählen wir hier den Zeitpunkt 0 und zinsen alle zukünftigen Zahlungsgrößen auf den Zeitpunkt 0 ab. Als Abzinsungssatz wählen wir den Zinssatz der Alternativanlage, 6 % p. a.:

10.000 € im Jahre 1 entsprechen im Zeitpunkt 0: $10.000 \cdot 1{,}06^{-1} = 9.433{,}96$
20.000 € im Jahre 2 entsprechen im Zeitpunkt 0: $20.000 \cdot 1{,}06^{-2} = 17.799{,}93$
30.000 € im Jahre 3 entsprechen im Zeitpunkt 0: $30.000 \cdot 1{,}06^{-3} = \underline{25.188{,}58}$
$$\Sigma \quad \underline{52.422{,}47}$$

Der errechnete Wert 52.422,47 € ist die Summe der auf den Zeitpunkt 0 abgezinsten Einzahlungsüberschüsse. Dieser Wert wird allgemein als **Bruttobarwert** oder auch als **Bruttokapitalwert** bezeichnet. Dies ist der Wert der Einzahlungsüberschüsse auf der Basis von 6 % p. a. Würde etwa die Investition genau 52.422,47 „kosten", so würde der Unternehmer eine Rendite auf seine Investition von exakt 6 % p. a. erzielen. Dieses Ergebnis könnte er aber auch über die festverzinsliche Geldanlage erreichen. Der Unternehmer wäre also indifferent (unentschieden) zwischen festverzinslicher Anlage und Investitionsdurchführung. Tatsächlich „kostet" die Investition jedoch nur 50.000 €, d. h. zwischen dem Bruttokapitalwert und der Auszahlung verbleibt ein positiver Saldo von 2.422,47 €. Das bedeutet, dass sich der Investor mit seiner Investition besser stellt als mit der festverzinslichen Anlage, die Rendite liegt über 6 % p. a.
Entscheidend für die Beurteilung einer Investition ist somit die Differenz zwischen Bruttobarwert und Investitionsauszahlung. Dieser Saldo wird als **Nettobarwert** (Net Present Value, NPV), **Nettokapitalwert** oder einfach als **Kapitalwert** bezeichnet. Mithilfe des Kapitalwertes können wir eine einfache **Entscheidungsregel** ableiten:
Die Investition ist gegenüber der Unterlassensalternative (= festverzinsliche Geldanlage)
▶ *vorteilhaft*, falls der Kapitalwert *positiv* ist,
▶ *unvorteilhaft*, falls der Kapitalwert *negativ* ist und
▶ *weder vorteilhaft, noch unvorteilhaft*, falls der Kapitalwert *gleich 0* ist (Indifferenz).
Der Kapitalwert im Beispiel beträgt 2.422,47, die Investition ist mithin vorteilhaft.

Aufgabe 26: a) Ein Sparkassenzertifikat mit einer Laufzeit von 5 Jahren garantiert folgende Zinsen in 5 aufeinanderfolgenden Jahren (p. a.): 2,75 %, 3,00 %, 3,25 %, 4,00 %, 5,00 %. Der Anlagebetrag wird am Ende der Laufzeit zusammen mit den Zinsen ausgezahlt. Wie hoch ist das Endvermögen bei einem Anlagebetrag von 10.000 €?
b) Wie hoch ist die durchschnittliche jährliche Verzinsung („Wachstumsrate") aus dieser Geldanlage?

Aufgabe 27: a) Ein Sparer legt 4.000 € verzinslich zu 6 % p. a. für 10 Jahre an. Wie hoch ist sein Endvermögen?
b) Nach wie viel Jahren hätte sich sein Vermögen verdreifacht?
c) Der Sparer strebt eine Verdopplung seines Vermögens bereits nach 10 Jahren an. Wie hoch müsste seine jährliche Verzinsung sein, damit er das Sparziel erreicht?

Aufgabe 28: Ein Aktionär hat in den vergangenen Jahren folgende Renditen erzielt: +20 %, +5 %, –50 %, +10 %, +/-0 %.
a) Wie hoch war seine durchschnittliche, jährliche Rendite?
b) Wie hoch wäre sein Endkapital bei einem Anfangsbestand von 5.000 €?

Aufgabe 29: Ein Investor verfügt über 100.000 €, die er einerseits zu 5 % p. a. festverzinslich anlegen kann. Andererseits kann er auch in ein Projekt mit 3 Jahren Laufzeit investieren, aus dem er im 1. Jahr 20 T€, im 2. Jahr 40 T€ und im 3. Jahr 50 T€ an Zahlungsüberschüssen erwartet. Zu welcher Entscheidung würden Sie dem Investor raten?

2.3.3 Unterjährige Verzinsung

Die Zinsangabe ist in der Regel auf ein Jahr bezogen, d. h. „p. a.". Es ist jedoch keineswegs zwingend, dass die Zinsen auch im Jahresrhythmus gutgeschrieben oder belastet werden. Die Zinsperioden können auch kürzer sein, wie dies etwa beim laufenden Konto der Fall ist (Quartalsabrechnung). Sind die Zinsperioden kürzer als ein Jahr und „überschreiten" wir einen oder mehrere der unterjährigen Verzinsungstermine, so fallen **unterjährige Zinseszinsen** an.

Beispiel:

Ein Girokonto ist zum 31.12.2001 um 1.000 € überzogen. Die Bank berechnet für die Überziehung 12 % p. a. Zinsen. Wir nehmen der Einfachheit halber an, dass auf diesem Konto im gesamten Jahr 2002 keine Bewegungen stattfinden. Wie hoch ist der Kontostand per 31.12.2002?

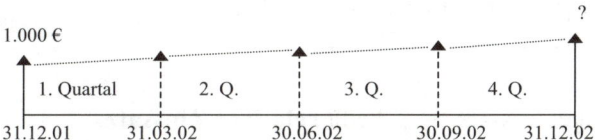

Lösung:

Im (hier **nicht** vorliegenden) Falle der jährlichen Kontoabrechnung zum 31.12. (wie beim Sparbuch) wäre der Kontostand per 31.12.2002 ganz einfach (1.000 · 1,12 =) 1.120 €. Hier liegt jedoch Quartalsabrechnung vor, was zu einem anderen Ergebnis führt, wie folgende Entwicklung zeigt:

$K_0 = 1.000$ per 31.12.2001

$K_1 = 1.000 \cdot \left(1 + \frac{0{,}12}{4}\right) = 1.030$ per 31.03.2002

$K_2 = K_1 \cdot \left(1 + \frac{0{,}12}{4}\right) = 1.000 \cdot \left(1 + \frac{0{,}12}{4}\right)^2 = 1.060{,}90$ per 30.06.2002

$K_3 = K_2 \cdot \left(1 + \frac{0{,}12}{4}\right) = 1.000 \cdot \left(1 + \frac{0{,}12}{4}\right)^3 = 1.092{,}73$ per 30.09.2002

$K_4 = K_3 \cdot \left(1 + \frac{0{,}12}{4}\right) = 1.000 \cdot \left(1 + \frac{0{,}12}{4}\right)^4 = \underline{\underline{1.125{,}51}}$ per 31.12.2002

Der Kontostand liegt also mit 1.125,51 € um 5,51 € höher als im Falle jährlicher Verzinsung. Dieser Mehrbetrag resultiert aus der unterjährigen Verzinsung bzw. aus den unterjährigen Zinseszinsen.

Verallgemeinerung:

Abkürzungen: n   Anzahl Jahre (im Beispiel: n = 1)

m   Anzahl unterjähriger Verzinsungsperioden bzw. Anzahl unterjähriger Verzinsungstermine (im Beispiel: m = 4)

K_0

$$K_1 = K_0 \cdot \left(1 + \frac{i}{m}\right) \qquad\qquad \text{nach } \tfrac{1}{m} \text{ Jahr}$$

$$K_2 = K_0 \cdot \left(1 + \frac{i}{m}\right)^2 \qquad\qquad \text{nach } \tfrac{2}{m} \text{ Jahr}$$

$\vdots$

$$\boxed{K_m = K_0 \cdot \left(1 + \frac{i}{m}\right)^m} \qquad\qquad \text{nach 1 Jahr}$$

$$K_{m+1} = K_0 \cdot \left(1 + \frac{i}{m}\right)^{m+1} \qquad \text{nach } 1 + \tfrac{1}{m} \text{ Jahren}$$

$\vdots \qquad\qquad \vdots$

$$\boxed{K_{m \cdot n} = K_0 \cdot \left(1 + \frac{i}{m}\right)^{m \cdot n}} \qquad\qquad \text{nach n Jahren}$$

Endbestand bei unterjähriger Verzinsung nach k Verzinsungsperioden:

$$\boxed{K_k = K_0 \cdot \left(1 + \frac{i}{m}\right)^k} \quad , \ k \in \mathbb{N}$$

(2.17)

Der unterjährige Zinssatz $\boxed{\dfrac{i}{m}}$ heißt **relativer Zinssatz**.

(2.18)

Im Beispiel:

m = 4 Quartale, n = 1 Jahr, i = 0,12,   relativer Zinssatz = $\frac{0,12}{4} = 0,03$

$\Rightarrow K_4 = 1.000 \cdot \left(1 + \frac{0,12}{4}\right)^4 = 1.125,51.$

Weitere Beispiele:

i) Ein Anleger legt für 36 Monate einen Betrag in Höhe von 10.000 € zu 6 % p. a. an, wobei die Zinsen monatlich gutgeschrieben werden.

Lösung:

m = 12, k = 36, i = 0,06, relativer Zinssatz $\frac{i}{m} = \frac{0,06}{12}$

$\Rightarrow K_{36} = 10.000 \cdot \left(1 + \frac{0,06}{12}\right)^{36} = \underline{\underline{11.966,81\,€}}.$

ii) Welcher Jahresverzinsung entspricht die unterjährige Verzinsung gemäß i) ?

Lösung:

Ansatz: $10.000 \cdot \left(1 + \frac{0,06}{12}\right)^{3 \cdot 12} = 10.000 \cdot (1 + i\,*)^3$ bzw. $\left(1 + \frac{0,06}{12}\right)^{12} = 1 + i\,*$

$\Rightarrow i\,* = \left(1 + \frac{0,06}{12}\right)^{12} - 1 = 0,0617 = \underline{6,17\,\%} \text{ p.a.}$

Verallgemeinerung:

$$K_0 \cdot \left(1 + \frac{i}{m}\right)^{m \cdot n} = K_0 \cdot (1 + i\,*)^n \quad \overset{\sqrt[n]{}}{\Rightarrow} \quad \left(1 + \frac{i}{m}\right)^m = 1 + i\,* \quad \text{bzw.}$$

(2.19)

$$\boxed{i\,* = \left(1 + \frac{i}{m}\right)^m - 1}$$

i* bezeichnet man als **effektiven Jahreszinssatz**.

Aufgabe 30: Ein Sparer zahlt am 30.09. eines Jahres einen Betrag von 10.000 € auf ein mit 1,5 % p. a. verzinstes Sparbuch ein und lässt diesen Betrag dort ohne weitere Transaktionen „liegen". Genau drei Jahre später löst er das Sparbuch wieder auf.
a) Wie hoch ist der Betrag, den die Bank dem Sparer auszahlt?
b) wie a), jedoch legt der Sparer den Betrag auf einem Girokonto (Quartalsabrechnung)an (Zinssatz ebenfalls 1,5 % p. a.).
c) wie a), jedoch legt der Sparer den Betrag als Monatsgeld mit automatischer Prolongation an, d. h. er bekommt monatlich die Zinsen seinem Kapital gutgeschrieben (Zinssatz ebenfalls konstant 1,5 % p. a.).

2.3.4 Stetige Verzinsung

Für einen Moment verlassen wir die Finanzmathematik, um uns Wachstumsvorgängen zuzuwenden. Wir wollen den Begriff der „Verzinsung" weiter fassen. Aufzinsung ist doch nichts anderes als ein Wachstumsvorgang: Ein vorgegebener Anfangsbestand wächst auf Basis eines Zinssatzes im Laufe der Zeit nach und nach an. Der Bestand erhöht sich jedoch immer nur zu vorbestimmten Zeitpunkten – den Zinsterminen – z. B. zum Ende eines Quartals (Girokonto) oder zum Ende eines Jahres (Sparbuch), d. h. das Kapital wächst in zeitlich festgelegten Schrittfolgen.

Wachstumsvorgänge treten aber nicht nur in der Finanzmathematik, sondern in vielerlei anderen Bereichen auf: Bevölkerungswachstum, Wirtschaftswachstum, biologisches Wachstum etc. Der Unterschied dieser Wachstumsprozesse zum finanzmathematischen „Wachstum" besteht aber darin, dass sich das Wachstum nicht zu festgelegten „Verzinsungsterminen", sondern ständig, also stetig vollzieht. Man spricht deshalb bei diesen Wachstumsprozessen von stetigem Wachstum oder auch von **stetiger Verzinsung**. Stetige Verzinsung bedeutet, dass sich der Bestand permanent verändert, und in jedem Moment stellt der aktuelle Bestand die Bemessungsgrundlage für den nächsten Moment dar. Es werden dem Bestand also permanent Zinseszinsen „gutgeschrieben".

Mathematisch lässt sich stetige Verzinsung durch eine Grenzbetrachtung beschreiben, indem wir beliebig kurze Verzinsungsperioden bzw. eine beliebig hohe Anzahl an Verzinsungsperioden bzw. -terminen (also m→∞) unterstellen. Wir betrachten also das Endkapital für den Fall m→∞:

$$\lim_{m \to \infty} K_{m \cdot n} = \lim_{m \to \infty} K_0 \cdot \left(1 + \frac{i}{m}\right)^{m \cdot n}$$

Man könnte zunächst vermuten, dass ein „unendlich oft" verzinstes Kapital auch unendlich groß werden müsste. Dem ist aber nicht so, denn der relative Zinssatz $\frac{i}{m}$ wird ja für m→∞ ebenfalls beliebig klein. In der Tat hat obiger Ausdruck einen Grenzwert, der sich daraus ableitet, dass der Ausdruck $(1 + \frac{1}{m})^m$ für m→∞ gegen die **Euler'sche Zahl e** (= 2,71828...) geht. Nach einigen Umformungen, auf deren Darstellung wir hier verzichten, erhält man folgende Ausdrücke:

$$\boxed{\lim_{m \to \infty} K_0 \cdot \left(1 + \frac{i}{m}\right)^m = K_0 \cdot e^i} \qquad \text{Bestand nach 1 Jahr} \qquad (2.20)$$

$$\boxed{\lim_{m \to \infty} K_0 \cdot \left(1 + \frac{i}{m}\right)^{m \cdot n} = K_0 \cdot e^{i \cdot n}} \qquad \text{Bestand nach n Jahren} \qquad (2.21)$$

Diese Formel ermöglicht eine einfache Berechnung von Beständen bei allen stetigen Wachstums- oder Zerfallsprozessen. Wichtig ist dabei die Erkenntnis, dass die Zahl e eine **Naturkonstante** und nicht etwa ein künstlich erzeugter Zahlenwert ist. Demzufolge taucht sie auch bei allen Arten von Wachstumsprozessen in der Mathematik und Volkswirtschaft auf, ebenso in der Statisitik (Normalverteilung, Poisson-Verteilung).

Beispiele:
i) Auf welchen Wert wächst ein Betrag von 100 € bei 10 % p. a. Verzinsung ín drei Jahren bei jährlicher (a), monatlicher (b) und stetiger Verzinsung (c) an?
    Lösung:
    $K = 100 \cdot 1{,}1^3 = \underline{133{,}1\ \text{€}}$;
    $K = 100 \cdot (1 + {}^{0,1}/_{12})^{12 \cdot 3} = \underline{134{,}82\ \text{€}}$
    $K = 100 \cdot e^{0,1 \cdot 3} = \underline{134{,}99}.$
Der unter c) errechnete Wert ist der Grenzwert, d. h. der Maximalwert, der bei einem Zinssatz bzw. einer Wachstumsrate von 10 % p. a. überhaupt möglich ist.

ii) In Lummerland leben gegenwärtig (in t = 0) 5 Mio. Menschen. Für die nächsten 10 Jahre wird mit einem Bevölkerungswachstum von durchschnittlich 5 % p. a. gerechnet. Wie viel Menschen würden gemäß dieser Wachstumsprognose in 10 Jahren in Lummerland leben?
    Lösung:
    $K_0 = 5\ [\text{Mio}]$, $K_{10} = 5 \cdot e^{0,05 \cdot 10} = \underline{8{,}24\ \text{Mio}}$

iii) Nach wie viel Jahren hätte Lummerland bei weiterhin 5 % Bevölkerungswachstum pro Jahr 10 Mio. Einwohner?

Lösung:

$5 \cdot e^{0,05 \cdot n} = 10 \Leftrightarrow e^{0,05 \cdot n} = 2 \Leftrightarrow 0,05 \cdot n = \ln 2 \Leftrightarrow n = \frac{\ln 2}{0,05} = \underline{\underline{13,86}}$,

also nach knapp 14 Jahren.

Aufgabe 31: Beantworten Sie die Aufgabe 30 für den Fall stetiger Verzinsung!

Aufgabe 32: In Kleinkleckersdorf leben 50.000 Menschen. Die Stadt rechnet (bei „stetiger" Verzinsung) mit einer jährlichen Zuwachsrate von 2 %.

a) Mit welcher Einwohnerzahl ist dann bei stetiger Verzinsung in 10 Jahren zu rechnen?

b) Welche jährliche Zuwachsrate wäre nötig, damit in 10 Jahren 65.000 Einwohner in Kleinkleckersdorf wohnen? Unterstellen Sie wiederum stetige Verzinsung!

c) Berechnen Sie die jährliche Zuwachsrate wie in b), gehen Sie abweichend von b) jedoch nicht von stetiger, sondern von jährlicher Verzinsung aus!

2.3.5 Gemischte Verzinsung

In der Praxis sind Geldanlagen über ausschließlich ganzzahlige Zinsperioden die Ausnahme. Die Regel sind „gemischte" Verzinsungsvorgänge.

Beispiel:

Ein Sparer zahlte am 15. September 1998 einen Betrag von 5.000 € auf sein mit 2 % p. a. verzinstes Sparbuch ein. Weitere Ein- und Auszahlungen erfolgten nicht. Am 12. März 2002 löst der Sparer sein Sparbuch wieder auf. Welchen Betrag wird die Bank dem Sparer auszahlen?

Lösung:

15.9.98	31.12.98	31.12.99	31.12.00	31.12.01	12.3.02

105 Tage   3 Jahre   72 Tage

Der Anlagezeitraum beträgt 105 Tage, 3 Jahre und 72 Tage. Das Endvermögen berechnet sich wie folgt:

$K = 5.000 \cdot (1 + 0,02 \cdot \frac{105}{360}) \cdot 1,02^3 \cdot (1 + 0,02 \cdot \frac{72}{360})$

$= 5.000 \cdot 1,00583 \cdot 1,0612 \cdot 1,004 = \underline{\underline{5.358,34 \text{ €}}}$.

Einen Näherungswert können wir mit weniger Rechenaufwand ermitteln, indem wir stetige Verzinsung unterstellen. Der Anlagezeitraum beträgt insgesamt $= \frac{105 + 3 \cdot 360 + 72}{360} = \frac{1.257}{360} = 3,4917$ Jahre. Bei stetiger Verzinsung ergibt sich folgendes Endkapital:

$K = 5.000 \cdot e^{0,02 \cdot 3,4917} = \underline{\underline{5.361,65 \text{ €}}}$.

2.4 Rentenrechnung

Als **Rente** bezeichnet man eine in gleichen Zeitabständen regelmäßig wiederkehrende Zahlung gleichen Betrages. Die Rentenrechnung befasst sich mit der finanzmathematischen Behandlung von Rentenzahlungsreihen unter Berücksichtigung von Zinseszinseffekten. Im Gegensatz zur Zinseszinsrechnung befassen wir uns nicht mit Einmalzahlungen, sondern mit mehreren (rentenartigen) Zahlungen.

Die beiden wichtigsten Fragestellungen der Rentenrechnung sind:
1. Wie kann man vorgegebene Renten zu einem einzigen äquivalenten Wert zusammenfassen?
2. Wie kann man einen vorgegebenen Betrag „verrenten", d. h. in eine zum Einmalbetrag äquivalente Rentenzahlungsreihe transformieren?

Wir wollen zunächst den „Basisfall" untersuchen, der darin besteht, dass sowohl die Zahlungen als auch die Verzinsung **jährlich nachschüssig** erfolgen. Dieser Fall ist für viele Betrachtungen ausreichend. Kompliziertere, aber in der Regel auch genauere Konstellationen ergeben sich, wenn man unterstellt, dass Zahlungen und/oder Zinstermine unterjährig erfolgen. Beginnen wollen wir jedoch mit dem Basisfall.

2.4.1 Renten*end*wert bei jährlichen, nachschüssigen Renten

Beispiel:
Ein Anleger legt jährlich 500 € zum Jahresende zu 4 % p. a. an. Wie hoch ist sein Endvermögen nach 4 Jahren?

Lösung:

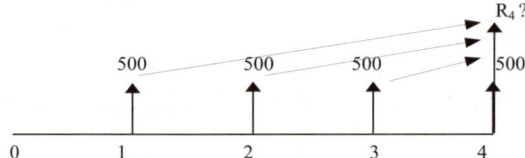

Der gesuchte Wert heißt Rentenendwert (R_n). Er errechnet sich aus der Aufsummierung der 4 aufgezinsten Renten:

$$R_4 = 500 \cdot 1{,}04^3 + 500 \cdot 1{,}04^2 + 500 \cdot 1{,}04^1 + 500 \cdot \underbrace{1{,}04^0}_{=1}$$

$$= 500 \cdot \left(1{,}04^3 + 1{,}04^2 + 1{,}04^1 + 1{,}04^0\right) = 500 \cdot \underbrace{\sum_{t=1}^{4} 1{,}04^{t-1}}_{\substack{\text{geometrische Reihe mit} \\ n=4, g_1=500, q=1{,}04}} = 500 \cdot \frac{1{,}04^4 - 1}{1{,}04 - 1} = 2.132{,}23\,€.$$

2123,23

Verallgemeinerung:

Abkürzungen: n Jahre

q $= 1 + i$ Aufzinsungsfaktor für 1 Jahr

r jährliche nachschüssige Rente

R_n Rentenendwert

$$R_n = r \cdot \left(q^{n-1} + q^{n-2} + \ldots + q^1 + q^0\right) = r \cdot \underbrace{\sum_{t=1}^{n} q^{t-1}}_{\text{geometrische Reihe}} = r \cdot \frac{q^n - 1}{q-1} \quad \text{bzw.}$$

$$\boxed{R_n = r \cdot \frac{q^n - 1}{q-1} = r \cdot \frac{q^n - 1}{i} = r \cdot \text{REF}(n;i)} \qquad \begin{array}{l}\text{Rentenendwert bei}\\ \text{jährlichen, nachschüssigen}\\ \text{Renten}\end{array} \quad (2.22)$$

Der Rentenendwert errechnet sich aus dem Produkt der Rente mit einem von i und n abhängigen Faktor. Der Faktor $\frac{q^n-1}{i}$ heißt **Rentenendwertfaktor REF (n; i)** und ist tabelliert (vgl. Anhang, Tabelle 3).

Weitere Beispiele:

i) Ein Sparer hat als Sparziel 100.000 € in 20 Jahren. Dieses Ziel will er durch 20 jährliche, nachschüssige Renten erreichen, wobei die Verzinsung durchgängig 5 % p. a. beträgt. Wie hoch müssen seine Raten sein?

Lösung:

Es geht hier offenbar um die Verrentung eines zukünftigen Vermögenswertes. Gesucht ist die Rente r bei gegebenem Rentenendwert 100.000 €.

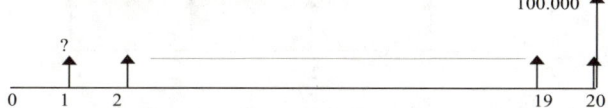

Formel (2.22) stellen wir um und erhalten, nach r aufgelöst, folgenden Ausdruck:

$$\boxed{r = R_n \cdot \frac{i}{q^n - 1} = \frac{R_n}{\text{REF}(n;i)}} \qquad \begin{array}{l}\text{Jährliche, nachschüssige}\\ \text{Rente bei gegebenem}\\ \text{Rentenendwert}\end{array} \quad (2.23)$$

Im Beispiel beträgt die jährliche Rente somit $r = 100.000 \cdot \frac{0,05}{1,05^{20} - 1} = \underline{\underline{3.024\,€}}$.

ii) Ein Sparer legt jährlich zum Jahresende 6.000 € zu 6 % p. a. an. Wie viel Jahre dauert es, bis er ein vorgegebenes Sparziel von 150.000 € erreicht hat?

Lösung:

Gesucht ist hier die Laufzeit bei gegebenen Größen Rentenendwert, Rente und Zins. Dazu lösen wir Gleichung (2.22) nach n auf:

$$R_n = r \cdot \frac{q^n - 1}{i} \quad \Leftrightarrow \quad q^n = \frac{R_n}{r} \cdot i + 1. \quad \text{Logarithmieren führt schließlich auf:}$$

$$\boxed{n = \frac{\ln\left(\frac{R_n}{r} \cdot i + 1\right)}{\ln q}} \qquad \begin{array}{l}\text{Laufzeit n bei gegebenem}\\ \text{Endvermögen } R_n \text{ und}\\ \text{Rente r}\end{array} \quad (2.24)$$

Im Beispiel: $n = \frac{\ln 2,5}{\ln 1,06} = \underline{\underline{15,7 \text{ Jahre}}}$.

Aufgabe 33: Bruno hat ein Geldvermögen von 30.000 € und spart zusätzlich jährlich zum Jahresende jeweils 5.000 €. Alle Beträge werden mit 5 % p. a. verzinst.

a) Über welchen Betrag verfügt Bruno nach 20 Jahren?

b) Nach wie viel Jahren hätte er 500.000 € zusammengespart?

2.4.2 Renten*bar*wert bei jährlichen, nachschüssigen Renten

Der **Rentenbarwert** bestimmt den äquivalenten Gegenwartswert zu einer vorgegebenen Rentenzahlungsreihe. Er errechnet sich aus einer Folge von Abzinsungen, wie folgendes Beispiel zeigt.

Beispiel:
Der Sieger eines Preisausschreibens gewinnt über 4 aufeinanderfolgende Jahre eine Zahlung von je 1.500 €, zahlbar jeweils zum Jahresende. Alternativ wird ihm angeboten, sich seinen Gewinn bereits „heute" als Einmalbetrag auszahlen zu lassen. Der Veranstalter kalkuliert dabei, dass der Auszahlungsbetrag zu 3 % p. a. sicher angelegt werden kann. Wie hoch muss der Einmalbetrag sein, damit er zu den vier Rentenbeträgen genau äquivalent ist?

Lösung:

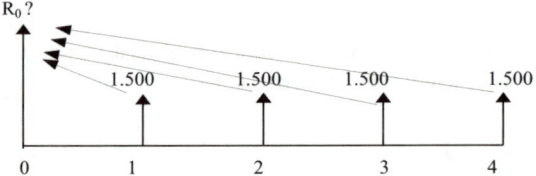

Der gesuchte Wert ist der Rentenbarwert R_0.

$$R_0 = 1.500 \cdot 1{,}03^{-1} + 1.500 \cdot 1{,}03^{-2} + 1.500 \cdot 1{,}03^{-3} + 1.500 \cdot 1{,}03^{-4}$$
$$= 1.500 \cdot \left(1{,}03^{-1} + 1{,}03^{-2} + 1{,}03^{-3} + 1{,}03^{-4}\right)$$
$$= 1.500 \cdot 1{,}03^{-4} \cdot \underbrace{\left(1{,}03^{3} + 1{,}03^{2} + 1{,}03^{1} + 1{,}03^{0}\right)}_{\text{REF}(4\,\text{Jahre};3\%)}$$
$$= 1.500 \cdot 1{,}03^{-4} \cdot \tfrac{1{,}03^{4}-1}{0{,}03} = 1.500 \cdot \tfrac{1-1{,}03^{-4}}{0{,}03} = 1.500 \cdot 3{,}7171 = \underline{\underline{5.575{,}65\,€}}.$$

Probe anhand eines „Kontenplans":

Jahr	Vermögen zu Jahresbeginn	Zinsen (3 % p. a.)	Entnahme	Vermögen zum Jahresende
1	5.575,65	167,27	-1.500	4.242,92
2	4.242,92	127,29	-1.500	2.870,21
3	2.870,21	86,11	-1.500	1.456,31
4	1.456,31	43,69	-1.500	0

Der Rentenbarwert ermöglicht die jährliche Entnahme der Rente, sodass am Ende der Laufzeit das Vermögen gerade „aufgebraucht" ist. Der Rentenbarwert ist also äquivalent zu den vier Rentenzahlungen.

Verallgemeinerung:

Abkürzungen: n   Jahre

q $= 1 + i$ Aufzinsungsfaktor für 1 Jahr

r   jährliche nachschüssige Rente

R_0 Rentenbarwert

$$R_0 = r \cdot \left(q^{-1} + q^{-2} + \ldots q^{-n}\right) = r \cdot q^{-n} \cdot \underbrace{\left(q^{n-1} + q^{n-2} + \ldots q^1 + q^0\right)}_{REF(n;i)} = r \cdot q^{-n} \cdot \frac{q^n - 1}{i} \text{ bzw.}$$

$$\boxed{R_0 = r \cdot \frac{1 - q^{-n}}{i} = r \cdot RBF(n;i)}$$

Rentenbarwert bei jährlichen, nachschüssigen Renten   (2.25)

Der Rentenbarwert R_0 ergibt sich als Produkt aus der Rente mit einem durch die Größen n und i bestimmten Faktor. Dieser Faktor heißt **Rentenbarwertfaktor RBF(n; i)**, deren Werte in Tabelle 4 des Anhangs wiedergegeben sind.

Außerdem gelten folgende Beziehungen zwischen Rentenbarwert und Rentenendwert:

$$\boxed{R_0 = R_n \cdot q^{-n}} \quad (2.26) \quad \text{sowie} \quad \boxed{RBF(n;i) = REF(n;i) \cdot q^{-n}} \quad (2.27)$$

Weitere Beispiele und Ergänzungen

i) **Ewige Rente**

Von einer ewigen Rente spricht man, wenn Rentenzahlungen zeitlich unbegrenzt sind. Wir können in diesem Fall keine Laufzeit angeben (z. B. jährliche, konstante Dividendenzahlungen eines auf unbegrenzte Dauer ausgelegten Unternehmens).

Beispiel:

Abweichend zu obigem Beispiel zahlt der Veranstalter des Preisausschreibens eine Rente von 1.500 € jährlich „auf Lebenszeit", d. h. ohne zeitliche Begrenzung. Wie hoch ist der zu dieser ewigen Rente äquivalente Rentenbarwert? Die Verzinsung werde weiter mit 3 % p. a. angenommen.

Die Abzinsungsfaktoren q^{-1}, q^{-2}, q^{-3}, ... bilden eine geometrische Folge mit absteigenden Folgengliedern. Eine ewige Rente bedeutet nun eine Folge mit unendlich vielen Folgenelementen. Wie wir bereits bei der unendlichen geometrischen Folge gesehen haben (vgl. Kapitel 2.1.2) hat die Summe der Folgenelemente einen endlichen Grenzwert, wie wir auch anhand folgender Formel zeigen können:

$$R_0^\infty = \lim_{n\to\infty} R_0 = \lim_{n\to\infty} r \cdot \frac{1-q^{-n}}{i} \overset{q^{-n} \to 0}{\underset{n\to\infty}{=}} \frac{r}{i}$$
Rentenbarwert bei ewiger
Rente (jährlich, nachschüssig)   (2.28)

Mit der Unterstellung der ewigen Rente vereinfacht sich die Formel für den Rentenbarwert zu $\frac{r}{i}$.

Im Beispiel: $R_0^\infty = \frac{1.500}{0,03} = \underline{50.000\ €}$.

Egal, wie lang die 1.500 €-Zahlungsreihe auch ist, die Summe der abgezinsten Zahlungen wird den Wert 50.000 € niemals überschreiten. Die Bewertung einer Zahlung wird aufgrund des zunehmenden Abzinsungseffekts umso geringer, je weiter sie in der Zukunft liegt. So hätte etwa eine 1.500 €-Zahlung bei 3 % p. a. Verzinsung in 50 Jahren einen Gegenwartswert von lediglich rund 342 €, auf Basis eines Zinses von z. B. 8 % p. a. sogar nur von 31,98 €.

Die ewige Rente ist aufgrund ihrer Einfachheit auch als **„Praktikerformel"** beliebt und ermöglicht, den Wert zukünftiger Zahlungen (z. B. bei der Unternehmensbewertung) durch Annahme einer ewigen Rente grob abzuschätzen.

ii) Ein Gesellschafter eines Unternehmens hat einen Pensionsanspruch auf eine 10-jährige Betriebsrente in Höhe von jährlich 10.000 €, zahlbar jährlich nachschüssig, erstmals zum Ende des 4. Jahres. Alternativ kann sich der Gesellschafter seinen Pensionsanspruch auch als einmalige Abfindungszahlung auszahlen lassen. Wie hoch ist die Abfindungszahlung bei Kalkulation mit einem Zinssatz 5 % p. a.?

Lösung:

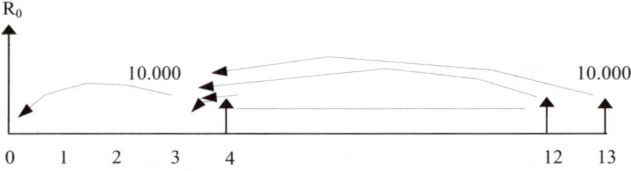

$R_0 = 10.000 \cdot \text{RBF}(10\ \text{J.; } 5\ \%) \cdot 1{,}05^{-3} = 10.000 \cdot 7{,}7217 \cdot 0{,}8638 = \underline{66.703{,}25\ €}$.

Erläuterung: Es handelt sich annahmegemäß um nachschüssige Zahlungen, d. h. durch Multiplikation mit dem Rentenbarwertfaktor zinst man auf den „fiktiven" Zeitpunkt 0 ab, dies ist hier der Zeitpunkt 3. Um den Rentenbarwert von Zeitpunkt 3 auf 0 zurückzurechnen, ist dieser Wert noch mit dem Abzinsungsfaktor für 3 Jahre zu multiplizieren.

iii) **Kurs einer Anleihe**

Eine **Anleihe** (Synonyme: Schuldverschreibung, Obligation) ist aus der Sicht des Schuldners ein Instrument der Fremdfinanzierung. Anleihen werden über den Kapitalmarkt emittiert und später auf dem **Rentenmarkt** gehandelt. Emittenten sind z. B. der Bund (Bundesobligationen), große Unternehmen (Industrieobligationen), Kommunen (Kommunalobligationen) oder andere Länder (Länderanleihen).

Aus der Sicht des Gläubigers (Käufer der Anleihe) stellt sich eine Anleihe als festverzinsliches Wertpapier dar. Anleihen verbriefen dem Käufer einen festen Anspruch auf jährliche oder halbjährliche Zinsen auf Basis des Nominalzinssatzes und werden am Ende der festgeschriebenen Laufzeit zum Nominalwert zurückgezahlt. Für den Emittenten stellt sich die Frage, zu welchem Kurs er die Anleihe ausgeben soll.

Der Ausgabepreis hängt maßgeblich vom aktuellen Kapitalmarktzinsniveau für „vergleichbare" Anleihen (gleiche Laufzeit, gleiches Risiko) ab. Der mutmaßliche Ausgabekurs sowie der sich später einstellende gehandelte Kurs lassen sich mit Hilfe der Rentenrechnung berechnen. Dazu folgendes Beispiel:

Beispiel:

Eine Anleihe sei gestückelt in Anteile à 100 €. Der Nominalzins der Anleihe betrage 5 % p. a., zahlbar jährlich nachschüssig. Die Laufzeit der Anleihe betrage 10 Jahre. Nach Ablauf der 10 Jahre wird die Anleihe zum Nominalwert (=100) zurückgezahlt.

1) Wie hoch wird der Ausgabekurs (C_E) sein bei einem aktuellen Kapitalmarktzins von
   a) 4 %   b) 5 %   c) 6 % ?

2) Mit welchem Kurs (C) wird die Anleihe nach genau 6 Jahren – somit *Restlaufzeit 4 Jahre* – am Rentenmarkt notieren bei angenommenen Marktzinsen von
   a) 4 %   b) 5 %   c) 6 % ?

Lösung:

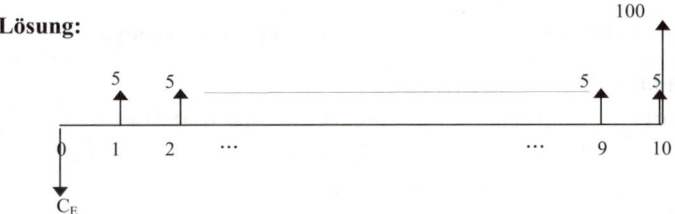

Zu 1):

Der Erwerber der Anleihe hat beim Kauf einer Anleihe von 100 € einen zukünftigen Zahlungsanspruch von 5 € pro Jahr (Zinsen) sowie 100 € (Nominalwert) nach Ablauf der 10 Jahre. Den Emissionskurs wird der Emittent dabei so festlegen, dass die „tatsächliche" Verzinsung (Rendite) gerade der Marktverzinsung entspricht. Falls – wie in a) – der Marktzins bei 4 % liegt, ist die Anleihe mit 5 % attraktiver als der „Markt". Der Ausgabekurs wird deshalb über 100 („über pari") liegen. Liegt der Marktzins – wie in c) – dagegen bei 6 %, so ist die Anleihe im Vergleich zum „Markt" unattraktiv. Sie wird erst dadurch marktgerecht, indem der Ausgabepreis auf einen Wert unter 100 („unter pari") festgelegt wird. Der Kaufpreisabschlag von 100 wird dann so bemessen sein, dass er die Schlechterstellung durch den niedrigeren Zins gerade kompensieren kann. Entspricht die Nominalverzinsung dagegen dem Marktzins – wie in b) – so ist ein Ausgabekurs von 100 („zu pari") zu erwarten.

Wir können den Ausgabekurs finanzmathematisch exakt bestimmen, denn er stellt nichts anderes dar als den Barwert der zukünftigen Zahlungen. Die Zahlungsreihe ist eine „Kombination" aus einer Rentenreihe (Zinsen) und einer Einmalzahlung (Nominalwert im Jahre 10), die es auf den Zeitpunkt 0 abzuzinsen gilt, und zwar auf Basis des gültigen Marktzinses:

Zu a) $C_E = 5 \cdot RBF(10J; 4\ \%) + 100 \cdot 1{,}04^{-10} = 5 \cdot 8{,}1109 + 100 \cdot 0{,}6756 = \underline{108{,}11}.$

  b) $C_E = 5 \cdot RBF(10J; 5\ \%) + 100 \cdot 1{,}05^{-10} = 5 \cdot 7{,}7217 + 100 \cdot 0{,}6139 = \underline{100}.$

  c) $C_E = 5 \cdot RBF(10J; 6\ \%) + 100 \cdot 1{,}06^{-10} = 5 \cdot 7{,}3601 + 100 \cdot 0{,}5584 = \underline{92{,}64}.$

Zu 2) :

Nach Notierung der Anleihe am Rentenmarkt bilden sich Kurse durch Angebot und Nachfrage. Diese Kurse werden sich so einstellen, dass die „effektive" Verzinsung der Anleihe dem Marktzins entspricht. Dies können Sie im Übrigen selbst rechnerisch überprüfen, indem Sie aus dem Finanzteil Ihrer Zeitung Anleihenkonditionen entnehmen und den errechneten Kurs mit dem am Markt gebildeten Kurs vergleichen. Wir führen die gleiche Rechnung durch wie unter 1), zinsen jedoch nur für die verbliebene Restlaufzeit ab:

Zu a) $C_E = 5 \cdot RBF(4J; 4\ \%) + 100 \cdot 1{,}04^{-4} = 5 \cdot 3{,}6299 + 100 \cdot 0{,}8548 = \underline{103{,}63}.$

  b) $C_E = 5 \cdot RBF(4J; 5\ \%) + 100 \cdot 1{,}05^{-4} = 5 \cdot 3{,}5460 + 100 \cdot 0{,}8227 = \underline{100}.$

  c) $C_E = 5 \cdot RBF(4J; 6\ \%) + 100 \cdot 1{,}06^{-4} = 5 \cdot 3{,}4651 + 100 \cdot 0{,}7921 = \underline{96{,}54}.$

Wenn wir die Ergebnisse aus 1) und 2) miteinander vergleichen, so stellen wir fest, dass durch die kürzere Laufzeit in 2) die Ausschläge nach „oben" und „unten" geringer werden (103,63 gegenüber 108,11 und 96,54 gegenüber 92,64.)

Abschließend wollen wir unser Ergebnis noch **verallgemeinern**.

Verallgemeinerung:

Abkürzungen: n Laufzeit der Anleihe (im Beispiel 10 Jahre)

  t Restlaufzeit der Anleihe (im Beispiel 4 Jahre)

  i Nominalzins (im Beispiel 0,05)

  î Kapitalmarktzins

  C_E Emissionskurs (=Ausgabekurs) der Anleihe

  C (börsennotierter) Kurs der gehandelten Anleihe

$$\boxed{C_E = 100 \cdot i \cdot RBF\left(n; \hat{i}\right) + 100 \cdot \left(1 + \hat{i}\right)^{-n}}$$ Emissionskurs der Anleihe bei jährlich nachschüssigen Zinszahlungen   (2.29)

$$\boxed{C = 100 \cdot i \cdot RBF\left(t; \hat{i}\right) + 100 \cdot \left(1 + \hat{i}\right)^{-t}}$$ Kurs der Anleihe mit Restlaufzeit t   (2.30)

iv) **Berechnung der Rente bei gegebenem Rentenbarwert**

Ein Student bekommt zum Start seines BWL-Studiums 20.000 € zur Finanzierung des Studiums von seinen Eltern geschenkt. Welchen jährlichen Betrag kann er vier Jahre lang zum Jahresende entnehmen, wenn sich der Restbetrag jeweils mit 5 % p. a. verzinst?

Lösung:

Der Student will das gegebene Anfangskapital über 4 Jahre verrenten, gesucht ist also die Rente r. Aus der Rentenbarwertformel (2.25) erhält man durch Umstellen:

$$r = R_0 \cdot \frac{i}{1-q^{-n}} = \frac{R_0}{RBF(n;i)}$$

Jährlich nachschüssige Rente bei gegebenem Rentenbarwert   (2.31)

Im Beispiel: $r = \frac{20.000}{RBF(4;5\%)} = \frac{20.000}{3,5460} = \underline{5.640,24\ €.}$ Probe durch Kontenplan:

Jahr	Guthaben Jahresbeginn	Zinsen (5 % p.a.)	Entnahme	Guthaben Jahresende
1	20.000	1.000	-5.640,24	15.359,76
2	15.359,76	767,99	-5.640,24	10.487,51
3	10.487,51	524,38	-5.640,24	5.371,64
4	5.371,64	268,58	-5.640,24	≈ 0

v) **Berechnung der Entnahmedauer**

Ein Pensionär hat sich ein privates Geldvermögen von 200.000 € erspart. Aus diesem Vermögen möchte er sich selbst eine nachschüssige Rente über jährlich 20.000 € auszahlen. Den Restbetrag kann er zu 5 % p.a. verzinslich anlegen. Nach wie viel Jahren ist das Vermögen aufgezehrt?

Lösung:

Gesucht ist hier die Laufzeit n bei gegebenem Rentenbarwert 200.000 € und einer Rente 20.000 €. Wir lösen deshalb die Rentenbarwertformel (2.25) nach n auf:

$$R_0 = r \cdot \frac{1-q^{-n}}{i} \Leftrightarrow q^{-n} = 1 - \frac{R_0}{r} \cdot i \Leftrightarrow q^n = \frac{1}{1 - \frac{R_0}{r} \cdot i}$$. Logarithmieren führt auf:

$$n = \frac{-\ln\left(1 - \frac{R_0}{r} \cdot i\right)}{\ln q}.$$

Entnahmedauer bei Rentenbarwert und jährlich nachschüssigen Renten   (2.32)

Im Beispiel: $n = -\frac{\ln 0,5}{\ln 1,05} = \frac{0,693}{0,0488} = \underline{14,2\ Jahre.}$

Aufgabe 34: Ein Student kalkuliert zu Beginn seines Studiums, dass er 5 Jahre studieren wird und dass er € 6.000 pro Jahr zum (über)leben braucht.

a) Welchen Einmalbetrag benötigt der Student zum Studienbeginn, der es ihm ermöglicht, fünf Jahre lang jeweils zum Jahresende genau 6.000 € zu entnehmen? Den Restbetrag legt er jeweils verzinslich zu 4,5 % p.a. an.

b) Verdeutlichen sie Ihr Ergebnis anhand eines „Kontenplans"!

Aufgabe 35: Eine zu 8 % p.a. kreditfinanzierte Investition (Maschine) habe eine Laufzeit von 10 Jahren und ein Investitionsvolumen in t=0 in Höhe von

100.000 €. Die jährlichen (nachschüssigen) Einzahlungsüberschüsse werden wie folgt geschätzt:

30.000 € Jahr 1 / 20.000 € Jahr 2 / je 10.000 € Jahre 3–10.

a) Bestimmen Sie durch Barwertberechnung, ob die Maschine gekauft werden soll!
b) Man nimmt an, der Unternehmer korrigiert seine Planung und unterstellt für die gesamten 10 Jahre konstante jährliche Einzahlungsüberschüsse. Wie hoch müssten die Einzahlungsüberschüsse sein, damit die Investition vorteilhaft ist?

Aufgabe 36:
a) Einem Arbeitnehmer steht ab 01.01.2008 eine 20-jährige Betriebsrente über 20 mal 3.000 € – zahlbar jeweils jährlich zum 01.01. erstmalig am 01.01.2008 – zu. Das Unternehmen erklärt sich bereit, dem Arbeitnehmer zum 01.01.2003 den Barwert dieser 20 Zahlungen auf Basis eines Zinssatzes von 7 % p. a. als Einmalbetrag auszuzahlen. Berechnen Sie den Einmalbetrag!
b) Gehen Sie abweichend von a) von einer ewigen Rente anstelle von 20 Jahren aus!

Aufgabe 37: Eine (Teil-)Schuldverschreibung (Anleihe) mit einer Laufzeit von 10 Jahren und einem Nominalwert 100 € wird zum Zeitpunkt t=0 emittiert (ausgegeben). Der Nominalzinssatz beträgt 5 % p. a., die Rückzahlung erfolgt in t=10 zum Nominalwert. Zinsen sind zahlbar in t=1, 2, 3, ... ,10.
a) Wie hoch muss der „faire" Ausgabekurs C_E der Anleihe sein, wenn die durchschnittliche Verzinsung für vergleichbare 10-jährige Anleihen 4 % p. a. beträgt?
b) Angenommen, die 10-Jahres-Anleihe würde als so genannte „Null-Kupon-Anleihe" (auch Zero-Bond genannt) ausgegeben werden. (Darunter versteht man eine Anleihe, die mit einem Zinssatz von 0 % Zinsen ausgestattet ist und lediglich zum Nominalwert in t=10 zurückgezahlt wird). Wie hoch wäre der Ausgabekurs für diese Null-Kupon-Anleihe?

2.4.3 Vorschüssige, jährliche Renten

Der bislang betrachtete Standardfall nachschüssiger, jährlicher Renten ist für viele Berechnungen ausreichend. Im Folgenden wollen wir aber auch untersuchen, wie Zahlungen zu behandeln sind, die von diesem Standardfall abweichen. In diesem Kapitel werden nun Renten betrachtet, die zu Jahres*beginn*, also **vorschüssig**, erfolgen.

Beispiel:

Ein Anleger legt über einen Zeitraum von 4 Jahren jährlich zu Jahresbeginn jeweils 1.000 € verzinslich zu 5 % p. a. an. Wie hoch sind der Rentenend- und der Rentenbarwert?

Lösung:

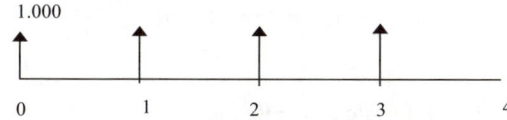

$$R_4^V = 1.000 \cdot 1{,}05^4 + 1.000 \cdot 1{,}05^3 + 1.000 \cdot 1{,}05^2 + 1.000 \cdot 1{,}05^1$$

$$= 1.000 \cdot \left(1{,}05^4 + \ldots + 1{,}05^1\right) = 1.000 \cdot 1{,}05 \cdot \left(\underbrace{1{,}05^3 + \ldots + 1{,}05^0}_{\text{REF (4 Jahre; 5 \%)}}\right) = 1.000 \cdot 1{,}05 \cdot \frac{1{,}05^4 - 1}{0{,}05}$$

$$= R_4^N \cdot 1{,}05 = 4.310{,}13 \cdot 1{,}05 = \underline{\underline{4.525{,}63 \,\text{€}.}}$$

Der Rentenendwert für vorschüssige Zahlungen ergibt sich einfach durch Multiplikation des Rentenendwerts für nachschüssige Zahlungen mit dem Faktor 1,05. Dieses Ergebnis ist nicht überraschend, denn die gesamte Zahlungsreihe ist gegenüber der Zahlungsreihe für nachschüssige Zahlungen um ein Jahr nach „links" verschoben, sodass jede Zahlung genau ein Jahr länger verzinst wird. Dies entspricht gerade dem Faktor 1,05.

Ähnlich verhält es sich mit dem Rentenbarwert:

$$R_0^V = 1.000 \cdot \left(1{,}05^0 + \ldots + 1{,}05^{-3}\right) = 1.000 \cdot 1{,}05 \cdot \left(\underbrace{1{,}05^{-1} + \ldots + 1{,}05^{-4}}_{\text{RBF (4 Jahre; 5 \%)}}\right) = 1.000 \cdot 1{,}05 \cdot \frac{1 - 1{,}05^{-4}}{0{,}05}$$

$$= R_0^N \cdot 1{,}05 = 3.545{,}95 \cdot 1{,}05 = \underline{\underline{3.723{,}25 \,\text{€}.}}$$

Außerdem gilt: $3.723{,}25 \cdot 1{,}05^4 = 4.525{,}63$.

Verallgemeinerung:

Abkürzungen:		
	R_0^V	Rentenbarwert für vorschüssige, jährliche Zahlungen
	R_0^N	Rentenbarwert für nachschüssige, jährliche Zahlungen
	R_n^V	Rentenendwert für vorschüssige, jährliche Zahlungen
	R_n^N	Rentenendwert für nachschüssige, jährliche Zahlungen

Rentenendwert:

$$R_n^V = r \cdot \left(q^n + q^{n-1} \ldots + q^1\right) = r \cdot q \cdot \left(q^{n-1} + \ldots + q^0\right) = r \cdot q \cdot \frac{q^n - 1}{i} \quad \text{bzw.}$$

$$\boxed{R_n^V = R_n^N \cdot q} \quad \text{bzw.} \quad \boxed{REF^V(n;i) = REF^N(n;i) \cdot q}$$

Rentenendwert und Rentenendwertfaktor für vorschüssige Renten   (2.33)

(2.34)

Rentenbarwert:

$$R_0^V = r \cdot \left(q^0 + q^{-1} \ldots + q^{-(n-1)}\right) = r \cdot q \cdot \left(q^{-1} + q^{-2} + \ldots + q^{-n}\right) = r \cdot q \cdot \frac{1-q^{-n}}{i} \quad \text{bzw.}$$

$$\boxed{R_0^V = R_0^N \cdot q} \quad \text{bzw.} \quad \boxed{RBF^V(n;i) = RBF^N(n;i) \cdot q}$$

Rentenbarwert und
Rentenbarwertfaktor für   (2.35)
vorschüssige Renten   (2.36)

Dieses Ergebnis gilt auch für die ewige Rente, d.h.

$$\boxed{R_0^{V\infty} = q \cdot \frac{r}{i}}$$

Rentenbarwert bei ewiger
Rente (jährlich, vorschüssig)   (2.37)

Aufgabe 38: Lösen Sie Aufgabe 34 für den Fall vorschüssiger Zahlungen!

Aufgabe 39: Welchen Betrag muss ein Lottomillionär am 01.01. eines Jahres einzahlen, um anschließend 30 Jahre lang eine vorschüssige Jahresrente in Höhe von 100.000 € beziehen zu können (r = 6 % p. a.)?

Aufgabe 40: Wie lange kann ein Sparer von einem Kapital i. H. v. 300.000 € „zehren", wenn er jährlich vorschüssig € 30.000 entnimmt und den Restbetrag zu 6 % p. a. anlegt?

2.4.4 Unterjährige Renten

Wir wollen anhand der folgenden Beispiele nun noch untersuchen, wie unterjährige Renten finanzmathematisch korrekt erfasst werden. Dazu unterstellen wir weiterhin jährliche Verzinsung.

Beispiel:
Eine leitende Angestellte zahlt aus ihrer jährlichen Tantieme drei Jahre lang 6.000 € jeweils zum 30.04. auf ihr mit 3 % p. a. verzinstes Bausparkonto ein. Wie hoch ist ihr Bausparguthaben zum Ende des dritten Kalenderjahres?

Lösung:

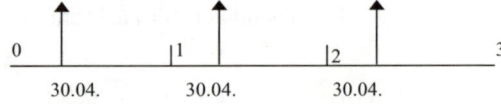

    0 |1 |2   3

    30.04.   30.04.   30.04.

Offensichtlich wird die erste Zahlung 2 Jahre und 8 Monate verzinst, die zweite Zahlung 1 Jahr und 8 Monate sowie die dritte Zahlung 8 Monate. Die unterjährige Verzinsung erfolgt dabei linear:

$$R_3 = 6.000 \cdot \left(1 + 0,03 \cdot \tfrac{8}{12}\right) \cdot 1,03^2 + 6.000 \cdot \left(1 + 0,03 \cdot \tfrac{8}{12}\right) \cdot 1,03^1 + 6.000 \cdot \left(1 + 0,03 \cdot \tfrac{8}{12}\right) \cdot 1,03^0$$

$$= \underbrace{6.000 \cdot \left(1 + 0,03 \cdot \tfrac{8}{12}\right)}_{\substack{\text{Rente, unterjähri g bis} \\ \text{zum Jahresende aufgezinst}}} \cdot \Bigg[\underbrace{1,03^2 + 1,03^1 + 1,03^0}_{\text{REF(3 J.;3\%)}} \Bigg] = 6.120 \cdot \frac{1,03^3 - 1}{0,03} = 6.120 \cdot 3,0909 = \underline{\underline{18.916,31 €.}}$$

Die unterjährig aufgezinste Rente (hier: 6.120 €) wird als **konforme Ersatzrate** oder auch als **fiktive Jahresendzahlung** bezeichnet. Die unterjährige Rente wird dabei jahresanteilig bis zum Jahresende aufgezinst. Man macht also durch Aufzinsung aus einer unterjährigen Zahlung eine (fiktive) nachschüssige, jährliche Rente.

Zur **praktischen Berechnung** geht man stets in **zwei Schritten** vor:

1. Schritt: Berechnung der konformen Ersatzrate r' durch lineare Aufzinsung bis Jahresende.

2. Schritt: Multiplikation der Ersatzrate mit dem Rentenfaktor für nachschüssige Zahlungen.

Beispiel:

Abweichend vom 1. Beispiel zahlt die Angestellte 3 Jahre lang monatlich-nachschüssige Raten à 500 € auf ihr Bausparkonto ein.

In der Summe zahlt sie damit zwar ebenfalls 6.000 € im Jahr bzw. 18.000 € in 3 Jahren, jedoch erfolgt die Einzahlung im Monatsrhythmus. Pro Jahr erfolgen somit 12 Zahlungen.

Lösung:

1. Schritt: Berechnung der Ersatzrate. Wie unterjährige gleichmäßige Raten finanzmathematisch zu behandeln sind, haben wir in Kapitel 2.3.1, Beispiel iii) besprochen. Gemäß Ausdruck (2.12) erhalten wir:

$$r' = 500 \cdot 12 \cdot \left(1 + \frac{0{,}03}{12} \cdot \frac{12-1}{2}\right) = 6.000 \cdot 1{,}01375 = 6.082{,}50.$$

2. Schritt: Berechnung des Rentenendwertes

$R_3 = 6.082{,}50 \cdot \text{REF}(3 \text{ J.}; 3 \text{ \%}) = 6.082{,}50 \cdot 3{,}0909 = \underline{18.800{,}40 \text{ €.}}$

Verallgemeinerung:

Abkürzung: r' konforme Ersatzrate (=fiktive Jahresendzahlung)

Vorgehen zur Berechnung des Rentenendwertes:

1. Schritt: Berechnung der fiktiven Jahresendzahlung r'

Falls 1 unterjährige Zahlung pro Jahr: $\qquad r' = r \cdot \left(1 + i \cdot \dfrac{T}{360}\right)$ (2.38)

Falls m nachschüssige, unterjährige Zahlungen pro Jahr: $r' = r \cdot m \cdot \left(1 + \dfrac{i}{m} \cdot \dfrac{m-1}{2}\right)$ (2.39)

Falls m vorschüssige, unterjährige Zahlungen pro Jahr: $r' = r \cdot m \cdot \left(1 + \dfrac{i}{m} \cdot \dfrac{m+1}{2}\right)$ (2.40)

2. Schritt: Berechnung des Rentenendwerts für nachschüssige Zahlungen

$$R_n = r' \cdot \text{REF}(n; i) = r' \cdot \frac{q^n - 1}{i}$$

3. Beispiel:

Ein Bausparer hat einen Bausparvertrag über 150.000 € und möchte in 8 Jahren seinen 40 %igen Sparanteil (= 60.000 €) durch regelmäßige, nachschüssige Monatszahlungen angespart haben. Wie hoch müssen die Sparraten sein, um das Sparziel zu erreichen, wenn die Guthabenverzinsung 3 % p. a. beträgt?

Lösung:

Schritt 1: $r' \cdot \text{REF}(8\,\text{J.};3\%) = 60.000$ bzw. $r' = \frac{60.000}{\text{REF}(8\,\text{J.};3\%)} = 6.747,38.$

Schritt 2:   Rückrechnung von Jahresendzahlung zu Monatszahlung

$$r \cdot 12 \cdot \left(1 + \frac{0,03}{12} \cdot \frac{12-1}{2}\right) = 6.747,38 \qquad \text{nach r auflösen !}$$

$$r = \frac{6.747,38}{12 \cdot 1,01375} = 554,66\,€ \quad \text{monatliche Sparrate}$$

Verallgemeinerung:

Vorgehen zur Berechnung der unterjährigen Sparrate:

1. Schritt: Berechnung der fiktiven Jahresendzahlung r´

$$r' = \frac{R_n}{\text{REF}(n;i)} = R_n \cdot \frac{i}{q^n - 1}$$

2. Schritt: Berechnung von r aus r´ mit einem der obigen Ausdrücke (2.38) bis (2.40).

Aufgabe 41: Ein Pensionär hat einen Betrag von 50.000 € angespart. Diesen Betrag möchte er über einen Zeitraum von 20 Jahren „verrenten". Welche monatliche, nachschüssige Zusatzrente kann er sich aus diesem Betrag auszahlen, wenn er den Restbetrag jeweils „konservativ" zu 4 % p. a. anlegt und Zinsgutschriften zum Jahresende erfolgen?

Aufgabe 42: Ein Sparer legt Geldbeträge für 20 Jahre zu 6 % p. a. verzinslich an. Wie hoch ist sein Endvermögen nach 20 Jahren, wenn der Sparer

a) jährlich 3.600 € zum Jahresende,

b) jährlich 3.600 € zur Jahresmitte,

c) monatlich 300 € zum Monatsende anlegt?

2.5 Tilgungsrechnung

2.5.1 Tilgungsformen

In der Tilgungsrechnung beschäftigen wir uns mit Krediten und seinen verschiedenen Ausgestaltungsformen. Ein Kredit kann sich, unabhängig von Art und Höhe, folgendermaßen charakterisieren lassen:

Der Kreditgeber (=Gläubiger) stellt dem Kreditnehmer (=Schuldner) einen bestimmten Geldbetrag für eine bestimmte Zeitspanne leihweise zur Verfügung. Dieser Kreditbetrag ist innerhalb der Kreditlaufzeit nach einer vereinbarten Rückzahlungsform wieder zurückzuzahlen, also zu **tilgen**. Außerdem verlangt der Kreditgeber vom Kreditnehmer als Entgelt für die zeitweise Überlassung der Geldmittel einen Kreditzins, der zusätzlich zu der Tilgung zu entrichten ist. Hinsichtlich der **Auszahlungsbedingungen**, der **Zinszahlungen** und der **Tilgungsformen** existiert in der Kreditpraxis eine Vielzahl an Ausgestaltungsformen.

▶ So kann etwa die Auszahlung als Einmalbetrag, in mehreren „Tranchen" oder aber bedarfsweise, wie etwa beim Kontokorrent- bzw. beim Dispositionskredit, erfolgen.

▶ Die Zinsen können nachschüssig oder vorschüssig und hinsichtlich der Verzinsungsperiode z. B. jährlich, quartalsweise oder monatlich fällig sein. Die Zinsen werden in der Regel auf die Restschuld berechnet.

▶ Hinsichtlich der Tilgung unterscheidet man drei typische Tilgungsformen: Ratentilgung, Annuitätentilgung und gesamtfällige Tilgung:

Ratentilgung

Bei der **Ratentilgung** wird der Kreditbetrag in konstanten Tilgungsraten zurückgezahlt; die Zinsen sind zusätzlich zu zahlen. Die Belastung (Tilgung + Zinsen) ist bei der Ratentilgung somit typischerweise in den ersten Tilgungsperioden vergleichsweise hoch, während sie aufgrund der geringeren Restschuld über die Zeit (linear) abnimmt. Man findet die Ratentilgung bei kleineren Konsumentenkrediten wie auch bei Firmenkrediten.

Annuitätentilgung

Bei der **Annuitätentilgung** ist die Belastung (=Annuität) zu jedem Tilgungszeitpunkt gleich hoch. Die Annuität wird vorab finanzmathematisch exakt errechnet. Sie besteht aus einem über die Zeit wechselnden Tilgungs- und Zinsanteil, wobei typischerweise in den ersten Perioden der Zinsanteil vergleichsweise hoch, der Tilgungsanteil klein ist. Im Laufe der Zeit kehrt sich dieses Verhältnis durch „ersparte Zinsen" um. In der Kreditpraxis kennt man das Annuitätendarlehen vor allem aus Hypothekendarlehen zur Finanzierung einer Immobilie. Aus Sicht des Kreditnehmers, der zuvor nicht selten Miete gezahlt hat und damit ebenfalls einer konstanten Belastung ausgesetzt war, wird es zumeist als vorteilhaft empfunden, auch in der Abzahlungsphase konstante Zahlungen zu tätigen, was bei der Ratentilgung nicht möglich ist.

Hinsichtlich der Annuitätenberechnung kann man entweder die Laufzeit vorgeben und erhält den exakt „verrenteten" Kreditbetrag; jedoch ergeben sich typischerweise „krumme" Beträge. Um „glatte" Beträge zu erhalten, gibt man häufig den Tilgungsanteil in Prozent vor (z. B. „1 % Tilgung plus ersparte Zinsen"), sodass sich bei dieser Prozentannuität eine „krumme" Laufzeit ergibt, was sich durch eine Schlusszahlung zum Ende der Laufzeit regeln lässt.

Gesamtfällige Tilgung

Bei der **gesamtfälligen Tilgung** wird der Kreditbetrag am Ende der Laufzeit als Einmalbetrag zurückgezahlt. In der Zwischenphase werden nur Zinsen fällig. Diese Tilgungsform ist typisch bei Zwischenfinanzierungskrediten, bei denen nach Ablauf der Finanzierungsbetrag durch einen Einmalbetrag (z. B. Neukredit, fällige Lebensversicherung) abgelöst wird. Zum anderen findet man die gesamtfällige Tilgung bei Anleihen (Schuldverschreibungen, festverzinsliche Wertpapiere), wenn der Nominalbetrag zum Ende der Laufzeit zu 100 % zurückgezahlt wird.

Wir wollen uns in diesem Kapitel auf die Annuitäten- und die Ratentilgung konzentrieren. Die Abbildung zeigt den typischen Verlauf von Zinsen, Tilgung und Belastung für diese beiden Tilgungsformen.

Abbildung 3: Annuitätentilgung   **Abbildung 4:** Ratentilgung

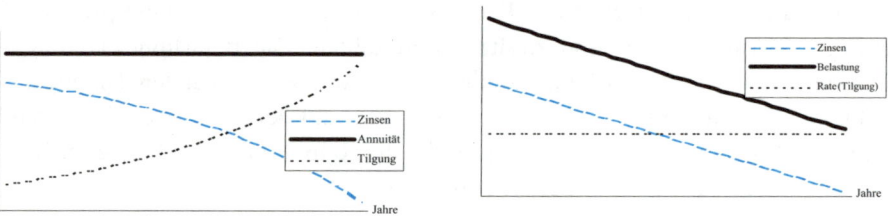

Gelegentlich wird darüber diskutiert, welche der Tilgungsformen, Ratentilgung oder Annuitätentilgung, die vorteilhaftere sei. Diese Frage lässt sich leicht beantworten: Finanzmathematisch sind beide Tilgungsformen völlig gleichwertig, da in beiden Fällen der Kreditbetrag finanzmathematisch korrekt über die Zeit verteilt wird. Verschieden ist jedoch die zeitliche Verteilung der Zahlungen. Die Ratentilgung zeigt zunächst eine höhere Belastung als die Annuitätentilgung, während sie später geringer wird. Aufgrund der unterschiedlichen Zahlungsstrukturen sind deshalb auch die Nominalwerte der Zinszahlungen über die Gesamtlaufzeit nicht identisch, was jedoch über die Vorteilhaftigkeit nichts aussagt.

In der Tilgungsrechnung interessieren nun vor allem folgende Fragen:
▶ Wie hoch ist die finanzmathematisch exakte Annuität?
▶ Wie hoch ist die Restschuld zu einem beliebigen Zeitpunkt innerhalb der Tilgungsphase?
▶ Wie wird ein Tilgungsplan erstellt?

2.5.2 Annuitätentilgung

a) Jährliche Annuität

Beispiel:

Ein Hausbesitzer nimmt zur Finanzierung seines neuen Eigenheims ein Darlehen über 100.000 € bei einem Zinssatz von 6 % p. a. auf. Das Darlehen ist über einen Zeitraum von 12 Jahren durch jährliche, gleich hohe, nachschüssige Beträge (Annuitäten) zurückzuzahlen, die Zinsen werden jeweils auf die Restschuld berechnet. Wie hoch ist die Annuität A?

Lösung:

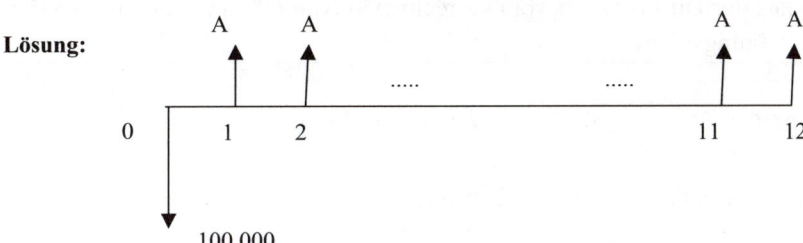

Die Annuität ist nichts anderes als eine Verrentung des in t=0 ausgezahlten Kreditbetrags (hier: 100.000). Der Kreditbetrag lässt sich interpretieren als Rentenbarwert, zu dem die Renten (=Annuitäten) gesucht sind. Deshalb:

$$100.000 = A \cdot RBF(12\,J;6\%) \Leftrightarrow A = 100.000 \cdot \frac{1}{RBF(12\,J;6\%)} = 100.000 \cdot \frac{1}{8,3838} = 11.927,70\,€.$$

Wie der folgende Tilgungsplan zeigt, wäre auf Basis der errechneten Annuität das Darlehen nach 12 Jahren gerade zurückgezahlt. Zu jedem Zeitpunkt sind Zins- und Tilgungsanteil verschieden.

Jahr	Anfangsschuld	Zinsen	Annuität	Tilgung	Restschuld
1	100.000,00 €	6.000,00 €	11.927,70 €	5.927,70 €	94.072,30 €
2	94.072,30 €	5.644,34 €	11.927,70 €	6.283,37 €	87.788,93 €
3	87.788,93 €	5.267,34 €	11.927,70 €	6.660,37 €	81.128,56 €
⋮	⋮	⋮	⋮	⋮	⋮
11	21.868,16 €	1.312,09 €	11.927,70 €	10.615,61 €	11.252,55 €
12	11.252,55 €	675,15 €	11.927,70 €	11.252,55 €	0,00 €
Σ		**43.132,44 €**	**143.132,44 €**	**100.000,00 €**	

Verallgemeinerung:

Abkürzungen: S_0 Schuldbetrag im Zeitpunkt 0 (Anfangsschuld)

S_t Restschuld zum Zeitpunkt t (t = 1, ... ,n)

n Kreditlaufzeit in Jahren

i Kreditzinssatz p. a. als Dezimalzahl (z. B. 0,06)

A Annuität

T Tilgungsbetrag

Z Zinsbetrag

Es gilt dann für die Annuität: $\quad S_0 = A \cdot RBF(n;i) \Leftrightarrow A = S_0 \cdot \dfrac{1}{RBF(n;i)}$

$\Leftrightarrow \quad \boxed{A = S_0 \cdot AF(n;i)} \qquad\qquad$ jährliche Annuität $\qquad\qquad$ (2.41)

Die Annuität errechnet sich als Produkt aus der Anfangsschuld und einem von n und i abhängigen Faktor, dem **Annuitätenfaktor AF(n;i)**. Dessen Werte sind im Anhang als Tabelle 5 wiedergegeben.

Für die Annuität gilt stets: $\boxed{A = Z + T}$ bzw. T = A – Z. Der Tilgungsanteil ergibt sich aus der Differenz der vorab errechneten Annuität und den fälligen Zinsen (vgl. Tilgungsplan).

$$\boxed{S_t = S_0 \cdot q^t - A \cdot \dfrac{q^t - 1}{i}} \qquad \text{Restschuld zum Zeitpunkt t} \qquad\qquad (2.42)$$

$$= S_t = S_0 \cdot q^t - A \cdot REF(t;i) = q^t (S_0 - A \cdot RBF(t;i))$$

Ausdruck (2.42) lässt sich plausibel interpretieren. Würde der Kreditnehmer bis zum Zeitpunkt t keine Annuitäten entrichten, wäre die Schuld auf $S_0 \cdot q^t$ angewachsen. Dieser Betrag wird gemindert durch die Summe der auf den Zeitpunkt t aufgezinsten Annuitäten.

Beispiel:

Wie hoch ist die Restschuld nach 8 Jahren bei obigem Darlehen (100.000 € Darlehen, 30 Jahre, 6 % p. a. Zinssatz)?

Lösung:

$$S_6 = 100.000 \cdot 1{,}06^8 - 11.927{,}70 \cdot \dfrac{1{,}06^8 - 1}{0{,}06} = 159.384{,}81 - 118.054{,}03 = \underline{\underline{41.330{,}75\,€}}.$$

b) Unterjährliche Annuität

Beispiel:

Wir greifen das obige Beispiel auf und fragen uns, wie hoch die Annuität sein muss, wenn der Bauherr die Annuitäten *monatlich* zum Monatsende entrichtet, wobei die Zinsverrechnung ebenfalls monatlich erfolgt? Die unterjährlichen Annuitäten werden mit a bezeichnet.

Lösung:

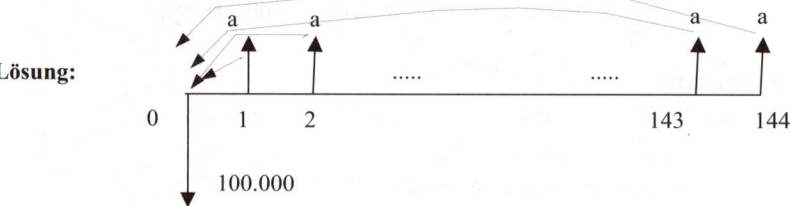

Aufgrund der monatlichen Verzinsung ist die Laufzeit nun nicht mehr mit 12 Jahren, sondern mit $(12 \cdot 12=)$ 144 Monaten aufzufassen. Es ergibt sich sodann folgender Rechenansatz:

$$100.000 = a \cdot [(1+\tfrac{i}{12})^{-1} + (1+\tfrac{i}{12})^{-2} + \ldots + (1+\tfrac{i}{12})^{-143} + (1+\tfrac{i}{12})^{-144}]$$

$$= a \cdot (1+\tfrac{i}{12})^{-144} \cdot \underbrace{[(1+\tfrac{i}{12})^{143} + (1+\tfrac{i}{12})^{142} + \ldots + (1+\tfrac{i}{12})^{1} + (1+\tfrac{i}{12})^{0}]}_{\text{geometrische Reihe mit } q=1+\frac{i}{12}, n=144, g_1=1}$$

$$= = a \cdot (1+\tfrac{i}{12})^{-144} \cdot \frac{(1+\tfrac{i}{12})^{144} - 1}{\tfrac{i}{12}} = a \cdot \frac{1 - (1+\tfrac{i}{12})^{-144}}{\tfrac{i}{12}}$$

aufgelöst nach a: $a = 100.000 \cdot \dfrac{\tfrac{i}{12}}{1 - (1+\tfrac{i}{12})^{-144}} \overset{i=0,06}{=} 100.000 \cdot 0,0097585 = 975,85 €.$

Die zur Jahresannuität in Höhe von 11.927,70 € äquivalente Monatsannuität beträgt bei monatlicher Zinsverrechnung 975,85 €.

Dieses Ergebnis können wir auch am Tilgungsplan verdeutlichen:

Jahr	Monat	Anfangsschuld	Zinsen	Annuität	Tilgung	Restschuld
1	1	100.000,00 €	500,00 €	975,85 €	475,85 €	99.524,15 €
1	2	99.524,15 €	497,62 €	975,85 €	478,23 €	99.045,92 €
1	3	99.045,92 €	495,23 €	975,85 €	480,62 €	98.565,30 €
1	4	98.565,30 €	492,83 €	975,85 €	483,02 €	98.082,28 €
1	5	98.082,28 €	490,41 €	975,85 €	485,44 €	97.596,84 €
1	6	97.596,84 €	487,98 €	975,85 €	487,87 €	97.108,97 €
1	7	97.108,97 €	485,54 €	975,85 €	490,31 €	96.618,67 €
1	8	96.618,67 €	483,09 €	975,85 €	492,76 €	96.125,91 €
1	9	96.125,91 €	480,63 €	975,85 €	495,22 €	95.630,69 €
1	10	95.630,69 €	478,15 €	975,85 €	497,70 €	95.132,99 €
1	11	95.132,99 €	475,66 €	975,85 €	500,19 €	94.632,81 €
1	12	94.632,81 €	473,16 €	975,85 €	502,69 €	94.130,12 €
2	1	94.130,12 €	470,65 €	975,85 €	505,20 €	93.624,92 €
2	2	93.624,92 €	468,12 €	975,85 €	507,73 €	93.117,19 €
⋮	⋮	⋮	⋮	⋮	⋮	⋮
12	8	4.806,91 €	24,03 €	975,85 €	951,82 €	3.855,09 €
12	9	3.855,09 €	19,28 €	975,85 €	956,57 €	2.898,52 €
12	10	2.898,52 €	14,49 €	975,85 €	961,36 €	1.937,16 €
12	11	1.937,16 €	9,69 €	975,85 €	966,16 €	971,00 €
12	12	971,00 €	4,85 €	975,85 €	971,00 €	0,00 €
Σ			**40.522,43 €**	**140.522,43 €**	**100.000,00 €**	

Verallgemeinerung:

Abkürzungen: S_0 Schuldbetrag im Zeitpunkt 0 (Anfangsschuld)

n   Kreditlaufzeit in Jahren

m   Anzahl der unterjährlichen Zahlungs- (=Verzinsungs-)perioden (z. B. m=12)

i   Kreditzinssatz p. a. als Dezimalzahl (z. B. 0,06)

a   unterjährliche Annuität

$$S_0 = a \cdot [(1+\tfrac{i}{m})^{-1} + (1+\tfrac{i}{m})^{-2} + \ldots + (1+\tfrac{i}{12})^{-(m \cdot n - 1)} + (1+\tfrac{i}{12})^{-m \cdot n}]$$

$$= a \cdot (1+\tfrac{i}{m})^{-m \cdot n} \cdot \underbrace{[(1+\tfrac{i}{m})^{m \cdot n - 1} + (1+\tfrac{i}{m})^{m \cdot n - 2} + \ldots + (1+\tfrac{i}{m})^{1} + (1+\tfrac{i}{m})^{0}]}_{\text{geometrische Reihe mit } q=1+\tfrac{i}{m}, n=m \cdot n, g_1=1}$$

$$= = a \cdot (1+\tfrac{i}{m2})^{-m \cdot n} \cdot \frac{(1+\tfrac{i}{m})^{m \cdot n} - 1}{\tfrac{i}{m}} = a \cdot \frac{1-(1+\tfrac{i}{m})^{-m \cdot n}}{\tfrac{i}{m}}$$

aufgelöst nach a: $\boxed{a = S_0 \cdot \dfrac{\tfrac{i}{m}}{1-(1+\tfrac{i}{m})^{-m \cdot n}}}$ Unterjährliche Annuität (Zinsperiode = Zahlungsperiode)   (2.43)

c) Prozentannuität

Wir wollen uns auf die *jährliche* Annuität beschränken.

Beispiel:

Der Hausbesitzer vereinbart – abweichend von a) – mit seiner Bank folgende Konditionen: „8 % p. a. Tilgung + ersparte Zinsen". Somit ergibt sich bei 6 % p.a. Zinssatz für die jährliche Annuität ein „glatter" Betrag, nämlich $100.000 \cdot (0,06+0,08) = 14.000$ €. Gesucht ist die Kreditlaufzeit sowie die fällige Abschlusszahlung.

Lösung:

Hierzu verwenden wir die Restschuldformel, setzen $S_t = 0$ und lösen nach t auf. Das Ergebnis wird eine „krumme" Laufzeit sein.

$$S_t = 100.000 \cdot 1,06^t - 14.000 \cdot \frac{1,06^t - 1}{0,06} \overset{!}{=} 0 \Leftrightarrow \ldots \Leftrightarrow \underbrace{8.000}_{\text{Tilgung im 1. Jahr}} \cdot 1,06^t = \underbrace{14.000}_{\text{Annuität}}$$

$$\Leftrightarrow 1,06^t = 1,75 \Leftrightarrow t = \frac{\ln 1,75}{\ln 1,06} = \frac{0,5596}{0,05827} = 9,6 \text{ Jahre.} \quad (= 9 \text{ volle Jahre} + 0,6 \text{ Restjahr})$$

Zur Ermittlung der Abschlusszahlung berechnen wir einfach die Restschuld nach 9 Jahren, d. h. wir berechnen S_9:

$$S_t = 100.000 \cdot 1,06^9 - 14.000 \cdot \frac{1,06^9 - 1}{0,06} = 8.069,47 \text{ €.}$$

Dieses Ergebnis lässt sich auch aus dem Tilgungsplan ablesen:

Jahr	Anfangsschuld	Zinsen	Annuität	Tilgung	Restschuld
1	100.000,00 €	6.000,00 €	14.000,00 €	8.000,00 €	92.000,00 €
2	92.000,00 €	5.520,00 €	14.000,00 €	8.480,00 €	83.520,00 €
3	83.520,00 €	5.011,20 €	14.000,00 €	8.988,80 €	74.531,20 €
⋮	⋮	⋮	⋮	⋮	⋮
8	32.849,30 €	1.970,96 €	14.000,00 €	12.029,04 €	20.820,26 €
9	20.820,26 €	1.249,22 €	14.000,00 €	12.750,78 €	8.069,47 €
10	8.069,47 €	484,17 €	14.000,00 €	8.069,47 €	0,00 €
		34.553,64 €	140.000,00 €	100.000,00 €	

2.5.3 Ratentilgung

Beispiel:

Der Hausbesitzer aus 2.5.2 erwägt alternativ eine Ratentilgung. Wie hoch sind die Tilgungsraten sowie die Restschuld nach 8 Jahren?

Lösung:

Die Tilgungsbeträge ergeben sich einfach aus $\frac{S_0}{12} = \frac{100.000}{12} = \underline{8.333,33\ €}$. Die Restschuld folgt der Gesetzmäßigkeit einer arithmetischen Folge und errechnet sich nach dem 8. Jahr: $s_8 = 100.000 \cdot (1 - \frac{8}{12}) = \underline{33.333,33\ €}$.

Der Tilgungsplan hat folgendes Aussehen:

Jahr	Anfangsschuld	Zinsen	Rate	Belastung	Restschuld
1	100.000,00 €	6.000,00 €	8.333,33 €	14.333,33 €	91.666,67 €
2	91.666,67 €	5.500,00 €	8.333,33 €	13.833,33 €	83.333,33 €
3	83.333,33 €	5.000,00 €	8.333,33 €	13.333,33 €	75.000,00 €
⋮	⋮	⋮	⋮	⋮	⋮
10	25.000,00 €	1.500,00 €	8.333,33 €	9.833,33 €	16.666,67 €
11	16.666,67 €	1.000,00 €	8.333,33 €	9.333,33 €	8.333,33 €
12	8.333,33 €	500,00 €	8.333,33 €	8.833,33 €	0,00 €
Σ		39.000,00 €	100.000,00 €	139.000,00 €	

Verallgemeinerung:

Abkürzungen: S_0 Schuldbetrag im Zeitpunkt 0 (Anfangsschuld)

S_t Restschuld zum Zeitpunkt t (t = 1, ... ,n)

n   Kreditlaufzeit in Jahren

i   Kreditzinssatz p. a. als Dezimalzahl (z. B. 0,06)

T   Tilgungsbetrag (Rate)

Z   Zinsbetrag

A_t Belastung (Zins + Tilgung) im Zeitpunkt t

Es gilt dann für die **Tilgungsrate T** und für die **Belastung A_t:**

$$\boxed{T = \frac{S_0}{n} = \text{konstant}} \quad (2.44) \qquad \text{und} \qquad \boxed{A_t = \frac{S_0}{n} \cdot [1 + (n - t + 1) \cdot i)]} \quad (2.45)$$

Die **Restschuld zum Zeitpunkt t, S_t** , beträgt: $\boxed{S_t = S_0 \cdot (1 - \frac{t}{n})}$. (2.46)

Aufgabe 43: Ein Hypothekendarlehen (Annuitätendarlehen) über nominell 200.000 € habe eine Laufzeit von 30 Jahren bei einem Zinssatz von 8 % p. a.
a)   Wie hoch ist die jährliche Belastung (Annuität)?
b)   Wie hoch ist die Restschuld am Ende des 5., 15., 25. Jahres?
c)   Stellen Sie den Tilgungsplan für die ersten drei Jahre auf!
d)   Lösen Sie Aufgaben a) – c) für den Fall der Ratentilgung!

Die folgenden Aufgaben 44 – 48 sind gemischte Übungsaufgaben und beziehen sich auf den gesamten Stoff des Kapitels 2.

Aufgabe 44: Hein hat 60.000 € im Preisausschreiben gewonnen und will diesen Betrag nun für 10 Jahre verzinslich anlegen. Sein Freund, Jan, erkundigt sich für ihn bei der NORDSEE-Bank nach geeigneten Anlagemöglichkeiten. Führen Sie für ihn die Berechnungen gemäß folgender Varianten durch:
a)   Einmalige Anlage von 60.000 € in t=0 für 9 Jahre zu 6 % p. a. Wie hoch ist das Endvermögen nach 9 Jahren?
b)   Anlage von 60.000 € in t=0 für 9 Jahre mit „steigendem" Zins, d. h. 4 % p. a. in den ersten drei, 6 % p. a. vom vierten bis zum sechsten und 8 % p. a. vom siebten bis neunten Jahr. Wie hoch ist das Endvermögen nach 9 Jahren? Warum ist das Endvermögen in a) etwas höher als in b), obwohl doch der „mittlere" Zinssatz in beiden Fällen 6 % p. a. beträgt?
c)   Einmalige Anlage von 60.000 € in t=0 so zu 6 %, dass sich sein Vermögen verdoppelt. Welchen Anlagezeitraum muss Hein wenigstens wählen?
d)   Der in c) ermittelte Zeitraum ist Hein zu lang. Stattdessen will er wissen, welchen Betrag er in t=0 anlegen muss, um bei einem Zinssatz von 6 % p. a. nach 9 Jahren ein Vermögen von 90.000 € angespart zu haben. Welchen Betrag muss er in t=0 anlegen?
e)   Hein bezieht auch noch eine monatliche Rente. Davon spart Hein jeweils zum Monatsende 500 € bei einem Zinssatz von 6 % p. a. Wenn er 10 Jahre

lang jeweils zum Monatsende 500 € anspart, um welchen Betrag verfügt er dann aus dieser Anlage am Ende des 10. Jahres?

f) Die monatlichen Zahlungen ersetzt Hein durch Einmalzahlungen a 6.000 € jeweils zum Jahresende. Wie hoch ist bei 6 % p. a. sein Endvermögen aus dieser Anlage nach 10 Jahren?

Aufgabe 45: Für ein Unternehmen werden von einem Kaufinteressenten folgende Planzahlen (Cashflows) veranschlagt:
Jahre 1 – 3: 5 Mio, Jahre 4 – 8: 3,5 Mio, Jahre 9 – ∞: 2 Mio. (ewige Rente).
Berechnen Sie den Unternehmenswert (Discounted Cashflow) auf Basis eines Kalkulationszinses von 12 % ! Zu welchem Ergebnis käme ein anderer Kaufinteressent, der lediglich auf Basis eines Zinssatzes von 8 % kalkuliert?

Aufgabe 46: Willi, Teilhaber eines Unternehmens, hat sich mit seinen Mitgesellschaftern zerstritten und will nun umgehend ausscheiden. Zuvor muss jedoch die „finanzielle Seite" geregelt werden. Der Noch-Teilhaber hat gemäß Gesellschaftervertrag Ansprüche auf weitere 5 Dividendenzahlungen über geschätzt je 20.000 €, zahlbar einmal jährlich. Da die letzte Dividendenzahlung soeben erfolgt ist, können Sie im Folgenden von nachschüssigen Zahlungen ausgehen.

a) Da Willi „sofort" aus dem Vertrag ausscheiden will, strebt er eine einvernehmliche Abfindungszahlung anstelle der 5 Dividendenzahlungen an. Die verbleibenden Gesellschafter bieten Willi eine Abfindung von einmalig 80.000 € an. Soll Willi auf Basis eine Zinssatzes von 5 % p. a. einwilligen? Führen Sie die entsprechende Berechnung durch!

b) Nachdem Willi schließlich den in a) errechneten Betrag erhalten hat, will er diesen Betrag über 10 Jahre „verrenten", d. h. er will 10 Jahre lang nachschüssig einen konstanten Betrag „entnehmen", sodass nach der 10. Zahlung dieses Vermögen aufgebraucht ist. Die nicht verbrauchten Beträge werden jedes Jahr zu 6 % p. a. verzinst. Wie hoch ist der konstante Betrag?

c) Wie würde sich Ihr Ergebnis zu b) ändern, wenn sich Willi den jährlichen Betrag jeweils vorschüssig genehmigen würde?

d) Willi hatte der Gesellschaft vor 8 Jahren ein Gesellschafterdarlehen über 50.000 € gewährt, das er nun fällig stellt (d. h. er fordert die sofortige Rückzahlung der Restschuld). Es handelte sich um ein Annuitätendarlehen mit 30 Jahren Laufzeit, rückzahlbar in jährlichen, nachschüssigen Annuitäten und einem Zinssatz von 7 % p. a. Berechnen Sie zunächst die Annuität und anschließend die Restschuld nach 8 Jahren!

Aufgabe 47: Ein vermögender Student will sein Traumauto leasen. Der Autohändler unterbreitet ihm zwei alternative Leasing-Angebote:

Angebot 1:   Bei Vertragsabschluss Anzahlung („Mietsonderzahlung") i. H. v.
              € 5.900. Außerdem, beginnend einen Monat nach Vertragsab-
              schluss 36 Monatsraten zu je € 99,99. Nach Ablauf der 36 Monate
              Rückgabe des Fahrzeugs an den Händler.
Angebot 2:   Keine Mietsonderzahlung, dafür 36 Monatsraten zu je € 299,99,
              sonst wie Angebot 1.

Angenommen, der Student finanziere alle Zahlungen auf Kreditbasis zu 18 %
p. a. (Zinsperiode 1 Jahr, beginnend bei Vertragsabschluss, unterjährig lineare
Verzinsung): Welches Leasing-Angebot ist für ihn günstiger?

Aufgabe 48: Für die Durchführung eines Forschungsprojekts wird mit folgenden Auszahlungen (in Mio. €) gerechnet:

t	0	1	2	3	4
e_t	2	3	3	2	1

a) Der Auftraggeber will das Projekt durch *eine* einmalige Zahlung A finanzie-
   ren, sodass bei einem Zins von 8 % daraus alle Projektzahlungen beglichen
   werden können. Wie hoch muss die Einmalzahlung A sein?

b) Abweichend von a) soll die Finanzierung durch vier nachschüssige, gleich
   bleibende Jahresraten erfolgen, sodass am Ende bei 8 % Zwischenverzin-
   sung alle Projektzahlungen beglichen sind. Wie hoch sind die Jahresraten?

3. Differentialrechnung für Funktionen mit einer unabhängigen Veränderlichen

Lehrziele

Nach Durcharbeiten dieses Kapitels sollen die Studierenden

▶ den Funktionsbegriff und die wichtigsten Funktionseigenschaften beherrschen,

▶ die wichtigsten ökonomisch relevanten Funktionstypen und deren ökonomische Anwendung kennen,

▶ das Prinzip des Differentialquotienten und die Ableitungsregeln beherrschen,

▶ in der Lage sein, Elastizitäten zu berechnen,

▶ befähigt sein, Nullstellen, Extremwerte und Wendepunkte zu berechnen,

▶ in der Lage sein, wichtige ökonomische Fragestellungen (z. B. Umsatz- und Gewinnmaximierung, Break-Even-Punkt-Berechnung, Betriebsoptimum und Betriebsminimum, optimale Bestellmenge, Produktions- und Produktivitätsmaximum) zu erfassen und mit Hilfe der Differentialrechnung zu lösen,

▶ das Newton-Verfahren zur näherungsweisen Nullstellenberechnung beherrschen.

Grundlegend für die Differentialrechnung sind **Funktionen**. Mithilfe von Funktionen können Zusammenhänge zwischen verschiedenen (ökonomisch relevanten) Größen beschrieben werden. In der Schulmathematik werden die Schüler bereits ausführlich mit Funktionen konfrontiert, jedoch werden diese Funktionen unter Verwendung der üblichen Variablen-Abkürzungen x, y, z, f(x) etc. ganz allgemein und ohne „greifbaren" Anwendungsbezug behandelt. In der Wirtschaftsmathematik bekommen diese Variablen nun eine ökonomische Bedeutung. Sie stehen für Größen wie Absatzmenge, Umsatz, Kosten und Gewinn. Diese Größen werden wir in Form von Funktionen (Preis-Absatz-Funktion, Umsatzfunktion, Gewinnfunktion usw.) wieder finden.

Wir werden im Folgenden ökonomische Funktionen analysieren und uns insbesondere mit zwei Fragenkomplexen befassen:

1. Analyse des **Änderungsverhaltens** ökonomischer Größen und Funktionen, z. B.:

   ▶ Wenn man – ausgehend vom aktuellen Niveau – die Produktionsmenge sukzessive ausweitet, in welchem Maße steigen dann die Kosten?

   ▶ Welche Auswirkung auf den Umsatz und den Gewinn eines Unternehmers hat eine Erhöhung bzw. Senkung des Verkaufspreises?

   Derartige Überlegungen zur Untersuchung von Veränderung ökonomischer Größen werden als **Marginalanalyse** bezeichnet.

2. Bestimmung von **Optimalwerten**, z. B.:

   ▶ Bei welcher Produktionsmenge werden die Stückkosten minimal?

   ▶ Bei welchem Preis erzielt der Unternehmer seinen maximalen Umsatz?

Ein dritter Aspekt tritt zusätzlich dadurch auf, dass durch das Arbeiten mit ökonomischen Funktionen das Verständnis für wirtschaftliche Zusammenhänge geschärft wird.

3.1 Funktionen mit einer unabhängigen Veränderlichen

3.1.1 Funktionsbegriff

Gegeben seien zwei Mengen X und Y. Eine Funktion ist eine Abbildung, die jeder Größe x ∈ X *genau eine* zweite Größe y ∈ Y zuordnet.

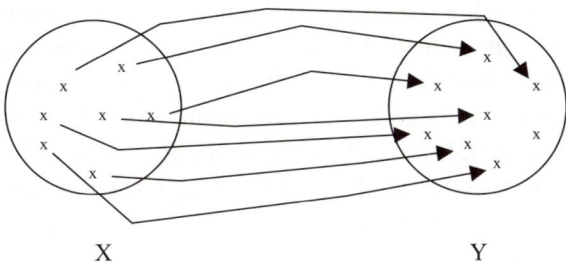

X   Y

Die allgemeine Schreibweise lautet: f: x → f(x) oder y=f(x) , gelesen „y ist eine Funktion von x"; x wird dabei als die **unabhängige Variable**, y als die **abhängige Variable** bezeichnet.

Die Menge X heißt **Definitionsbereich**, Y heißt **Zielmenge**. Die Menge der Funktionswerte aus der Zielmenge, die die abhängige Variable annimmt, heißt **Wertebereich**. Zielmenge und Wertemenge können identisch sein, müssen es aber nicht zwingend. Der Wertebereich kann auch kleiner sein als die Zielmenge (z. B. $y=x^2$, Definitionsbereich und Zielmenge jeweils $\mathbb{R}$, Wertebereich jedoch $\mathbb{R}^+$ einschließlich der 0.).

Beispiele für Funktionen:

(1) Steuertabelle: Jedem zu versteuernden Einkommen (x-Werte) wird die zu zahlende Einkommensteuer (y-Werte) zugeordnet.

(2) Telefontarife: In Abhängigkeit der Telefonminuten (x-Werte) und gegebenenfalls einer Grundgebühr ergibt sich die zu entrichtende Telefongebühr.

(3) Börsenkurse: Während der Handelszeit lässt sich für einen bestimmten börsengehandelten Finanztitel zu jeder Uhrzeit (x-Wert) ein Börsenkurs (y-Wert) zuordnen.

Neben der verbalen Beschreibung (wie in den Beispielen) lassen sich drei Darstellungsformen für Funktionen unterscheiden, die **tabellarische**, die **analytische** und die **graphische** Darstellung. Diese Darstellungsformen schließen sich keineswegs aus, sondern ergänzen sich gegenseitig.

▶ Die **tabellarische** Darstellung in Form einer **Wertetabelle** ist sinnvoll, wenn die Funktionsgleichung nicht bekannt bzw. nicht ermittelbar ist (z. B. Börsenkurs der Alpha AG der letzten 100 Tage, Temperaturen um 12 Uhr in Düsseldorf der letzten 365 Tage). Ist die Funktionsgleichung dagegen bekannt, jedoch recht kompliziert, so ist eine Wertetabelle eine geeignete Hilfe, um sich durch die Berechnung einiger besonders prägnanter Funktionswerte ein Bild über den Funktionsverlauf machen zu können.

▶ Mit der **analytischen** Darstellungsform gibt man ein Funktionsgesetz f(x) in allgemeiner Form an, so dass man für jeden x-Wert des Definitionsbereichs den zugehörigen y-Wert berechnen kann.

▶ Schließlich lässt sich eine Funktion y=f(x) auch **graphisch** in einem zweidimensionalen, rechtwinkligen Koordinatensystem darstellen. Die x-Werte wer-

den auf der Horizontalen (Abszisse), die y-Werte als Resultante auf der Senk-
rechten (Ordinate) abgetragen. Das Koordinatensystem wird in vier **Quadran-
ten** (s. u.) eingeteilt. Für ökonomische Betrachtungen sind vor allem die Qua-
dranten I und IV von Bedeutung, da viele ökonomisch relevante unabhängige
Variablen (Stückzahlen, Preise, Minuten usw.) nur nicht-negative Werte annehmen können, sodass die „linke" Seite des Koordinatensystems häufig per se
ausscheidet.

$$y=f(x)$$

II.   I.

III.   IV.

x

Beispiel:
Ein (fiktiver) Telefonanbieter verlangt eine monatliche Grundgebühr von 20 € sowie innerhalb
Deutschlands eine entfernungs- und tageszeiten*un*abhängige, sekundenweise abgerechnete Telefongebühr von 10 €-Cent pro Minute. Damit ist ein Zusammenhang zwischen der Gesprächsdauer (x) und der Monatsgebühr (y bzw. f(x)) gegeben. Wir wollen diesen Zusammenhang tabellarisch, analytisch und graphisch darstellen:

Wertetabelle:	Gesprächsminuten im Monat x	Monatsgebühr (€) y
	0	20
	50	25
	100	30
	200	40
	500	70
	1.000	120

Als Definitionsbereich kommen nur nicht-negative Werte in Betracht, somit $x \geq 0$. Ausgehend
von einem Sockelbetrag 20 € steigt die Gebühr proportional zur Gesprächsdauer um 0,10 €-
Cent pro Minute an. Wir können daraus folgende Funktionsvorschrift ableiten:

$$y = f(x) = 20 + 0,1 \cdot x \qquad x \geq 0, y \geq 0.$$ x: Gesprächsminuten im Monat
y: Monatsgebühr

Der Graph der Funktion zeigt einen linear ansteigenden Verlauf der Gebühren in Abhängigkeit
der Gesprächsminuten.

Abbildung 5: Graphische Darstellung einer Funktion

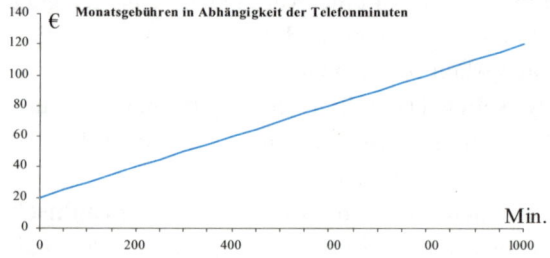

Bislang haben wir nur die Variablen x und y verwendet, wie es in der „reinen" Mathematik üblich ist. Für die Bezeichnung *ökonomischer* Größen dagegen verwendet man davon abweichend üblicherweise folgende Abkürzungen:

U: Umsatz	p: Stückpreis	x: Output, Absatzmenge
K: Gesamtkosten	k: Stückkosten	G: Gewinn
r: Input	i: Zinssatz	t: Zeit
N: Nutzen	Y: Einkommen	C: Konsum usw.

Aufgabe 49: Herr Schwäbli will sein Haus renovieren lassen. Dazu kauft er im Baumarkt ausreichend Tapeten, Kleister und sonstiges Material für 1.000 € ein, welches er dem Maler zur Verfügung stellt. Der Maler rechnet auf Stundenbasis für 25 € pro Arbeitsstunde ab.

a) Stellen Sie die Kostenfunktion K(x) (x: Arbeitsstunden, K: Kosten) und eine dazugehörige Wertetabelle auf und skizzieren Sie die Funktion in einem Koordinatensystem!

b) Herr Schwäbli hofft, dass die Renovierung insgesamt nicht mehr als 2.500 € kosten wird. Wie viel Arbeitsstunden stehen dem Maler dann zur Verfügung?

3.1.2 Funktionseigenschaften

Zur Analyse von Funktionen gehört die Untersuchung bestimmter Eigenschaften sowie bestimmter charakteristischer Punkte. Die wichtigsten Eigenschaften sind:

a) Monotonie	b) Symmetrie	c) Stetigkeit
d) Beschränktheit	e) Umkehrbarkeit	f) Steigung
g) Krümmung		

Die beiden Eigenschaften Steigung und Krümmung lassen sich besonders einfach mit Hilfe der Differentialrechnung erklären. Wir werden uns in Kapitel 3.2 damit eingehend befassen. Die anderen Eigenschaften werden wir im Folgenden in kompakter Form analysieren.

a) Monotonie

Mit der Monotonieeigenschaft will man erfassen, ob eine Funktion einen steigenden oder fallenden Verlauf hat. In der Regel lässt sich das Monotonieverhalten aus der graphischen Darstellung erkennen. Monoton steigend (fallend) bedeutet: Mit steigendem x-Wert steigt (fällt) der f(x)-Wert oder bleibt mindestens konstant. Formal gilt:

f(x) ist **monoton steigend**, falls gilt:	$f(x + \Delta x) \geq f(x)$
f(x) ist **monoton fallend**, falls gilt:	$f(x + \Delta x) \leq f(x)$

In der Mathematik verwendet man die Schreibweise Δ bzw. Δx, um (in der Regel kleine) absolute Abstände zwischen zwei Punkten zu bezeichnen. Wollte man etwa den Abstand zwischen den beiden x-Werten $x_1=2$ und $x_2=2{,}4$ kennzeichnen, so würde man einfach schreiben: $\Delta x=0{,}4$.

Beispiel:
Ein Produzent hat in einer Periode Fixkosten in Höhe von 100 GE und produktionsmengenabhängige (variable) Kosten von 0,5 GE pro Stück. Die Gesamtkostenfunktion K(x) und die dazugehörige Stückkostenfunktion k(x) lauten:

$$K(x) = 100 + 0{,}5x, \quad x \geq 0. \qquad\qquad k(x) = \frac{K(x)}{x} = \frac{100}{x} + 0{,}5, \quad x > 0.$$

Abbildung 6: Monoton steigende Gesamtkostenfunktion   **Abbildung 7:** Monoton fallende Stückkostenfunktion

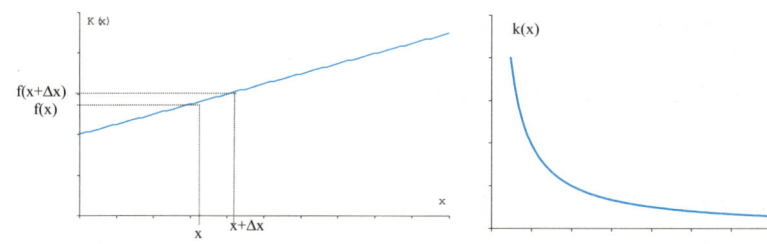

Während die Gesamtkostenfunktion einen monoton steigenden Verlauf zeigt, ist die zur linearen Kostenfunktion gehörende Stückkostenfunktion monoton fallend.

b)   Symmetrie

Man unterscheidet **Achsensymmetrie** und **Punktsymmetrie**.

Mit **Achsensymmetrie** wird die Symmetrie der Funktion zu einer vertikalen Achse bezeichnet. Ist die Funktion im speziellen Fall spiegelsymmetrisch zur y-Achse, so wird sie als **gerade** bezeichnet. Ein Beispiel für eine gerade Funktion ist die Normalparabel $f(x) = x^2$. Formal gilt:

$f(a - x) = f(a + x)$	Achsensymmetrie zur Achse a
$f(x) = f(-x)$	Symmetrie zur y-Achse (f ist gerade)

Abbildung 8: Achsensymmetrie

Beispiel:

$$f(x) = (x - 2)^2, \quad x \in \mathbb{R}$$

An der „Spiegelachse" x = 2
ist die Parabel „klappsym-
metrisch".

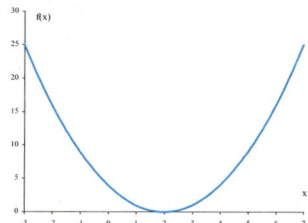

Eine Funktion ist dagegen **ungerade**, wenn sie **punktsymmetrisch** zum Ursprung ist. In diesem Fall gilt:

$$f(x) = -f(-x)$$

Abbildung 9: Punktsymmetrie

Beispiel:

$$f(x) = x^3, \quad x \in \mathbb{R}$$

Diese Funktion ist
punktsymmetrisch zum
Ursprung, wie rechtsstehende
Skizze verdeutlicht.

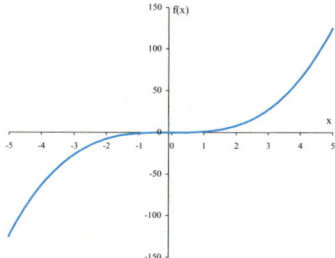

c)   Stetigkeit

Die Stetigkeit ist eine weitere wichtige Funktionseigenschaft. Stetige Funktionen sind gegenüber unstetigen Funktionen leichter zu „handhaben", da man
sich nicht um etwaige „Definitionslücken" kümmern muss. Für unsere Zwecke
reichen die beiden folgenden, eher „unmathematischen" alternativen Formulierungen aus:

1. Eine Funktion ist stetig, wenn man sie „in einem Zuge" – ohne mit dem
    Stift absetzen zu müssen – durchzeichnen kann.
2. Eine Funktion ist stetig, wenn sie weder einen „Pol", eine „Lücke", noch
    einen „Sprung" besitzt.

Aus der zweiten Formulierung geht bereits hervor, dass es drei Kategorien von
Unstetigkeiten gibt, nämlich den **Pol**, die **Lücke** und den **Sprung**. Die Unstetigkeit beschränkt sich dabei in der Regel auf eine begrenzte Zahl von Unstetigkeitsstellen.

Zur „Beruhigung" sei darauf hingewiesen, dass wir es bei der Untersuchung ökonomischer Funktionen ganz überwiegend mit stetigen Funktionen zu tun haben. Insbesondere sind alle ganzrationalen Funktionen (Polynome) innerhalb der Menge der reellen Zahlen sowie die Wurzel- und Exponentialfunktionen innerhalb ihres Definitionsbereichs stetig.

1. Pol

Ein **Pol** ist eine Senkrechte, für die die Funktion an dieser Stelle nicht definiert ist. Er tritt typischerweise bei gebrochen-rationalen Funktionen an den Stellen auf, für die der Nenner den Wert 0 annehmen würde.

Typisch für einen Pol an der Stelle x_0 ist, dass die Funktion für $x \geq x_0$ gegen $-\infty$ oder gegen $+\infty$ geht.

Abbildung 10: Unstetigkeit durch Polstelle

Beispiel:

$$f(x) = \frac{1}{x}, \quad x \in \mathbb{R} \setminus \{0\}$$

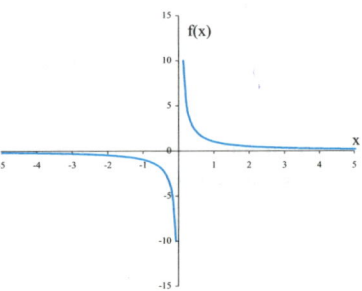

An der Stelle $x = 0$ ist die Funktion unstetig. Die Funktion zeigt einen hyperbelförmigen Verlauf mit den Grenzwerten $+\infty$ und $-\infty$, je nachdem, ob man sich der Null „von rechts" oder „von links" nähert.

2. Lücke

Lücken werden auch als **hebbare Unstetigkeitsstellen** bezeichnet, wie folgendes Beispiel zeigt:

Beispiel:

$$f(x) = \frac{x^2 - 9}{x - 3}, \quad x \in \mathbb{R} \setminus \{3\}$$

Der einzig „kritische" Punkt ist die Stelle $x = 3$, da ja vermieden werden muss, dass der Nenner den Wert Null annehmen kann. Der Zähler lässt sich jedoch gemäß dritter binomischer Formel umschreiben zu $(x-3) \cdot (x+3)$, sodass wir kürzen und den Ausdruck folgendermaßen schreiben können:

Abbildung 11: Hebbare Unstetigkeit durch Lücke

$$f(x) = \frac{(x-3)\cdot(x+3)}{x-3} = x + 3 \quad , \quad x \in \mathbb{R}\backslash\{3\}$$

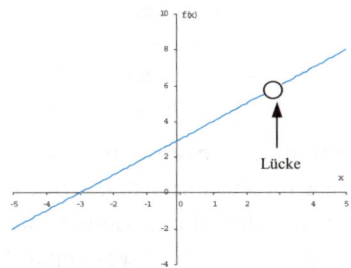

Aus der gebrochen-rationalen Funktion ist – wie in nebenstehender Darstellung erkennbar – eine lineare Funktion geworden, jedoch mit der Besonderheit, dass sie an der Stelle x = 3 nicht definiert ist. An der Stelle x = 3 hat die Funktion somit eine **Lücke**.

Das Charakteristische an der Lücke ist, dass sich die Funktion sowohl linksseitig als auch rechtsseitig dieser Lücke beliebig annähert. Die Funktion erinnert an eine durchgehende Straße, die an einem Punkt (im Beispiel: x=3) unterbrochen ist. Aufgrund der beidseitigen Annäherung können wir diesen Punkt durch geeignete Definition überbrücken, man sagt, die Unstetigkeit ist **hebbar**.

Im Beispiel nähern wir uns, von links oder von rechts an den Wert x=3 herangehend, dem Funktionswert 6 an. Es bietet sich also an, die Funktion folgendermaßen neu zu definieren:

$$f(x) = \begin{cases} \dfrac{x^2-9}{x-3} & \text{für } x \neq 3 \\ 6 & \text{für } x = 3 \end{cases}$$

f(x) ist also gegeben durch die Ursprungsfunktion, mit Ausnahme der Stelle x=3. Für x=3 erhält sie „künstlich" den zugeordneten Wert f(3)=6.

Mit diesem „Trick" haben wir durch künstliche Überbrückung der Unstetigkeitsstelle eine stetige Funktion geschaffen.

Verallgemeinerung:

Die Funktion hat an der Stelle x_0 eine Lücke, wenn $x_0 \notin \mathbb{R}_f$, jedoch linksseitiger und rechtsseitiger Grenzwert existieren und identisch sind. Die Unstetigkeit ist dann hebbar.

3. Sprung

Abbildung 12: Unstetigkeit durch Sprünge

Beispiel:

Für Inlandsbriefe erhebt die Deutsche Post AG zur Zeit folgende Gebühren:

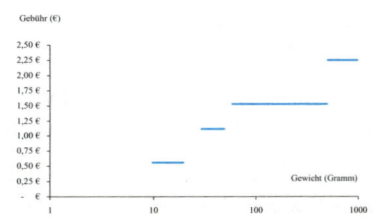

Standardbrief	bis 20 Gramm	0,56 €
Kompaktbrief	bis 50 Gramm	1,12 €
Großbrief	bis 500 Gramm	1,53 €
Maxibrief	bis 1.000 Gramm	2,25 €.

Wie die nebenstehende Abbildung verdeutlicht, hat die Funktion an den Stellen 20 Gramm, 50 Gramm und 500 Gramm aufgrund der „sprunghaften" Tarifänderungen an diesen Grenzen jeweils einen **Sprung**. Charakteristisch für einen Sprung ist, dass linksseitiger und rechtsseitiger Grenzwert existieren, jedoch – im Gegensatz zur Lücke – verschieden sind. So ist etwa bei Annäherung an 20 Gramm der linksseitige Grenzwert 0,56 €, während der rechtsseitige Grenzwert 1,12 € beträgt. Diese Art von Unstetigkeit ist *nicht hebbar*.

Derartige „Treppenfunktionen" tauchen in der Ökonomie häufiger auf, insbesondere im Zusammenhang mit Preisen oder Tarifen, wenn die Preisanpassungen nicht allmählich, sondern nach Überschreiten kritischer Grenzen (im Beispiel oben: Gewicht) „sprunghaft" erfolgen.

d) Beschränktheit/Grenzwerte

Aus mathematischer Sicht interessiert häufig, ob eine Funktion gegen einen bestimmten Funktionswert tendiert, wenn man sich einer bestimmten Grenze beliebig annähert. Wir greifen hier die für die ökonomische Untersuchung besonders bedeutsamen Fälle x→ 0 und x→∞ heraus. Vor allem interessiert der Fall x→∞, ob der Funktionswert „über alle Grenzen" wächst oder fällt oder ob er sich einer endlichen Grenze annähert. Von besonderer Bedeutung sind derartige Fragen in Zusammenhang mit Sättigungseffekten.

1. Beispiel: Logistische Funktion
Eine Funktion, die häufig zur Trendprognose herangezogen wird, ist die **logistische Funktion**. Sie hat die allgemeine Form:

$$y(t) = \frac{a}{1 + b \cdot e^{-c \cdot t}}$$ $y(t)$: Bestand; t: Zeit; a, b, c: Parameter mit a: Sättigungsgrenze

Es gilt: $\lim\limits_{t \to \infty} y(t) = a$, denn e^{-ct} geht für $t \to \infty$ gegen 0.

Abbildung 13: Logistische Funktion

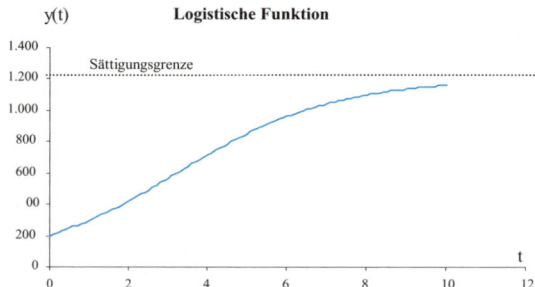

Gegeben sei eine logistische Funktion mit $a = 1.200$, $b = 5$ und $c = 0,5$. Die Funktion erreicht die Sättigungsgrenze bei 1.200, wie rechtsstehende Abbildung verdeutlicht.

2. Beispiel: Stückkostenfunktion bei linearer Gesamtkostenfunktion
Eine lineare Kostenfunktion sei gegeben durch: $K(x) = 5x + 100$, $x \geq 0$.
Gesucht ist das Verhalten der Stückkostenfunktion für $x \geq 0$ und $x \to \infty$.

Abbildung 14: Stückkostenfunktion

Die Stückkostenfunktion lautet: $k(x) = \frac{K(x)}{x} = \underbrace{5}_{k_v} + \underbrace{\frac{100}{x}}_{k_f}$.

Es gilt: $\lim\limits_{x \to 0}\left(5 + \frac{100}{x}\right) = \infty$ sowie

$\lim\limits_{x \to \infty}\left(5 + \frac{100}{x}\right) = 5$, da $\lim\limits_{x \to \infty}\frac{100}{x} = 0$.

Die Stückkostenfunktion hat einen hyperbelförmigen Verlauf.

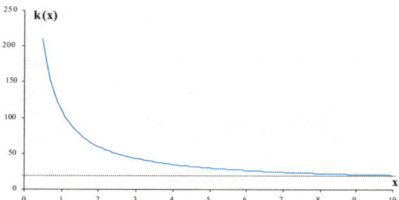

e) Umkehrbarkeit

Häufig interessiert bei einer gegebenen Funktion y(x) die Umkehrung, d. h. die Funktion x(y). Sie wird als **Umkehrfunktion** bezeichnet.

Beispiel (Fortsetzung des Beispiels aus 3.1.1):

Jemand will wissen, wie viel Gesprächsminuten er bei einem vorgegebenen Monatsgebühren-budget telefonieren kann. Gegeben ist also die Größe y (Monatsgebühren), gesucht sind die Minuten x, d. h. gesucht ist die Zuordnung x = x(y). Dazu lösen wir die Funktion y(x) nach x auf:

$y = 20 + 0{,}1 \cdot x \iff x = x(y) = 10y - 200, \quad y \geq 20.$

Da es üblich ist, die unabhängige Variable mit x zu bezeichnen, vertauschen wir wieder die Variablen x und y und schreiben: y = 10x – 200, y ≥ 29.

So kann man beispielsweise mit einem Budget von 80 € 600 Minuten (=10 Stunden) lang telefonieren. Grafisch ist die Umkehrfunktion eine Spiegelung an der 45°-Achse.

Abbildung 15: Umkehrfunktion durch Spiegelung an 45°-Achse

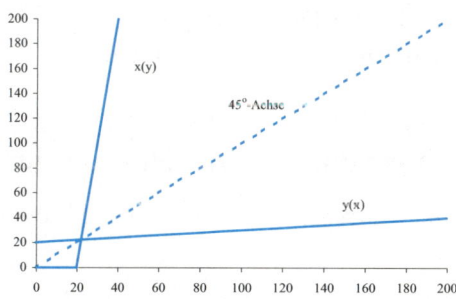

Verallgemeinerung (Umkehrfunktion):

Voraussetzung dafür, dass man zu einer Funktion die Umkehrfunktion oder auch inverse Funktion ermitteln kann, ist die so genannte **Bijektivität** der Funktion. Eine Funktion ist bijektiv, wenn jedem x-Wert genau ein y-Wert eindeutig zugeordnet werden kann und umgekehrt oder: zwei verschiedene x-Werte haben zwangsläufig auch zwei verschiedene y-Werte.

Schreibweise: $x = f^{-1}(y)$

Praktisch ermittelt man die Umkehrfunktion durch Vertauschen der Variablen x und y bzw. der unabhängigen Variablen mit der abhängigen Variablen. Graphisch ergibt sich die Umkehrfunktion aus der Spiegelung der Funktion an der 45°-Achse. Die Umkehrung der Umkehrfunktion ergibt wieder die Ursprungsfunktion.

Weitere Beispiele:
(1) Die Funktion $y = x^2$ ist nicht umkehrbar, da sie nicht bijektiv ist. Jeder Funktionswert >0 hat zwei Urbilder (z. B. 16 hat die Urbilder –4 und 4).
(2) Die Funktion $y = x^3$ ist umkehrbar: $x = f^{-1}(y) = \sqrt[3]{y}$ bzw. nach Variablenvertauschung: $y = f^{-1}(x) = \sqrt[3]{x}$.

Aufgabe 50: Gegeben sei die Kostenfunktion $K(x) = \frac{1}{2} x^2 + 200$ $(x \geq 0)$. Weisen Sie formal nach, dass die Funktion $K(x)$ monoton steigend und die zugehörigen Fixkosten pro Stück $k_f(x)$ monoton fallend sind!

Aufgabe 51: Bestimmen Sie von folgenden Funktionen den Definitionsbereich, untersuchen Sie die Funktionen auf Unstetigkeiten und geben Sie an, ob es sich an der betreffenden Unstetigkeitsstelle um eine (hebbare) „Lücke", um einen „Pol" oder um eine „Sprungstelle" handelt!

a) $f(x) = \dfrac{x^2 - 16}{x + 4}$ $(x = -4)$,   b) $f(x) = \dfrac{2}{(4-x)^2}$ $(x = 4)$ c) $f(x) = 2^{\frac{1}{x}}$ $(x = 0)$

Aufgabe 52: Ermitteln Sie die Grenzwerte folgender Funktionen:

a) $f(x) = \left(1 + \dfrac{1}{x}\right)^x$ $x \rightarrow \infty$, b) $f(x) = \dfrac{1-a^x}{1-a}$ $x \rightarrow \infty$, c) $f(x) = \dfrac{60}{e^{\frac{2}{x}} + 5}$, $x \rightarrow 0^+, 0^-, \infty, -\infty$.

Aufgabe 53: Gegeben sei die Funktion $y(x) = 0{,}5x^2 + 2$. Skizzieren Sie die Funktion in einem Koordinatensystem und bilden Sie, sofern möglich, die Umkehrfunktion.

3.1.3 Überblick über die wichtigsten Funktionstypen

Hinsichtlich ihrer *mathematischen* Struktur können wir die Funktionstypen folgendermaßen gliedern:

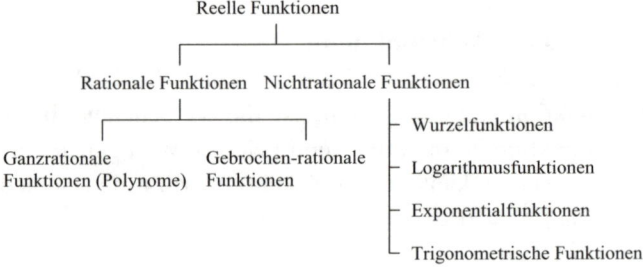

Im Folgenden wollen wir die wichtigsten *ökonomischen Funktionstypen* präsentieren. Einige haben wir bereits in Beispielen kennen gelernt. Im weiteren Verlauf tauchen diese Funktionen auch immer wieder auf.

▶ **Kostenfunktion** – Zusammenhang zwischen Produktionsmenge und Gesamtkosten.

Allgemeine Form: $K(x) = K_v(x) + K_f(x)$ = variable Gesamtkosten + Fixkosten. $K(x)$ kann linear, quadratisch oder auch dritten Grades (ertragsgesetzliche Kostenfunktion) sein. Denkbar sind grundsätzlich auch sonstige nicht-lineare Verläufe.

▶ **Stückkostenfunktion** – Zusammenhang zwischen Produktionsmenge und Stückkosten; ergibt sich aus der Gesamtkostenfunktion.

$$\textbf{Allgemeine Form: } k(x) = \underbrace{\frac{K(x)}{x}}_{\substack{\text{Stückkosten} \\ \text{(durchschnittliche} \\ \text{Gesamtkosten)}}} = \underbrace{\frac{K_v(x)}{x}}_{\substack{\text{stück variable} \\ \text{Kosten} \\ \text{(durchschnittliche} \\ \text{variable Kosten)}}} + \underbrace{\frac{K_f}{x}}_{\substack{\text{stückfixe Kosten} \\ \text{(durchschnittliche} \\ \text{fixe Kosten)}}}$$

▶ **Preis-Absatz-Funktion** – Zusammenhang zwischen Stückpreis p und Absatzmenge (=Nachfrage) x. Die Preis-Absatz-Funktion (Nachfragefunktion) kann in der Form p(x) oder auch x(p) gegeben sein. Häufig wird aus Vereinfachungsgründen ein linearer, fallender Verlauf der Preis-Absatz-Funktion unterstellt. Der Preis-Absatz-Funktion liegt zumeist eine Monopolsituation zu Grunde. Diese ist dadurch gekennzeichnet, dass der Stückpreis innerhalb einer gewissen Bandbreite vom Monopolisten frei wählbar ist, jedoch hat die Preisgestaltung Auswirkungen auf die Nachfrage nach dem Gut.

▶ **Umsatzfunktion** – Zusammenhang zwischen Absatzmenge x und Verkaufserlös [U(x)] oder Zusammenhang zwischen Stückpreis p und Verkaufserlös [U(p)].

Allgemeine Form: $U(x) = p \cdot x$ oder auch $U(p) = p \cdot x$.
Ist der Preis fest vorgegeben (typisch für Konkurrenzsituationen), so ist $U(x)$ eine lineare Funktion (Gerade). Ist der Preis jedoch in Form einer Preis-Absatz-Funktion gegeben (typisch für Angebotsmonopol), so ist die Umsatzfunktion nicht-linear. Ist die Preis-Absatz-Funktion linear (häufiger Fall), dann wird die Umsatzfunktion quadratisch.

▶ **Gewinnfunktion** – Zusammenhang zwischen Produktionsmenge (=Absatzmenge) und dem Gewinn. Der Gewinn wird definiert als Saldo aus „Umsatz minus Kosten".

▶ **Allgemeine Form**: $G(x) = U(x) - K(x)$.
Der Verlauf bzw. der Grad der Gewinnfunktion richtet sich nach dem Verlauf von Umsatz- und Kostenfunktion. Sind etwa die Umsatzfunktion quadratisch

und die Kostenfunktion dritten Grades, so ist auch die Gewinnfunktion eine Funktion dritten Grades.

▶ **Produktionsfunktion** – Zusammenhang zwischen Input und Output zur formalen Beschreibung eines Produktionsprozesses.

Allgemeine Form: $x = x(r)$, $r \geq 0$r: Input (Faktoreinsatzmenge)

x: Output (Ausbringungsmenge)

Man unterscheidet im Wesentlichen folgende drei Typen:

1. Ertragsgesetzliche Produktionsfunktion („Ertragsgesetz")
2. Neoklassische Produktionsfunktion (substitutional)
3. Limitationale Produktionsfunktion.

Abbildung 16: Verlaufsformen von Produktionsfunktionen

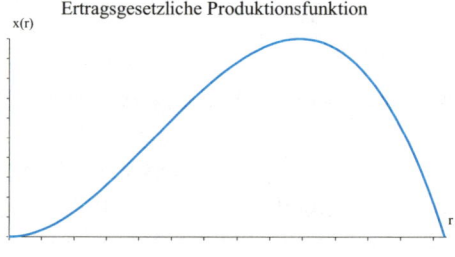

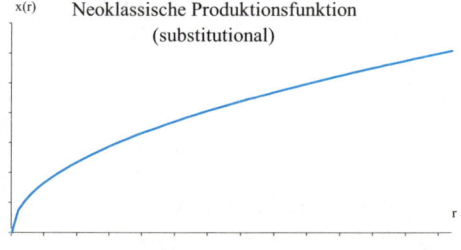

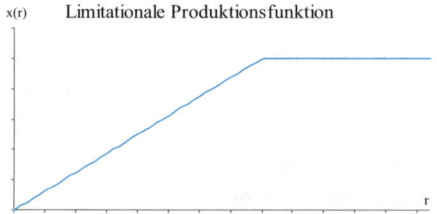

▶ **Konsumfunktion** – Zusammenhang zwischen Volkseinkommen und gesamtwirtschaftlichen Konsumausgaben
Allgemeine Form: C(Y) mit C: Konsum, Y: Volkseinkommen
Häufig unterstellt man für den Konsum einer gesamten Volkswirtschaft eine lineare Konsumfunktion. Zur Beschreibung der Nachfrage nach bestimmten Konsumgütern (z. B. Nahrungsmittel, Kleidung etc.) können die Konsumfunktionen andere nicht-lineare Verläufe zeigen (**Engelfunktionen**). Die **Sparfunktion** S(Y) ergibt sich durch S(Y) = Y – C(Y).

▶ **Nutzenfunktion** – Zusammenhang zwischen Haushaltskonsum und seinem Nutzen, d. h. seinem Grad der Bedürfnisbefriedigung.

Darüber hinaus lernen wir Funktionen kennen, die in Abhängigkeit der Zeit definiert sind, z. B.:

▶ **Wachstumsfunktion** – Bestand einer exponentiell wachsenden oder fallenden Größe (z. B. Bevölkerung, Bruttosozialprodukt) in Abhängigkeit der Zeit.

▶ **Logistische Funktion** – Bestand einer Größe, die einer Sättigungsgrenze zustrebt in Abhängigkeit der Zeit.

▶ **Produktlebenszyklus** – Zusammenhang zwischen Absatz eines Produkts (mengenmäßiger Umsatz) in Abhängigkeit der Zeit (Lebensdauer im Markt).

3.1.4 Ökonomische Anwendungen von Funktionen

Wir wollen der oben (in Kap. 3.1.3) dargestellten Baumstruktur folgen und für die jeweiligen Funktionstypen einige wichtige ökonomische Fragestellungen aufzeigen. Beginnen werden wir mit den ganzrationalen Funktionen.

I. Ganzrationale Funktionen

a) Lineare Funktion (Polynom 1. Ordnung)

$$f(x) = a_1 x + b \text{ häufig auch: } y = m x + b$$

Die lineare Funktion ergibt graphisch das Bild einer Geraden. Die charakteristischen Größen einer Geraden sind die Steigung (a_1 bzw. m) und der Schnittpunkt mit der y-Achse (b). Eine Steigung von 0,75 bedeutet etwa, dass man 0,75 Einheiten nach „oben" geht, wenn man sich eine Einheit nach „rechts" bewegt.

Abbildung 17: Lineare Funktion

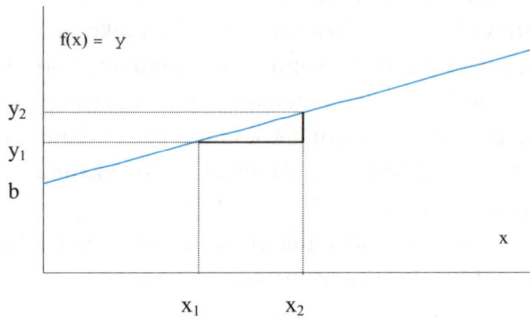

Beispiele:

i)   Die Gerade y = 3x + 2 hat den y-Achsenabschnittpunkt y = 2 und die Steigung
     3. Sie verläuft damit relativ steil nach „oben".

ii) Die Gerade y = 0,2x verläuft vergleichsweise flach und schneidet den Ursprung
     (0; 0).

iii) Die Gerade y = -x + 10 verläuft fallend und schneidet die y-Achse an der Stelle
     y = 10.

Eine Gerade ist eindeutig definiert entweder

▶ durch Kenntnis zweier Punkte auf der Geraden $(x_1; y_1)$ und $(x_2; y_2)$

▶ oder durch Kenntnis eines Punktes $(x_1; y_1)$ und des Steigungsmaßes
a_1 bzw. m.

Die beiden entsprechenden Formeln zur Ermittlung der allgemeinen Geradengleichung heißen **2-Punkte-Form** und **Punkt-Steigungs-Form**. Sie lauten folgendermaßen:

$$y = \underbrace{\frac{y_2 - y_1}{x_2 - x_1}}_{m} \cdot x + y_1 - \underbrace{\frac{y_2 - y_1}{x_2 - x_1} \cdot x_1}_{b}$$ 2-Punkte-Form   (3.1)

$$y = m \cdot x + \underbrace{(y_1 - m \cdot x1)}_{b}$$ Punkt-Steigungs-Form   (3.2)

Beispiele:

i)   Bekannt sind zwei Punkte einer Geraden, (0; 10) und (5; 16). Wie lautet die allgemeine
     Geradengleichung?
     Lösung: 2-Punkte-Form, $y = \frac{16-10}{5-0} \cdot x + 10 - \frac{16-10}{5-0} \cdot 0 = 1{,}2x + 10$.

ii) Bekannt sind die Steigung –2 und der Punkt (2; 4). Allgemeine Geradengleichung?
     Lösung: Punkt-Steigung-Form $y = -2x + 4–(-2 \cdot 2) = -2x + 4 + 4 = -2x + 8$.

Ökonomische Anwendungen linearer Funktionen

Die Gerade ist aufgrund ihrer einfachen Struktur die beliebteste und häufigste Form zur Beschreibung ökonomischer Sachverhalte. Hervorzuheben sind die lineare Kostenfunktion K(x), die lineare Preis-Absatz-Funktion p(x) und die lineare Umsatzfunktion U(x). Sind sowohl Kosten-, als auch Umsatzfunktion linear, so ist auch die Gewinnfunktion G(x) = U(x) – K(x) eine lineare Funktion.

1. Beispiel: (Bestimmung des Break-Even Punktes)

Ein Händler verkauft ein bestimmtes Gut zum Stückpreis von 6 GE, welches er für 4 GE einkauft. Seine fixen Kosten betragen 200 GE. Wie viel Stück muss der Händler verkaufen, um seine Gewinnschwelle (**Break-Even**) zu erreichen?

Lösung:

Die Kostenfunktion und die Umsatzfunktion lauten: K(x) = 4x + 200 und U(x) = 6x. Für die Gewinnschwelle gilt: G = 0.

Gleichsetzen U(x) = K(x) führt auf x* = 100. Bei Verkauf von x = 100 Stück hätte der Händler seine Fixkosten „verdient". Jedes weitere verkaufte Stück würde ihm einen Gewinn in Höhe von 2 GE (**Stückdeckungsbeitrag**) einbringen. Der Umsatz am Break-Even x = 100 beträgt U(100) = 600 GE.

Abbildung 18: Bestimmung des Break-Even Punktes

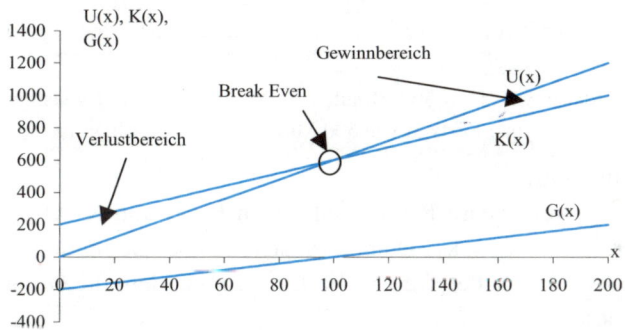

Verallgemeinerung:

Im Falle einer linearen Umsatz- und Kostenfunktion lässt sich die Gewinnfunktion darstellen durch:

$$G(x) = U(x) - K(x) = p \cdot x - (k_v \cdot x + K_f) = (p - k_v) \cdot x - K_f$$

Nullsetzen der Gewinnfunktion führt auf den **Break-Even-Punkt**:

$$\boxed{x^* = \frac{K_f}{p - k_v}}$$ Gewinnschwelle (Break-Even) bei linearen Kosten- und Umsatzfunktionen (K_f: Fixkosten, k_v: variable Stückkosten p: Stückpreis, x: Stückzahl oder Menge)   (3.3)

Ähnliche Ergebnisse erhalten wir, wenn wir einen Kostenvergleich vornehmen, wie aus dem 2. Beispiel deutlich wird.

2. Beispiel: (Vergleich zweier Kostenfunktionen)

Ein Internet-Anbieter bietet die Tarife A und B an. Im Tarif A wird eine monatliche Grundgebühr von 5 € und eine „Surf"gebühr von 2 €-Cent pro Minute erhoben. Tarif B ist grundgebührenfrei, jedoch werden 3 €-Cent für die „Surfminute" erhoben. Für welchen Tarif sollte sich der Nutzer entscheiden?

Tarif A: $K_A^f = 5$ und $k_A^f = 0{,}02 \Rightarrow K_A = 5 + 0{,}02x$

Tarif B: $K_A^f = 0$ und $k_A^f = 0{,}03 \Rightarrow K_B = 0{,}03x$

Wir setzen die die Kostenfunktionen gleich und lösen nach x auf:

$5 + 0{,}02x = 0{,}03x \Leftrightarrow x^* = \frac{5-0}{0{,}03-0{,}02} = 500$ Minuten = 8 Std. 20 Min.

Abbildung 19: Kostenvergleich zweier linearer Kostenfunktionen

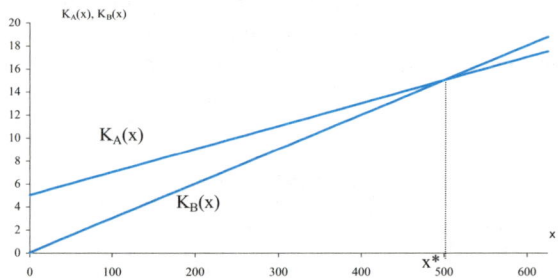

Bis zu einer Surfdauer von $x^* = 500$ Minuten im Monat ist Tarif B günstiger, während der „Vielsurfer"-Tarif A ab einer Surfzeit von 500 Minuten kostengünstiger ist.

Verallgemeinerung:

Gegeben seien zwei lineare Kostenfunktionen $K_1(x)$ und $K_2(x)$ mit der Eigenschaft $K_{1f} > K_{2f}$, aber $k_{1v} < k_{2v}$. Dann lässt sich aus der Bedingung $K_1(x) = K_2(x)$ ein nichtnegativer kritischer Wert x^* bestimmen, bei dem die Gesamtkosten genau gleich sind:

$$x^* = \frac{K_1^f - K_2^f}{k_2^v - k_1^v} \qquad \text{Schnittpunkt zweier linearer Kostenfunktionen (kritische Menge } x^*) \qquad (3.4)$$

Für alle Werte $x < x^*$ ist K_2 niedriger, für $x > x^*$ ist K_1 niedriger.

3. Beispiel: (Mehrfach geknickte lineare Kostenfunktionen)

Ein Copy-Center-Betreiber hat folgende Preisstaffelung:

1 – 20 Kopien	0,15 € pro Kopie
jede weitere Kopie bis 50 Stück	0,10 € pro Kopie
jede weitere Kopie ab 51 Stück	0,05 € pro Kopie

Es handelt sich hierbei um eine stückweise definierte lineare Kostenfunktion von folgender Gestalt:

Abbildung 20: Mehrfach geknickte lineare Kostenfunktionen

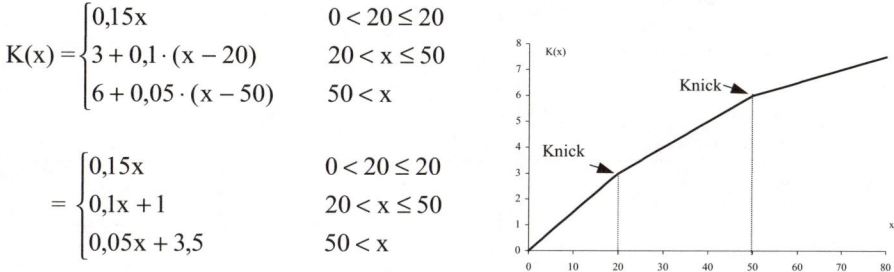

$$K(x) = \begin{cases} 0,15x & 0 < 20 \leq 20 \\ 3 + 0,1 \cdot (x - 20) & 20 < x \leq 50 \\ 6 + 0,05 \cdot (x - 50) & 50 < x \end{cases}$$

$$= \begin{cases} 0,15x & 0 < 20 \leq 20 \\ 0,1x + 1 & 20 < x \leq 50 \\ 0,05x + 3,5 & 50 < x \end{cases}$$

b) Quadratische Funktion (Polynom 2. Ordnung)

$$f(x) = a_2 x^2 + a_1 x + a_0 \quad \text{oder} \quad f(x) = ax^2 + bx + c \qquad x \, \varepsilon \, \mathbb{R}, \, a_2 \neq 0 \text{ bzw. } a \neq 0$$

Graphisch präsentiert sich die quadratische Funktion als **Parabel**. Der Koeffizient a (bzw. a_2) ist verantwortlich für den Verlauf der Parabel:

▶ Ist a > 0, so ist die Parabel nach *oben* geöffnet („Schüssel"). Im Falle a < 0 ist sie *unten* offen („Hügel").

▶ Je näher a bei 0 liegt, umso *breiter* ist die Parabel, bei „sehr großem" oder „sehr kleinem" Koeffizienten a hingegen ist die Parabel vergleichsweise *schmal*.

Ökonomische Anwendungen quadratischer Funktionen

1. Beispiel: (Quadratische Kostenfunktion)
$K(x) = 0,1x^2 + 10$

Abbildung 21: Quadratische Kostenfunktion

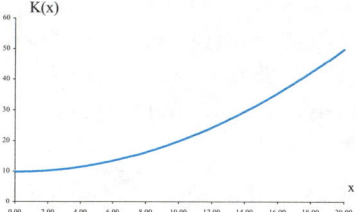

2. Beispiel: (Quadratische Stückkostenfunktion)

$K(x) = 0{,}05x^3 - x^2 + 10x$ Gesamtkosten (Funktion 3. Grades)

$k(x) = \frac{K(x)}{x} = 0{,}05x^2 - x + 10$ Stückkosten (Funktion 2. Grades)

Abbildung 22:   Stückkostenfunktion
                        Funktion 2. Grades

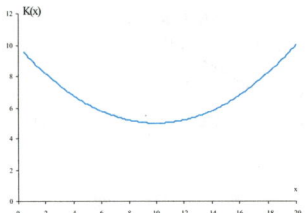

3. Beispiel: (Quadratische Umsatzfunktion)

Gegeben sei eine lineare Preis-Absatz-Funktion: $p(x) = 100 - x$ $(0 \le x \le 100)$

Daraus lässt sich die Umsatzfunktion aufstellen:

$U(x) = p \cdot x = p(x) \cdot x = (100 - x) \cdot x = 100x - x^2$

Diese Funktion hat die Form einer nach unten geöffneten Parabel.

Abbildung 23: Quadratische Umsatzfunktion

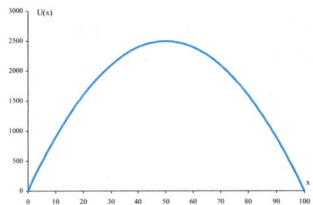

c) Polynome dritten und höheren Grades

$$f(x) = a_n x^n + a_{n-1} x^{n-1} + \ldots + a_1 x + a_0 = \sum_{i=0}^{n} a_i x^i \quad a_n \ne 0 \qquad \text{Polynom n-ten Grades}$$

Ein wichtiges Problem bei Polynomen ist die Bestimmung der Nullstellen. Setzt man das Polynom gleich 0, so wird aus der *Funktion* n-ten Grades eine *Gleichung* n-ten Grades. Die praktische Vorgehensweise zur Berechnung von Nullstellen wollen wir wie folgt zusammenfassen:

▶ Grundsätzlich hat ein Polynom n-ten Grades maximal n reelle Nullstellen.

▶ Lineare und quadratische Funktionen sind unproblematisch, d. h. deren Nullstellen lassen sich explizit berechnen. Für quadratische Gleichungen stehen die pq-Formel bzw. die abc-Formel zur Verfügung.

▶ Die Nullstellen von Polynomen dritten und höheren Grades lassen sich in der Regel nicht mehr explizit errechnen. Als ersten Ausweg kann man versuchen, durch „Erraten" oder durch „Ausprobieren" eine Nullstelle zu finden, was man durch Einsetzen überprüfen kann. Ist dies gelungen, so lässt sich mittels Horner-Schema oder Polynomdivision (vgl. Kapitel 1.4.4) der Grad des Nullstellenproblems von n auf n-1 reduzieren. Gelingt dies etwa bei einem Polynom dritten Grades, so verbleibt eine quadratische Gleichung, die wir nach den bekannten Formeln auflösen können. Sollte die „Probiermethode" nicht funktionieren, so bleibt als zweiter Ausweg die Anwendung eines **Näherungsverfahrens**. Ein geeignetes Verfahren – zugleich eine Anwendung der Differentialrechnung – ist das **Newton-Verfahren**, das wir in Kapitel 3.3.5 ansprechen werden.

Ökonomische Anwendungen von Polynomen dritten und höheren Grades

1. Beispiel: (Ertragsgesetzliche Kostenfunktion)
Gegeben sei die Kostenfunktion $K(x) = x^3 - 17x^2 + 114x + 72$, $x \geq 0$

Abbildung 24: Ertragsgesetzliche Kostenfunktion

Das Bild der Funktion zeigt nebenstehende Grafik. Die ertragsgesetzliche Kostenfunktion zeigt zunächst einen degressiv, später einen progressiv ansteigenden Verlauf der Gesamtkosten.

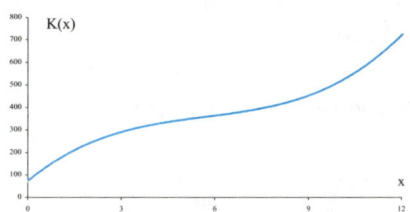

Das produzierte Gut kann annahmegemäß zu einem festen Stückpreis von p = 60 GE abgesetzt werden. Die dazugehörige Umsatzfunktion lautet entsprechend: $U(x) = 60x$. Gesucht ist der Mengenbereich, in dem der Unternehmer einen Gewinn erzielt.

Lösung:
1. Zeichnerische Lösung
Wir tragen dazu die Kosten- und die Umsatzfunktion in ein gemeinsames Koordinatensystem ein.
In Zone I gilt: $K > U \Rightarrow G < 0$
In Zone II gilt: $U > K \Rightarrow G > 0$
In Zone III gilt: $K > U \Rightarrow G < 0$
Einen Gewinn erzielt der Unternehmer also, wenn er Stückzahlen bzw. Mengeneinheiten im Intervall $[x_{01}; x_{02}]$ produziert.

Abbildung 25: Graphische Ermittlung der Gewinngrenzen

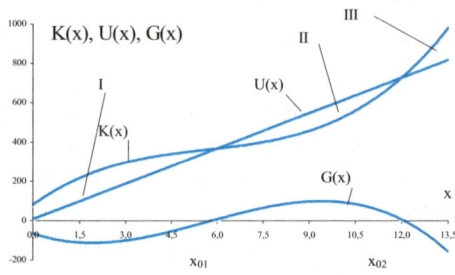

2. Rechnerische Lösung

Zu berechnen sind die in der Zeichnung angedeuteten Intervallgrenzen x_{01} und x_{02}. Für diese beiden Werte gilt: G = 0. Wir haben also die Nullstellen der Gewinnfunktion zu ermitteln:

$G(x) = U(x) - K(x) = 60x - (x^3 - 17x^2 + 114x + 72x) = -x^3 + 17x^2 - 54x - 72$.
Wir setzen $G(x) = 0$ bzw. $-x^3 + 17x^2 - 54x - 72 = 0$ bzw. $x^3 - 17x^2 + 54x + 72 = 0$.

Wir suchen gezielt eine Nullstelle aus den Teilern des letzten Summands 72 und starten – wie auch aus der Zeichnung erkennbar wird – einen Lösungsversuch x = 6 und wenden das Horner-Schema (vgl. Kapitel 1.4.4) an:

	1	-17	54	72
x = 6	--	6	-6	-72
	1	-11	-12	<u>0</u>

Wir haben den Funktionswert 0 errechnet und damit eine Lösung gefunden. Durch Abspalten des Linearfaktors (x–6) können wir das Problem auf den Grad 2 reduzieren, wobei uns die unterste Zeile des Horner-Schemas die Koeffizienten des Restpolynoms liefert:

Abspalten des Linearfaktors (x – 6): $(x_1 - 6) \cdot \underbrace{(x^2 - 11x - 12)}_{\overset{!}{=}0} = 0$

Zur Lösung der Gleichung $x^2 - 11x - 12 = 0$ wenden wir die pq-Formel an. Mit p = –11 und q = –12 ergeben sich gem (1.15) folgende Lösungswerte:

$$x_{2,3} = \frac{11}{2} \pm \sqrt{\frac{121}{4} - (-12)} = 5{,}5 \pm \sqrt{\frac{121}{4} + \frac{48}{4}} = 5{,}5 \pm \sqrt{\frac{169}{4}} = 5{,}5 \pm 6{,}5$$

$\Rightarrow x_2 = 12$, $x_3 = -1$

Da –1 außerhalb des ökonomisch sinnvollen Definitionsbereichs liegt, kommt dieser Wert als Lösung nicht infrage. Die Gewinngrenzen heißen damit: $x_{01} = 6$ und $x_{01} = 12$, der Gewinnbereich mithin 6 < x < 12.

2. Beispiel: (Ertragsgesetzliche Produktionsfunktion[1])
Gegeben sei die Produktionsfunktion $x(r) = -r^3 + 17r^2 + 60r$ r ≥ 0

---

1 Der häufig als „Ertragsgesetz" bezeichnete Verlauf einer ertragsgesetzlichen Produktions-funktion hat seinen Ursprung in der Landwirtschaft. Variiert man aus den Produktionsfak-toren Arbeit, Boden, Saatgut oder Dünger einen Faktor bei Konstanz der anderen Faktoren, so folgen die landwirtschaftlichen Erträge (Output) häufig dem ertragsgesetzlichen Ver-lauf.

Abbildung 26: Ertragsgesetzliche Produktionsfunktion

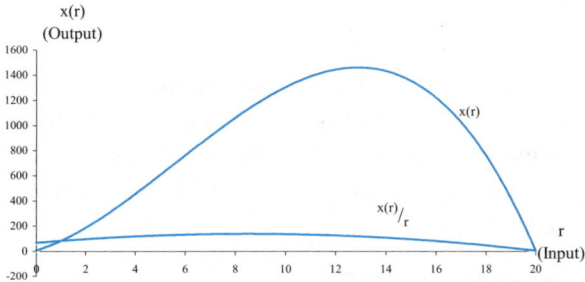

Die Funktion $\frac{x(r)}{1} = r^2 + 17r + 60$ heißt Durchschnittsertrags– oder auch Produktivitätsfunktion. Sie gibt für jede Faktoreinsatzmenge den durchschnittlichen Output pro Stück bzw. pro Mengeneinheit an. Wir werden in Kapitel 3.3.7 auf die ertragsgesetzliche Produktionsfunktion zurückkommen.

II. Gebrochen-rationale Funktionen

Unter einer gebrochen-rationalen Funktion versteht man den Quotienten zweier ganzrationaler Funktionen. Die allgemeine Form lautet:

$$f(x) = \frac{a_n x^n + a_{n-1} x^{n-1} + \ldots + a_1 x + a_0}{b_m x^m + b_{m-1} x^{m-1} + \ldots + b_1 x + b_0}$$

„Problempunkte" sind die Nullstellen des Nenners, an denen die Funktion unstetig ist. Gebrochen-rationale Funktionen tauchen in der Wirtschaftsmathematik eher selten auf, am ehesten in Zusammenhang mit Durchschnittsgrößen bei der Division durch x.

Beispiel:

$K(x) = x^3 - 17x^2 + 114x + 72, \ x > 0$. Die dazugehörige Durchschnittskostenfunktion lautet: $k(x) = \frac{K(x)}{x} = \frac{x^3 - 17x^2 + 114x + 72}{x} = x^2 - 17x + 114 + \frac{72}{x}, \ x \neq 0$. $k(x)$ ist eine gebrochen-rationale Funktion mit einer Polstelle bei $x = 0$.

Abbildung 27: Durchschnittskostenfunktion

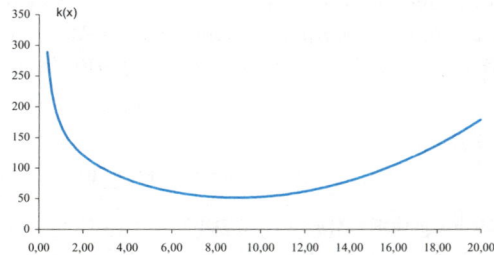

III. Nicht-rationale Funktionen

a) Exponentialfunktion

Grundform: $f(x) = a^x$ $a > 0$, $a = 1$

Von herausragender Bedeutung ist die Exponentialfunktion, da sie immer dann auftaucht, wenn wir es mit Wachstumsvorgängen (Bevölkerungswachstum, Wirtschaftswachstum etc.) zu tun haben. Besonders relevant ist die Exponentialfunktion mit der Eulerschen Zahl e (= 2,718281...) als Basis, also die Funktion mit der Grundform $f(x) = e^x$.

Abbildung 28: Exponentialfunktion

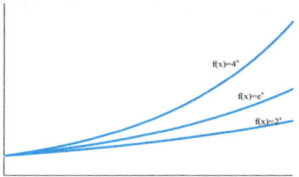

Die Exponentialfunktion wird – z. B. bei der Berechnung der Ableitungen – „gerne" verwechselt mit dem ganzrationalen Ausdruck x^a. Beachten Sie jedoch: Bei der Exponentialfunktion tritt, im Unterschied zur ganzrationalen Funktion, die unabhängige Variable im Exponent (und nicht in der Basis) auf.

Ökonomische Anwendung der Exponentialfunktion

Zur Berechnung einer Bestandsgröße zu einem bestimmten Zeitpunkt ist bei kontinuierlichen Wachstums- oder Zerfallsprozessen die Exponentialfunktion wie folgt heranzuziehen:

$$\boxed{B(t) = B_0 \cdot e^{it}}$$

t: Zeit
i: Jährliche Wachstumsrate
B_0:   Bestand im Zeitpunkt 0 (Anfangsbestand)
$B(t)$:   Bestand im Zeitpunkt t

Beispiel:

Für die nächsten 5 Jahre werde für ein Land ein Wirtschaftswachstum (Wachstum des Bruttoinlandsprodukts) von 1,6 % pro Jahr vorausgesagt.

a) Wie hoch wäre dann der Index des BIP bei einem aktuellen Wert von 100?
b) Nach wie viel Jahren wäre bei gleicher Wachstumsrate ein BIP-Index von 115 erreicht?

Lösung:

a) $B(5) = 100 \cdot e^{0,016 \cdot 5} = 108,33$.
b) $100 \cdot e^{0,016 \cdot t} = 115 \Leftrightarrow e^{0,016 \cdot t} = 1,15 \Leftrightarrow 0,016 \cdot t = \ln 1,15 \Leftrightarrow t = 8,73$ Jahre.

Eine weitere Anwendung der Exponentialfunktion findet sich bei der Beschreibung von Sättigungseffekten (vgl. Logistische Funktion, Kapitel 3.1.2).

b) Logarithmusfunktion

Grundform: $f(x) = \log_a x$ bzw. (mit Basis e): $f(x) = \ln x$ $(x > 0)$

Die Logarithmusfunktion ist die Umkehrfunktion der Exponentialfunktion, was durch Spiegelung der Funktion an der 45°-Achse deutlich wird. Die Logarithmusfunktion hat zur Beschreibung ökonomischer Prozesse nur geringe Bedeutung.

c) Wurzelfunktion

Grundform: $f(x) =$ $x > 0$

Die Wurzelfunktion ist die Umkehrfunktion der Potenzfunktion $f(x) = x^n$.

Abbildung 29: Logarithmusfunktion   **Abbildung 30:** Wurzelfunktion

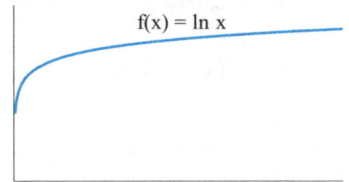
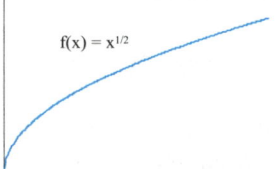

Ökonomische Anwendung der Wurzelfunktion: Produktionsfunktion vom Typ COBB-DOUGLAS.

d) Trigonometrische Funktionen

Die trigonometrischen Funktionen (sin x, cos x, tan x, cot x) haben vielfältige Anwendungen in technischen Bereichen. Für die Wirtschaftswissenschaften können wir sie jedoch mit gutem Gewissen beiseite legen.

Aufgabe 54: Ein Industriebetrieb (Ein-Produkt-Unternehmen) bezieht einen Rohstoff zum Einkaufspreis von 1,50 GE pro kg. Für die Herstellung einer Mengeneinheit des Fertigproduktes werden jeweils 2 kg des Rohstoffes benötigt.
Weitere variable Kosten pro ME:

Fertiglöhne	1,70 GE
Variable Fertigungsgemeinkosten	0,80 GE
Variable Vertriebsgemeinkosten	0,50 GE

Fixe Kosten pro Monat:

Fertigungsgemeinkosten	11.000 GE
Vertriebsgemeinkosten	5.000 GE
Andere Gemeinkosten	2.000 GE

Der Verkaufspreis einer ME des Fertigproduktes ist auf 12 GE festgesetzt worden.

a) Bestimmen Sie den Break-Even-Punkt, d. h. diejenige Menge, ab der die Unternehmung kostendeckend arbeitet!

b) Stellen Sie die Erlös-, die Kosten-, sowie die Gewinnfunktion in einem gemeinsamen Koordinatensystem dar und kennzeichnen Sie die Gewinn- und Verlustzone!

Aufgabe 55: Ein Unternehmer weiß aus der Vergangenheit, dass bei der Produktion eines bestimmten Gutes die Gesamtkosten bei der Produktion von x= 2.000 Stück etwa 4.400 GE und bei der Produktion von x=10.000 Stück etwa 6.000 GE betrugen.
a) Ermitteln Sie die Kostenfunktion bei unterstelltem linearem Kostenverlauf! Wie hoch sind die Fix- und die variablen Stückkosten?
b) Die Preis-Absatz-Funktion betrage p(x) = 8,2 – 0,001x. Bestimmen Sie den ökonomisch sinnvollen Definitionsbereich und ermitteln Sie die Umsatzfunktion!
c) Berechnen Sie die Gewinngrenzen und skizzieren Sie U(x) und K(x) in einem gemeinsamen Koordinatensystem!
d) Angenommen, der Unternehmer hat aufgrund seiner Produktionsprogrammplanung nur die Wahl, 2.000 Stück oder 10.000 Stück zu produzieren. Welche Stückmenge sollte er präferieren?

Aufgabe 56: In einem Angebotsmonopol lassen sich die Preis-Absatz-Funktion und die Kostenfunktion folgendermaßen beschreiben:
$p(x) = -10x + 68$, $K(x) = 2x^3 - 18x^2 + 60x + 32$
x: abgesetzte bzw. produzierte Menge, p: Stückpreis,
K: Gesamtkosten
a) Bestimmen Sie den ökonomisch sinnvollen Definitionsbereich!
b) Ermitteln Sie die Umsatzfunktion U(x) und die Gewinnfunktion G(x)!
c) Berechnen Sie die Gewinngrenzen!
d) Skizzieren Sie U(x) und G(x) in einem Koordinatensystem!

Aufgabe 57: Der Produzent eines Gutes produziere mit folgender Gesamtkostenfunktion: $K(x) = 8.000 + 0,1 \cdot x^2$. Dieses kann er gemäß folgender Preis-Absatz-Funktion absetzen: $x(p) = -10p + 1.000$ (p: Stückpreis; x: abgesetzte Stückzahl)
a) Stellen Sie die Preis-Absatz-Funktion in der Form p(x) dar und ermitteln Sie die Umsatzfunktion U(x)! Ermitteln Sie dann den ökonomisch sinnvollen Definitionsbereich für die Umsatz- und die Kostenfunktion!
b) Ermitteln Sie die Gewinn- und Verlustzone des Produzenten, d. h. berechnen Sie die Gesamtheit der Stückzahlen und der dazugehörigen Preise, zu denen der Produzent einen Gewinn bzw. Verlust erzielt!

Aufgabe 58: Eine quadratische Funktion (Polynom 2. Grades) hat an den Stellen x= −2 und x=3 jeweils eine Nullstelle sowie an der Stelle x=0 den Funktionswert −6. Ermitteln Sie die Funktionsvorschrift!

Aufgabe 59: Die Konsumausgaben C (in €/Monat) eines Haushalts hängen vom Haushaltseinkommen Y (in €/Monat) in folgender Weise ab:

$$C(Y) = 60 \cdot \sqrt{0,2 \cdot Y + 16}$$

a) Ermitteln Sie den ökonomisch sinnvollen Definitionsbereich der Konsumfunktion und stellen Sie C(Y) graphisch dar!
b) Berechnen Sie das Existenzminimum!
c) Von welchem Monatseinkommen an wird die monatliche Sparsumme positiv?
d) Bei welchem Monatseinkommen verbraucht der Haushalt für Konsumzwecke genau 90 % seines Einkommens (d. h. Sparquote = 10 %) ?

3.2 Differentialquotient

3.2.1 Ableitungsbegriff

Bei der Analyse der Funktionseigenschaften in Abschnitt 3.1.2 haben wir bewusst die Eigenschaft der **Steigung** ausgespart. Erst die mathematische Erfassung führt uns zur Differentialrechnung und eröffnet uns damit neue Möglichkeiten der ökonomischen Analyse.

Die Differentialrechnung geht zurück auf den deutschen Mathematiker und Philosoph LEIBNIZ (1646-1716) sowie auf den englischen Mathematiker, Physiker und Astronom NEWTON (1643-1727).

Um die Idee der Differentialrechnung zu veranschaulichen, wenden wir uns für einen Moment der Physik zu. Wir wollen die Bewegung zweier Autos beschreiben. Beide Fahrzeuge fahren 250 Meter von A nach B. Sie benötigen für ihre Fahrstrecke 15 Sekunden, jedoch sind die Bewegungen unterschiedlich:

▶ Fahrzeug 1 fährt die Strecke mit konstanter Geschwindigkeit.
▶ Fahrzeug 2 dagegen beschleunigt am Startpunkt A und passiert nach 15 Sekunden den Zielpunkt B.

Frage: Mit welchen Geschwindigkeiten fahren die Fahrzeuge 1 und 2?
Antwort:
▶ Für das *Fahrzeug 1* können wir die Frage sofort beantworten. Die Bewegung ist linear, die Geschwindigkeit v – also das Verhältnis Weg zu Zeit – ist konstant. $v_1 = \frac{250m}{15s} = 16,67 \frac{m}{s}$, somit y = 16,67x (x: Sekunde, y: Meter).

▶ Die Geschwindigkeit für das *Fahrzeug 2* können wir nicht unmittelbar angeben. Aufgrund der beschleunigten Bewegung ist die Momentangeschwindigkeit in jedem Zeitpunkt verschieden. Da das Fahrzeug in 15 Sekunden 250 Meter zurückgelegt hat, können wir lediglich die Durchschnittsgeschwindigkeit 60 $\frac{km}{h}$ angeben. Wie hoch aber ist die **Momentangeschwindigkeit**?

Zur Beschreibung der beschleunigten Bewegung unterstellen wir die quadratische Funktion $y = \frac{250}{225} \cdot x^2 = 1{,}11 \cdot x^2$.

Wertetabelle:

x	[Sek.]	0	3	6	9	12	15
y	[Meter]	0	10	40	90	160	250

Die Bewegungen der Fahrzeuge 1 und 2 lassen sich an folgenden Abbildungen veranschaulichen:

Abbildung 31: Konstante und beschleunigte Bewegung

Abbildung 32: Steigungsdreieck zur Bestimmung der Durchschnittsgeschwindigkeit

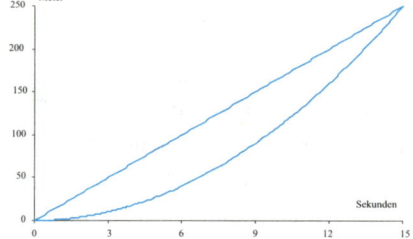
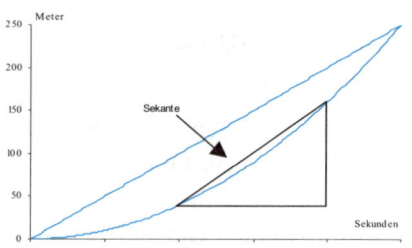

Wie hoch ist etwa die Momentangeschwindigkeit nach exakt 9 Sekunden? Gewiss nicht 60 $\frac{km}{h}$, denn 60 $\frac{km}{h}$ ist nur der Durchschnittswert über die Gesamtdauer 15 Sekunden.

Die lineare Funktion (Fahrzeug 1) ist nichts anderes als die Sekante der Kurve (Fahrzeug 2) zwischen 0 und 15 Sekunden. Damit wir uns der „Stelle" 9 Sekunden nähern, verkürzen wir einfach das Intervall und legen die Sekante an das Kurvenstück zwischen 6 und 12 Sekunden. Die Durchschnittsgeschwindigkeit zwischen 6 und 12 Sekunden lässt sich folgendermaßen berechnen:

$$\overline{v} = \frac{\Delta y}{\Delta x} = \frac{y(12)-y(6)}{12-6} = \frac{160-40}{6} = 20\,\frac{m}{s} = 72\,\frac{km}{h}.$$

Die Durchschnittsgeschwindigkeit ist das Verhältnis des y-Teilstücks zum x-Teilstück. Wenn wir uns an die Trigonometrie erinnern, so haben wir es mit dem Verhältnis „Gegenkathete durch Ankathete" eines rechtwinkligen Dreiecks zu tun. Dieses Verhältnis ist der Tangens des Steigungswinkels α. Wir können also schreiben:

$$\tan\alpha = \frac{120}{6}\frac{m}{s} = 20\,\frac{m}{s} = 72\,\frac{km}{h}.$$

Wenn wir das Problem verallgemeinern und die linke Intervallgrenze mit x, die rechte Grenze mit x + Δy bezeichnen, so können wir schreiben:

$$\tan\alpha = \frac{y(x+\Delta x)-y(x)}{(x+\Delta x)-x} = \frac{y(x+\Delta x)-y(x)}{\Delta x} = \frac{\Delta y}{\Delta x}.$$

Dieser Ausdruck heißt **Differenzenquotient**, denn wir bilden den Quotient zweier messbarer Differenzen, nämlich Δx und Δy. Auf die Funktion y = 1,11x² bezogen bedeutet dies:

$$\tan\alpha = \frac{1,11\cdot(x+\Delta x)^2-1,11x^2}{\Delta x} \overset{\text{1.bin.F.}}{=} \frac{1,11x^2+2,22x\Delta x+1,11\Delta x^2-1,11x^2}{\Delta x} = 2,22x + 1,11\Delta x.$$

Der Ausdruck 2,22x + 1,11 Δx gibt den durchschnittlichen Anstieg der Funktion, also die Durchschnittsgeschwindigkeit, zwischen x und Δx an.

Wir wollen von der *Differenzen*rechnung zur *Differential*rechnung übergehen. Offenbar erhalten wir eine immer bessere Näherung für die gesuchte Momentangeschwindigkeit, je kleiner das Intervall Δx ist. Wir lassen deshalb das Intervall Δx beliebig klein werden, sodass die beiden Punkte x und x+ Δx und nahezu zu einem einzigen Punkt „verschmelzen". Konsequenterweise wird aus der *Sekante* (also der Verbindungsstrecke) zwischen zwei Punkten die *Tangente* an einem einzigen Punkt.

Für die mathematische Darstellung bilden wir den Grenzübergang:

$$\lim_{\Delta x\to 0}\tan\alpha = \lim_{\Delta x\to 0}(2,22x+1,11\cdot\Delta x) = 2,22x.$$

Die Steigung der Tangente für einen beliebigen Wert x – also die Momentangeschwindigkeit – beträgt 2,22x. Im Falle x = 9 Sekunden beträgt die Momentangeschwindigkeit $v = 2,22\cdot 9 = 20\,\frac{m}{s} = 72\,\frac{km}{h}$. Durch Einsetzen können wir für das Fahrzeug 2 folgende Momentangeschwindigkeiten berechnen:

x [Sekunden]	0	3	6	9	12	15
v [$\frac{km}{h}$] Momentangeschwindigkeit	0	24	48	72	96	120

Durch den Grenzübergang Δx → 0 werden die Abstände beliebig klein und damit praktisch nicht mehr messbar. Man spricht deshalb nicht mehr von einer Differenz, sondern von einem **Differential**, aus dem Differenzenquotient wird folglich der **Differentialquotient**.

Allgemein schreiben wir:
$$\lim_{\Delta x\to 0}\tan\alpha = \lim_{\Delta x\to 0}\frac{\Delta y}{\Delta x} = \frac{dy}{dx} = \frac{df}{dx} = f'(x).$$

(3.5)

Sprechweise: „f'(x) ist die erste Ableitung von f(x)."

Anstelle der Symbole Δx und Δy (für Differenzen) verwenden wir nun die Symbole dx und dy (für Differentiale). Wenn wir also den Differentialquotienten (= die erste Ableitung der Funktion) berechnen, so berechnen wir die Steigung der Tangente an einem beliebigen Punkt.

Ableitungen und ihre Anwendungen werden uns für den Rest dieses und des nächsten Kapitels verfolgen. Zum besseren Verständnis der Differentialrechnung sollte sich der Leser deshalb verinnerlichen, dass er bei der Berechnung der Ableitung die Steigung der Tangente an der betreffenden Stelle ermittelt.

Weiteres Beispiel:

Ein Unternehmer veräußert ein Produkt und sieht sich folgender Preis-Absatz-Funktion ausgesetzt: p(x) = 10 – 0,1x (0≤x≤100). Die möglichen Umsätze lassen sich durch folgende Umsatzfunktion darstellen:

U(x) = x · p(x) = x · (10 – 0,1x)

$\quad$ =–0,1x^2 + 10x. $\qquad$ (0 ≤ x ≤ 100)

Abbildung 33: Umsatzfunktion

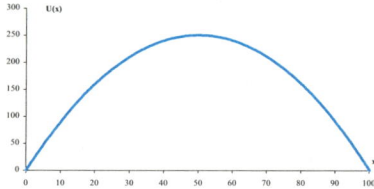

Wie groß ist die Steigung der Tangente für allgemeines x, also die erste Ableitung der Funktion U(x) ?

Legen wir gedanklich verschiedene Tangenten an die Umsatzfunktion, so sehen wir, dass die Steigung für x-Werte zwischen 0 und 50 positiv, während sie für x-Werte zwischen 50 und 100 negativ ist. An der Stelle x=50 verläuft die Tangente genau waagerecht, d. h. die Steigung ist 0. Wir berechnen zunächst den Differenzenquotient:

$$\tan \alpha = \frac{U(x+\Delta x)}{\Delta x} = \frac{\left[-0,1\cdot(x+\Delta x)^2 + 10\cdot(x+\Delta x)\right] - \left[-0,1x^2 + 10x\right]}{\Delta x}$$

$^1/_{\Delta x} \cdot (-0,1x^2 - 0,2x\Delta x - 0,1\Delta x^2 + 10x + 10\Delta x + 0,1x^2 - 10x) = \underline{-0,2x + 10 - 0,1\Delta x}.$

Der gefundene Ausdruck gibt die durchschnittliche Steigung der Umsatzfunktion zwischen x und Δx an. Um die Steigung der Tangente an einer beliebigen Stelle x zu berechnen, bilden wir den Grenzübergang und damit die erste Ableitung:

$$\lim_{\Delta \to 0} (10 - 0,2x - 0,1\Delta x) = 10 - 0,2x = U'(x).$$ Die Ableitungsfunktion U'(x) ist wiederum eine von x abhängige Funktion.

Die folgende Wertetabelle gibt die Steigung der Funktion an ausgewählten Punkten an:

x	0	10	20	30	40	50	60	70	80	90	100
U'(x)	10	8	6	4	2	0	-2	-4	-6	-8	-10

Am Beispiel dieser Umsatzfunktion wollen wir verdeutlichen, wie hilfreich die Differentialrechnung zur Analyse von Funktionen ist:

▶ An der Stelle $x = 50$ ist die erste Ableitung gleich Null. Dies ist genau der Punkt, an dem die Funktion ihr Maximum erreicht, der Umsatz also maximal wird. Die erste Ableitung ist offenbar dienlich bei der Bestimmung von Optimalwerten.

▶ Die erste Ableitung gibt Aufschluss über Veränderungen. So sagt uns z. B. das Steigungsmaß 6 an der Stelle $x = 20$, um wie viel (Geld)Einheiten [GE] der Umsatz steigen würde, wenn es dem Unternehmer gelingen würde, die Nachfrage um eine ME zu erhöhen, nämlich 6 GE. Dabei kann die Größe „Mengeneinheit" beliebig klein gewählt werden, was jedoch nur bei beliebig teilbaren Gütern („Schüttgütern") möglich ist. Bei abzählbaren Gütern („Stückgütern") wäre die kleinste Mengeneinheit 1 Stück. Die mathematische Vergröberung bei Stückgütern müssen wir aus Plausibilitätserwägungen heraus in Kauf nehmen. Bei einer Verkaufszahl von beispielsweise $x = 10$ würde eine *Nachfragebelebung zu einer relativ starken Umsatzbelebung führen* (U'=8), während dieser Effekt ausgehend von $x = 40$ vergleichsweise gering wäre (U'=2). Für Verkaufszahlen $x > 50$ würde eine Nachfragesteigerung (bedingt durch Preissenkungen) sogar zu Umsatzrückgängen führen.

Derartige Interpretationen des ökonomischen Sachverhalts erschließen sich nur aus der Kenntnis der ersten Ableitung und nicht allein aus der Ursprungsfunktion.

3.2.2 Ableitungsregeln

Es wäre auf Dauer zu umständlich, zur Berechnung der Ableitung einer Funktion jedes Mal zunächst den Differenzenquotienten aufzustellen, um anschließend über den Grenzübergang $\Delta x \rightarrow 0$ zum Differentialquotienten zu gelangen. Praktischerweise lassen sich für die in Kap. 3.1.3 aufgezeigten Funktionstypen allgemeingültige Ableitungsregeln angeben. Auf die zum Teil recht mühevollen Herleitungen der Regeln wollen wir verzichten, stattdessen beschränken wir uns hier auf die Darstellung der Regeln mit einigen Beispielen. Wir müssen zunächst unterscheiden zwischen der **Grundform** einer Funktion und einer **zusammengesetzten Funktion**.

Grundformen sind z. B.: $f(x) = a \cdot x^n$, $f(x) = \sqrt{x}$, $f(x) = a^x$, $f(x) = \log_a x$.
Zusammengesetzte Funktionen sind entweder die Summe, die Differenz, das Produkt oder Quotient zweier oder mehrerer Funktionen oder eine Schachtelfunktion $y = f(g(x))$.

Beispiele:
Gegeben seien zwei Funktionen mit den Grundformen $f(x) = e^x$ und $g(x) = 2 \cdot x$. Dann lassen sich daraus folgende zusammengesetzte Funktionen angeben:

Summe: $y = e^x + 2x$ Differenz: $y = e^x - 2x$
Produkt: $y = e^x.2x$ Quotient: $y = \frac{e^x}{2x}$
Schachtelfunktion $y = e^{2x} = f(g(x))$ „Argument" der Funktion nicht x, sondern 2x.

Wir werden zunächst die Ableitungen der Grundformen, anschließend die Ableitung der zusammengesetzten Funktionen in kompakter Form angeben.

a) Ableitung der Grundformen

Name	Funktion	Ableitung	Bedingungen	Formel
Potenzfunktion (Term eines Polynoms)	$f(x) = a \cdot x^n$	$f'(x) = n \cdot x^{n-1}$	x beliebig, $n \, \varepsilon \, \mathbb{N}$	(3.6)
	$f(x) = a \cdot x^k$	$f'(x) = k \cdot x^{k-1}$	x beliebig, $k \, \varepsilon \, \mathbb{R}$	(3.7)
Wurzelfunktion	$f(x) = \sqrt[n]{x}$	$f'(x) = \dfrac{1}{n \cdot \sqrt[n]{x}}$	$x \geq 0$, $n \, \varepsilon \, \mathbb{N}$	(3.8)
Exponentialfunktion	$f(x) = a^x$	$f'(x) = a^x \cdot \ln a$	x beliebig, $a > 0$	(3.9)
	$f(x) = e^x$	$f'(x) = e^x$	x beliebig	(3.10)
Logarithmusfunktion	$f(x) = \log_a x$	$f'(x) = \dfrac{1}{x \cdot \ln a}$	$a, x > 0$	(3.11)
	$f(x) = \ln x$	$f'(x) = \dfrac{1}{x}$	$x > 0$	(3.12)

Die Wurzelfunktion ist häufig recht umständlich abzuleiten, wenn man sie in der Wurzelschreibweise belässt. Es empfiehlt sich deshalb, die Wurzelfunktion in die Potenzform umzuschreiben, dann „wie gewohnt" abzuleiten und bei Bedarf wieder in die Wurzelform umzuschreiben. Dabei machen wir uns folgende Regeln zu Nutze: $\sqrt[n]{x^m} = x^{\frac{m}{n}}$ und $\frac{1}{x^n} = x^{-n}$. Damit gilt auch: $x^{-\frac{m}{n}} = \dfrac{1}{x^{\frac{m}{n}}} = \dfrac{1}{\sqrt[n]{x^m}}$. Siehe dazu auch die folgenden Beispiele.

Beispiele:

1. $f(x) = 3 \cdot x^4 \quad \rightarrow f'(x) = 3 \cdot 4 \cdot x^3 = 12x^3$ (Regel 3.6)
2. $f(x) = 4 = 4 \cdot x^0 \quad \rightarrow f'(x) = 0 \cdot 4 \cdot x^{-1} = 0$ (Regel 3.7)
   (Die Ableitung einer Konstanten ist stets Null)
3. $f(x) = \frac{1}{x} = x^{-1} \quad \rightarrow f'(x) = -1 \cdot x^{-2} = -\frac{1}{x^2}$ (Regel 3.7)
4. $f(x) = \sqrt{x} = x^{\frac{1}{2}} \quad \rightarrow f'(x) = \frac{1}{2} \cdot x^{-\frac{1}{2}} = \frac{1}{2 \cdot x^{\frac{1}{2}}} = \frac{1}{2 \cdot \sqrt{x}}$ (Regel 3.8)
5. $f(x) = \sqrt[3]{x} = x^{\frac{1}{3}} \quad \rightarrow f'(x) = \frac{1}{3} \cdot x^{-\frac{2}{3}} = \frac{1}{3 \cdot x^{\frac{2}{3}}} = \frac{1}{3 \cdot \sqrt[3]{x^2}}$ (Regel 3.8)
6. $f(x) = 4^x \quad \rightarrow f'(x) = 4^x \cdot \ln 4$ (Regel 3.9)
7. $f(x) = \log_2 x \quad \rightarrow f'(x) = \frac{1}{x \cdot \ln 2}$ (Regel 3.11)

b) Ableitung zusammengesetzter Funktionen

Beispiele:

Name	Funktion	Ableitung	Formel
Konstanter Faktor	$f(x) = a \cdot u(x)$	$f'(x) = a \cdot u'(x)$	(3.13)
Summe	$f(x) = u(x) + v(x)$	$f'(x) = u'(x) + v'(x)$	(3.14)
Differenz	$f(x) = u(x) - v(x)$	$f'(x) = u'(x) - v'(x)$	(3.15)
Produkt	$f(x) = u(x) \cdot v(x)$	$f'(x) = u'(x) \cdot v(x) + u(x) \cdot v'(x)$	(3.16) Produktregel
Quotient	$f(x) = \dfrac{u(x)}{v(x)}$	$f'(x) = \dfrac{u'(x) \cdot v(x) - u(x) \cdot v'(x)}{v^2(x)}$	(3.17) Quotientenregel
Schachtelfunktion	$f(x) = u(v(x))$	$f'(x) = \underset{\text{"äußere" Ableitung}}{u'(v(x))} \cdot \underset{\text{"innere" Ableitung}}{v'(x)}$	(3.18) Kettenregel

Das Beherrschen der Ableitungsregeln ist gewissermaßen das „kleine Einmaleins" der Differentialrechnung und deshalb zwingende Voraussetzung. Durch konsequentes Üben erwirbt man im Allgemeinen jedoch bald die notwendige Sicherheit, um Funktionen rasch und fehlerfrei ableiten zu können.

Abschließend wollen wir noch auf eine weitere „beliebte" Fehlerquelle hinweisen:

Die Ableitung einer Konstanten ist stets Null. Ist die Konstante allerdings ein Vorfaktor eines von der Variablen abhängigen Ausdrucks, so bleibt diese Konstante erhalten.
Beispiel: $f(x) = 4 \geq f'(x) = 0$, aber: $f(x) = 4x^2 \geq f'(x) = 4 \cdot (x^2)' = 8x$.
Welche Größe eine Konstante und welche eine Variable ist, erkennen wir an der Funktion. $f(x)$ bedeutet, dass x die (unabhängige) Variable ist. Würde die Funktion etwa lauten: $f(x) = xyz$, so ist ausschließlich x die Variable, während y und z als konstante Parameter aufzufassen sind. Die Ableitung würde folglich lauten: $f'(x) = y \cdot z$.

c) Höhere Ableitungen

Für bestimmte Anwendungen (Extremwertbestimmung, Wendepunktbestimmung) ist es notwendig, auch die zweite oder gar dritte Ableitung einer Funktion zu berechnen. Wir schreiben dann entsprechend f''(x), f'''(x) usw. Gelegentlich verwendet man für die zweite Ableitung auch die Schreibweise $\frac{d^2f}{dx^2}$; wir werden jedoch die Schreibweise f''(x) benutzen.

Beispiele:

1. $f(x) = 4x^3 \rightarrow f'(x) = 12x^2 \rightarrow f'(x) = 24x \rightarrow f''(x)\,24 \rightarrow f^{iv}(x) = 0$
2. $f(x) = e^x \rightarrow f'(x) = f''(x) = \dots = e^x$
3. $f(x) = \frac{1}{x^2} = x^{-2} \rightarrow f'(x) = -2x^{-3} = -\frac{2}{x^3} \rightarrow f'(x) = 6x^{-4} = \frac{6}{x^4} \rightarrow f''(x) = -24x^{-5} = -\frac{24}{x^5}$

Aufgabe 60: Bei der Herstellung eines Gutes entstehen bei einer Stückzahl x=10 Gesamtkosten von 120 GE, während bei x=20 Gesamtkosten von 160 GE entstehen. Die Fixkosten betragen 100 GE.

a) Stellen Sie die quadratische Kostenfunktion vom Typ K(x) = ax² + bx + c auf!

b) Berechnen Sie über den Differenzenquotienten die erste Ableitung von K(x) und ermitteln Sie die Tangentensteigungen an den Stellen x=10 und x=20!

c) Bestätigen Sie Ihr Ergebnis, indem Sie die Ableitung K'(x) mit Hilfe der entsprechenden Rechenregeln bestimmen!

Aufgabe 61: Bestimmen Sie zu folgenden Funktionen die angegebenen Ableitungen:

a) $f(x) = x^3 + e^x$ (f')   b) $f(x) = \frac{x+3}{x^2-4}$ (f')   c) $f(x) = x^6 \cdot \sqrt{x}$ (f')

d) $f(x) = x \cdot \ln x^2 - 2x$ (f')   e) $f(x) = \ln(x+3)^2$ (f')

f) $f(x) = 5x^4 + \ln x + e^x$ (f', f'', f')

g) $f(x) = 5 \cdot e^x \cdot x^2$ (f', f'')!

3.3 Anwendungen der Differentialrechnung

3.3.1 Die erste Ableitung ausgewählter ökonomischer Funktionen (Analyse absoluter Veränderungen)

Generell gibt f'(x) an, um welchen Absolutbetrag sich f(x) ändert, wenn man die unabhängige Variable x um eine „infinitesimal" kleine Einheit variiert. Dies ist in der Ökonomie in der Regel nicht praktikabel. Wir können Mengen um eine Mengeneinheit (Stück, Kilogramm etc.) oder Geld um eine Geldeinheit (1 €, 100 € etc.) verändern, nicht jedoch um beliebig kleine Einheiten. Damit man aber die Differentialrechnung in der Ökonomie anwenden kann, nimmt man bewusst diese Ungenauigkeit in Kauf: Man verändert Größen gedanklich um eine messbare Einheit, also Δx, geht aber rechnerisch so vor, als ob x um eine nicht messbare Einheit dx verändert wurde.

Im Folgenden werden wir für ausgewählte ökonomische Funktionen einige derartige Grenzbetrachtungen anstellen.

Um den Kurvenverlauf zu analysieren, ist neben der ersten Ableitung auch die zweite Ableitung hilfreich.

▶ Aus der **ersten Ableitung** können wir erkennen, ob eine Funktion monoton steigend oder fallend verläuft. Im Fall $f'(x) > 0$ verläuft sie steigend (eine geringfügige Erhöhung von x bewirkt auch eine Erhöhung von f), im Fall $f'(x) < 0$ verläuft sie fallend (eine geringfügige Erhöhung von x bewirkt eine Verringerung von f).

▶ Aus der **zweiten Ableitung** können wir etwas über die Art der Monotonie aussagen. Gilt etwa für eine monoton steigende Funktion auch noch $f''(x) > 0$ bzw. $[f'(x)]' > 0$, so ist der Verlauf der (positiven) Tangentensteigungen monoton wachsend, d. h. die Funktion steigt *progressiv* an. Anderenfalls ($f''(x) < 0$) würde sie *degressiv* anwachsen. Allgemein bezeichnet man eine Funktion mit der Eigenschaft $f''(x) > 0$ als **konvex**, im Fall $f''(x) < 0$ dagegen als **konkav**.

Durch Kombination aus Verlauf der ersten und zweiten Ableitung können wir nun vier verschiedene Konstellationen unterscheiden:

I. $f'(x) > 0$ und $f''(x) > 0$ monoton steigend und konvex $\Rightarrow$ progressiv steigend
II. $f'(x) > 0$ und $f''(x) < 0$ monoton steigend und konkav $\Rightarrow$ degressiv steigend
III. $f'(x) < 0$ und $f''(x) > 0$ monoton fallend und konvex $\Rightarrow$ abnehmend fallend
IV. $f'(x) < 0$ und $f''(x) < 0$ monoton fallend und konkav $\Rightarrow$ zunehmend fallend

Abbildung 34: Steigungsverhalten von Funktionen

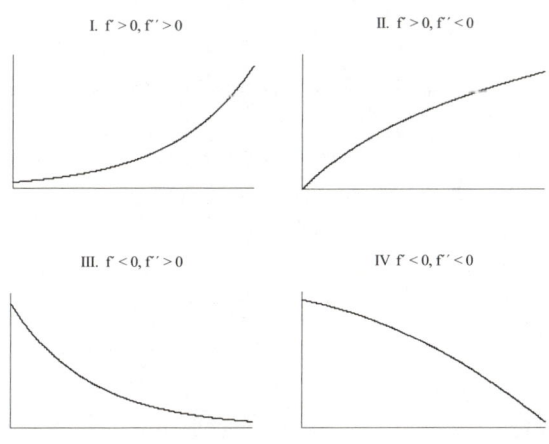

Die aufgezeigten Eigenschaften müssen nicht für die gesamte Funktion gelten. Eine Funktion wechselt häufig ihr Krümmungsverhalten, wie wir es beispielsweise bei der quadratischen Umsatzfunktion (zunächst degressiv steigend, anschließend zunehmend fallend) kennen gelernt haben.

▶ Punkte, an denen die Funktion von einem monoton steigenden in einen monoton fallenden Verlauf übergeht, heißen **Maximum**.

▶ Punkte, an denen die Funktion von einem monoton fallenden in einen monoton steigenden Verlauf übergeht, heißen **Minimum**.

▶ Punkte, an denen die Funktion von einem konvexen in einen konkaven Verlauf übergeht (oder umgekehrt), heißen **Wendepunkt**.

Ausgewählte ökonomische Funktionen und ihre erste Ableitung:

▶ **Umsatzfunktion U(x) oder U(p)**

Die erste Ableitung $U'(x) = \frac{dU}{dx}$ heißt **Grenzerlösfunktion** bezogen auf die Menge $U'(x) = \frac{dU}{dp}$ bzw. **Grenzerlösfunktion** bezogen auf den Preis.

Der Grenzerlös gibt an, um wie viel Geldeinheiten (GE) der Umsatz variiert, wenn sich die Nachfrage x bzw. der Preis p um eine Einheit verändern.

▶ **Kostenfunktion K(x)**

$K'(x) = \frac{dK}{dx}$ heißt **Grenzkostenfunktion**. Die Grenzkosten geben an, um wie viel GE die Gesamtkosten steigen oder fallen, wenn die Produktionsmenge um eine ME ausgeweitet oder reduziert wird. In der Regel gilt $K'(x) > 0$, jedoch ist hinsichtlich der Art des Anstiegs zu differenzieren, wie die folgenden Abbildungen verdeutlichen:

Abbildung 35: Typische Verlaufsformen von Kostenfunktionen und deren Krümmungsverhalten

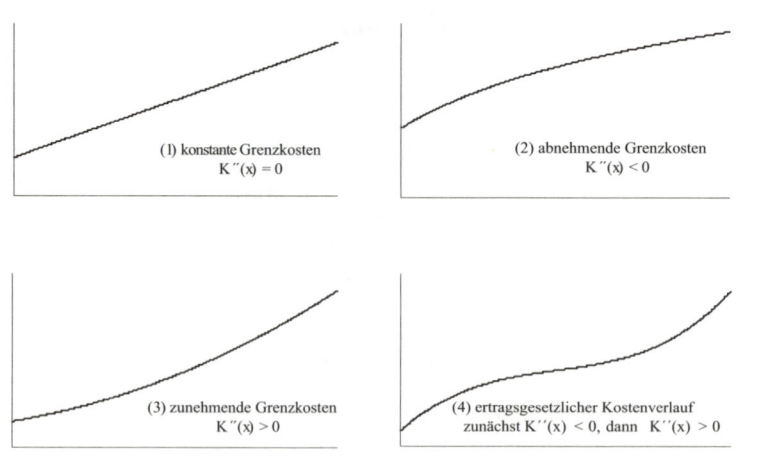

(1) konstante Grenzkosten
$K''(x) = 0$

(2) abnehmende Grenzkosten
$K''(x) < 0$

(3) zunehmende Grenzkosten
$K''(x) > 0$

(4) ertragsgesetzlicher Kostenverlauf
zunächst $K''(x) < 0$, dann $K''(x) > 0$

▶ **Gewinnfunktion** G(x)

$G'(x) = \frac{dG}{dx}$ heißt Grenzgewinn

Der **Grenzgewinn** gibt die Veränderung des Gewinns bei Veränderung der Produktions-/Absatzmenge um eine Mengeneinheit an.

Wegen G(x) = U(x) – K(x) gilt: G'(x) = U'(x) – K'(x) = Grenzerlös – Grenzkosten

Es gilt: G'(x) > 0, falls Grenzerlös > Grenzkosten

G'(x) < 0, falls Grenzerlös < Grenzkosten

▶ **Produktionsfunktion** x(r)

$x'(r) = \frac{dx}{dr}$ heißt Grenzproduktivität,

$\frac{x(r)}{r}$ heißt Produktivität (Durchschnittsertrag).

Die **Grenzproduktivität** gibt an, um wie viel ME sich der Output verändert, wenn man den Input um eine ME erhöht. Unter **Produktivität** versteht man allgemein die Ausbringungsmenge geteilt durch die Einsatzmenge (z. B. Arbeitseinsatz → Arbeitsproduktivität).

Beispiel: Ertragsgesetzliche Produktionsfunktion

Der ertragsgesetzliche Verlauf weist bei sukzessiver Mengenerhöhung eines Produktionsfaktors zunächst zunehmende, danach abnehmende Grenzerträge und nach Überschreiten des Outputmaximums abnehmende Erträge auf, wie es in der Abbildung dargestellt ist. Die Produktivitätsfunktion zeigt einen parabelförmigen Verlauf. Die folgende Graphik gibt einen zusammenfassenden Überblick.

Abbildung 36: Zonen der ertragsgesetzlichen Produktionsfunktion

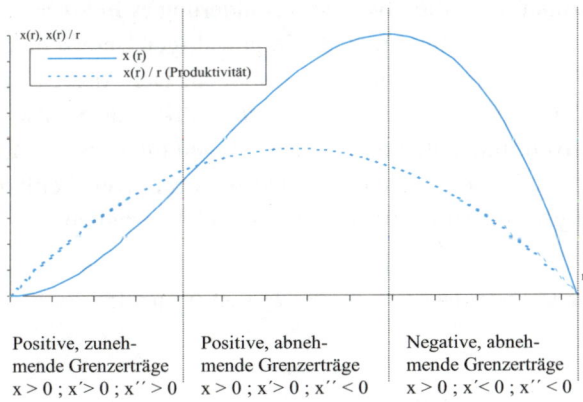

Weitere, an dieser Stelle nicht weiter vertiefte Begriffe, die sich nach demselben Prinzip interpretieren lassen, sind:

▶ **Grenznutzen**: Nutzenzuwachs bei Konsum einer zusätzlichen Mengeneinheit eines Konsumgutes;

▶ **Marginale Konsumquote**: Sie gibt an, wie viel GE mehr konsumiert werden, wenn das Haushaltseinkommen um eine (marginale) Einheit steigt.

▶ **Grenzsteuersatz**: Er gibt an, wie viel €-Cent jemand Steuern zahlen muss, wenn sich sein zu versteuerndes Einkommen um 1 € erhöht. Der Grenzsteuersatz gibt gewissermaßen die Besteuerung des „letzten Euro" an. Dieser Prozentsatz ist aufgrund der im Einkommensteuergesetz verankerten Freibeträge sowie der Steuerprogression stets höher als der Durchschnittssteuersatz.

3.3.2 Elastizitäten (Analyse relativer Veränderungen)

Elastizitäten dienen als wichtiges Analyseinstrument, das vor allem in der Volkswirtschaft und im Marketing eingesetzt wird. In der Volkswirtschaft interessiert beispielsweise, wie sich eine Veränderung des Volkseinkommens auf das Konsumverhalten auswirkt. Im Marketing ist die Elastizität ein sinnvolles Planungsinstrument zur Erfassung und Abschätzung der Auswirkung von Preiserhöhungen oder -reduzierungen auf die Absatzmenge sowie auf Umsatz und Gewinn.

Elastizitäten stellen auf **relative Veränderungen** ab. Die Grenzen bei der Funktionenanalyse durch absolute Änderungen werden an folgendem **Beispiel** deutlich:

Ein Aktienindex steige an einem „guten" Börsentag von 1.000 auf 1.050 Punkte, also um 50 Indexpunkte (= +5 %). Die Aktie A sei an diesem Tag von 50 € auf 55 € gestiegen, während die Aktie B von 500 € auf 505 € gestiegen sei. Der Börsenkurs beider Aktien hat sich um den *gleichen Absolutbetrag*, nämlich 5 €, erhöht, d. h. die absolute Veränderung Δ Index = +5 ist für beide Aktien gleich. *Prozentual* liegt jedoch ein gewaltiger Unterschied vor: Aktie A ist um 10 %, Aktie B ist nur um 1 % gestiegen. Der Anstieg der Aktie A ist also – bezogen auf den Ausgangswert – *relativ* stärker als bei Aktie B. Die Größe, die die relativen (prozentualen) Veränderungen misst, ist die **Elastizität**. Sie liefert uns Informationen über das Ausmaß von relativen Veränderungen, wie wir sie bei Analyse der Absolutveränderungen nicht erhalten.

Beispiel:
Gegeben sei die Preis-Absatz-Funktion: $x(p) = -2p + 30, 0 \le p \le 15$.

Abbildung 37: Lineare Preis-Absatz-Funktion

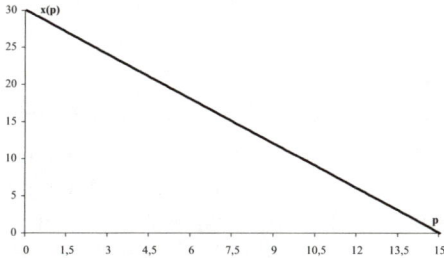

Fall 1: Aktueller Stückpreis sei p = 2 GE ⟹ x(2) = 26
Fall 2: Aktueller Stückpreis sei p = 12 GE ⟹ x(12) = 6

Wir wollen untersuchen: Was bewirkt eine Preiserhöhung um 1 €?

▶   Analyse absoluter Veränderungen

Fall 1: $\Delta p = +1 \Rightarrow x(3) = 24 \Rightarrow \Delta x = -2$;   **Fall 2**: $\Delta p = +1 \Rightarrow x(13) = 4 \Rightarrow \Delta x = -2$

Ergebnis: *Ursache* (Preis steigt um 1 GE) *und Wirkung* (Nachfrage sinkt um 2 ME) sind identisch, oder: $x'(p) = -2$ = konstant

▶   Analyse relativer Veränderungen

Fall 1: Ursache: Preiserhöhung von p = 2 auf p = 3 ≙ **+ 50 %**
        Wirkung: Verringerung der Nachfrage von x = 26 auf x = 24 ≙ **–7,7 %**
Fall 2: Ursache: Preiserhöhung von p = 12 auf p = 13 ≙ **+ 8,3 %**
        Wirkung: Verringerung der Nachfrage von x = 6 auf x = 4 ≙ **–33,3 %**

Wie wir beim Vergleich sehen, sind sowohl Ursache als auch Wirkung höchst unterschiedlich. Um die Ursachen- und Wirkungsänderungen vergleichbar zu machen, setzen wir sie einfach ins Verhältnis zueinander:

Fall 1: $\dfrac{-7,7\%}{+50\%} = \dfrac{-0,154\%}{1\%} = -0,154$;   <u>Fall 2</u>: $\dfrac{-33,3\%}{+8,3\%} = \dfrac{-4\%}{1\%} = \underline{-4}$

Der Wert –0,154 bzw. –4 gibt an, um wie viel Prozent sich die Nachfrage (durchschnittlich) verändert, wenn man den Stückpreis um 1 € variiert. Diesen Wert bezeichnet man als **Elastizität der Nachfrage bezüglich des Preises**. Das negative Vorzeichen deutet auf den negativen Zusammenhang zwischen der Ursachengröße (Preis) und der Wirkungsgröße (Nachfrage) hin, d. h. eine *Erhöhung* des Preises bewirkt eine *Verringerung* der Nachfrage und umgekehrt.

Die Elastizität ist eine dimensionslose Zahl und kann somit unabhängig von der verwendeten Einheit (z. B. Geldeinheiten, Mengeneinheiten) als Vergleichskriterium herangezogen werden. Die Elastizität ist ein Maß für die „Heftigkeit" der Reaktion der Wirkungsgröße bei 1 %iger Veränderung der Ursachengröße.
Im Beispiel hat in Fall 1 eine relativ große Ursachenveränderung (Preis +50 %) eine verhältnismäßig kleine Wirkung (Nachfrage –7,7 %); das Elastizitätsmaß ist entsprechend klein. Anders verhält es sich in Fall 2: Eine vergleichsweise

kleine Ursache (Preis +8,3 %) bewirkt eine heftige Reaktion (Nachfrage – 33,3 %), der Absolutbetrag der Elastizität ist entsprechend hoch.

Verallgemeinerung:

Gegeben sei eine Funktion f(x).

Ferner seien: $\frac{\Delta x}{x}$ = relative %-Veränderung der unabhängigen Variablen (Ursachengröße) (im Beispiel: +50 % und +8,3 %)

$\frac{\Delta f}{f}$ = relative %-Veränderung der abhängigen Variablen (Wirkungsgröße) (im Beispiel: –7,7 % und –33,3 %)

Dann definieren wir :

$$E_{f,x} = \frac{\dfrac{\Delta f}{f}}{\dfrac{\Delta x}{x}} = \frac{\Delta f}{\Delta x} \cdot \frac{x}{f(x)}$$ (3.19)

$E_{f,x}$ heißt **Bogenelastizität von f bezüglich x** im Intervall [x; x+Δx].

Beachten Sie, dass die Veränderung der *Ursachengröße* stets im *Nenner*, die %-Veränderung der *Wirkungsgröße* dagegen im *Zähler* steht.

Die Größe $\frac{\Delta f}{\Delta x}$ ist der bekannte Differenzenquotient, der im Allgemeinen nur recht umständlich zu berechnen ist. Wir wissen aber, dass wir eine umso bessere Näherung des Differenzenquotienten erhalten, je kleiner Δx ist. Für Δx → 0 wird aus dem Differenzenquotienten der Differentialquotient, also die erste Ableitung f'(x).

Somit können wir schreiben:

$$\lim_{\Delta x \to 0} E_{f,x} = \boxed{\varepsilon_{f,x} = f'(x) \cdot \frac{x}{f(x)}}$$ (3.20)

$\varepsilon_{f,x}$ heißt **Punktelastizität von f bezüglich x**. $\varepsilon_{f,x}$ ist selbst wieder eine von x abhängige Funktion, die **Elastizitätsfunktion**. Sie gibt uns für jeden beliebigen x-Wert die zugehörige Elastizität an.

Die Punktelastizität ist unter Anwendung der Ableitungsregeln in der Regel erheblich einfacher zu berechnen als die Bogenelastizität.

Im Fall einer linearen Funktion f(x) – z. B. eine Preis-Absatz-Funktion – sind Bogenelastizität und Punktelastizität identisch, da f'(x) konstant ist und dem Differenzenquotienten entspricht. Ansonsten weichen die Werte voneinander ab. Obwohl die Punktelastizität die %-Veränderung von f bei „beliebig kleiner" Veränderung von x (also um dx) angibt, ist es im ökonomischen Sprachgebrauch üblich, sie dahingehend zu interpretieren, dass die Ursachengröße um 1 % variiert wird.

Im Beispiel:

$$x(p) = -2p + 30 \;\Rightarrow\; x'(p) = -2 \;\Rightarrow\; \varepsilon_{x,\,p} = -2 \cdot \frac{p}{-2p+30} \;=\; \frac{-2p}{-2p+30}.$$

Wir können die Elastizitäten für bestimmte Preise durch Einsetzen berechnen:

$$p = 2 \Rightarrow \varepsilon_{x,\,2} = -2 \cdot \frac{2}{-2 \cdot 2 + 30} = -0{,}154 \, ; \qquad p = 12 \Rightarrow \varepsilon_{x,\,12} = -2 \cdot \frac{2}{-2 \cdot 12 + 30} = -4$$

Wir wollen nun den Definitionsbereich von p=0 bis p=15 „durchlaufen" und die dazugehörigen Elastizitäten berechnen. Dabei zeigt sich, dass sich für die Nachfrageelastizität bezüglich des Preises Elastizitäten von ε=0 (p=0) bis ε=−∞ (p=15) ergeben. Abbildung 38 verdeutlicht das Spektrum der Elastizitäten.

Abbildung 38: Preiselastizität der Nachfrage

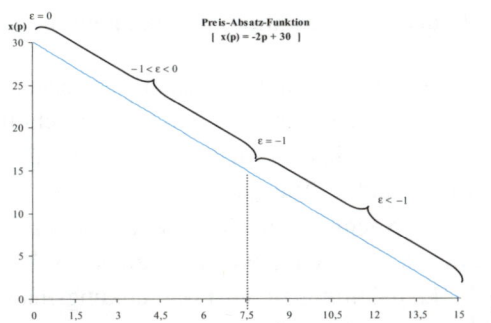

Im Allgemeinen verwendet man folgende begriffliche Einteilung:

$\varepsilon_{f,x} > 1$ oder $\varepsilon_{f,x} < -1$	elastisch	Wirkung relativ stärker als Ursache (überproportionale Reaktion)
$\varepsilon_{f,x} = 1$ oder $\varepsilon_{f,x} = -1$	ausgeglichen elastisch	Wirkung relativ identisch mit Ursache
$-1 < \varepsilon_{f,x} < 1$	unelastisch	Wirkung relativ schwächer als Ursache (unterproportionale Reaktion)

Wichtige Elastizitäten sind in folgender Tabelle aufgeführt:

Funktionstyp		Elastizität
Nachfragefunktion (Preis-Absatz-Funktion) x(p) bzw. p(x)	$\varepsilon_{x,p}$	Preiselastizität der Nachfrage
Nachfragefunktion in Abhängigkeit zweier verbundener Güter	$\varepsilon_{x_1,p_2},\ \varepsilon_{x_2,p_1}$	Kreuzpreiselastizität der Nachfrage (relative Nachfrageänderung des einen Produkts bei relativer Preisveränderung des anderen Produkts)
Produktionsfunktion	$\varepsilon_{x,r}$	Produktionselastizität

Funktionstyp		Elastizität
Kostenfunktion	$\varepsilon_{K,x}$	Kostenelastizität
Umsatzfunktion	$\varepsilon_{U,x}$	Umsatzelastizität
Konsumfunktion	$\varepsilon_{C,Y}$	Einkommenselastizität des Konsums

Elastizitäten werden empirisch erhoben. So lassen sich für die Preiselastizität der Nachfrage typische Produktgruppen angeben, die elastisch oder unelastisch reagieren. Nachfrage*elastisch* auf Preisveränderungen reagieren typischerweise substituierbare und nicht lebensnotwendige Güter (z. B. Genussmittel). Unelastisch reagieren in der Regel lebensnotwendige oder/und nicht substituierbare Güter (z. B. Benzin, Grundnahrungsmittel, Medikamente).

Aufgabe 62: Ein Lebensmitteldiscounter verkauft ein bestimmtes Produkt aus seinem Sortiment für 3,99 € und verkauft davon durchschnittlich 5.000 Stück pro Monat und Filiale. Die Verkaufsleitung erwägt nun, in einer Sonderaktion den Preis in einem Monat auf 3,79 € zu senken. Aus der Vergangenheit weiß sie jedoch auch, dass die Nachfrage nach diesem Produkt bei Preissenkungen „bestenfalls" ausgeglichen elastisch, tendenziell unelastisch reagiert.

a) Würden Sie der Verkaufsleitung zu der Preissenkungsmaßnahme raten unter dem Ziel einer Umsatzsteigerung?

b) Welche Nachfrageelastizität wäre mindestens erforderlich, damit sich die Maßnahme zur Umsatzsteigerung lohnt?

Aufgabe 63: Gegeben ist die Preis-Absatz-Funktion: $x(p) = 18 - 2p$ ($0 \leq p \leq 9$).

a) Ermitteln Sie den Wert der Preiselastizität der Nachfrage für $p = 5$ GE!

b) Bei welchem Preis bewirkt eine 3 % ige Preissenkung eine ca. 6 % ige Nachfragesteigerung?

Aufgabe 64: Gegeben ist die Preis-Absatz-Funktion in Abhängigkeit der nachgefragten Menge: $p(x) = -\frac{1}{3} x + 5$.

a) Berechnen Sie die Umsatzfunktion $U(x)$!

b) Berechnen Sie die Preiselastizität der Nachfrage sowie die Preiselastizität des Umsatzes – jeweils in Bezug auf die Menge – für $x_1 = 6$ und $x_2 = 9$!

c) Stellen Sie einen allgemeinen Zusammenhang dar zwischen der Preiselastizität des Umsatzes und der Preiselastizität der Nachfrage !

Aufgabe 65: Für ein bestimmtes Gut sei die Abhängigkeit der Kosten von der hergestellten Menge durch folgende Kostenfunktion gegeben: $K(x) = 0{,}125x^3 - 3{,}75x^2 + 38x + 64$. Berechnen Sie, bei welcher Menge die Elastizität der Kosten bezüglich der Menge den Wert 1 hat!

3.3.3 Extremwertbestimmung

Eine besonders große Bedeutung für die Behandlung ökonomischer Probleme hat die Bestimmung von Extremwerten (Optima), d. h. von Minima oder Maxima. Dazu benötigen wir zunächst die Zielfunktion, die es zu minimieren oder maximieren gilt. Ökonomisch sinnvolle Zielsetzungen sind:

▶ Produktion zu minimalen Stückkosten (Betriebsoptimum),
▶ Produktion zu minimalen variablen Stückkosten (Betriebsminimum),
▶ Maximierung des Umsatzes,
▶ Maximierung des Gewinns.

Bevor wir uns konkreten ökonomischen Fragestellungen zuwenden, wollen wir die Vorgehensweise zur Bestimmung von Extremwerten allgemein erörtern. Dazu betrachten wir parallel zwei Funktionen:

$f_1(x) = x^2 - 10x + 29$ nach oben geöffnete Parabel
$f_2(x) = -x^2 + 10x + 5$ nach unten geöffnete Parabel

Die Ableitungen lauten: $f_1'(x) = 2x - 10$ und $f_2'(x) = -2x + 10$
$f_1''(x) = 2$ und $f_2''(x) = -2$

Die Funktionen $f_1(x)$ und $f_2(x)$ sowie die Ableitungsfunktionen sind untenstehend dargestellt.

Abbildung 39: Quadratische Funktionen mit Funktionen der ersten und zweiten Ableitung

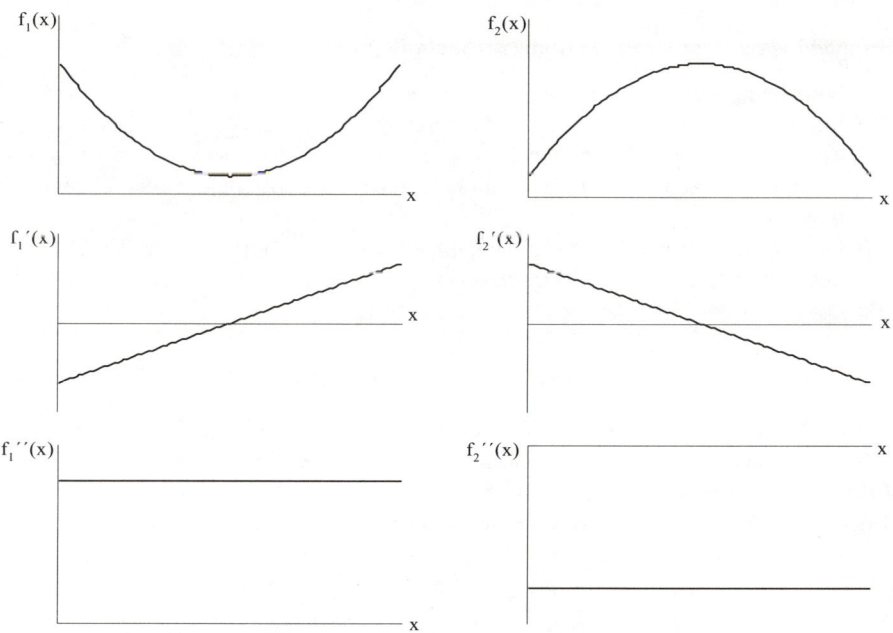

Ferner gelten folgende Relationen:

$f_1'(x) < 0$ falls x < 5 monoton fallend $f_2'(x) > 0$ falls x < 5 monoton steigend
$f_1'(x) > 0$ falls x > 5 monoton steigend $f_2'(x) < 0$ falls x > 5 monoton fallend
$f_1'(x) = 0$ falls x = 5   **$f_2'(x) = 0$ falls x = 5**
$f_1''(x) > 0$ konvex   **$f_2''(x) < 0$**   konkav

Gemeinsames Merkmal und damit notwendige Voraussetzung für einen Extremwert – unabhängig ob Minimum oder Maximum – ist die **Nullstelle der Ableitungsfunktion f'**. Dieses Kriterium wird als **notwendige Bedingung** für ein Extremum bezeichnet. Zugleich erkennen wir aber auch, dass die nach oben geöffnete Parabel (mit Minimum) einen **konvexen** ($f'' > 0$), die nach unten geöffnete Parabel (mit Maximum) einen **konkaven** Verlauf ($f'' < 0$) zeigt. Über die **zweite Ableitung** können wir also identifizieren, ob es sich bei dem Extremwert um ein Minimum oder ein Maximum handelt. Dieses Kriterium wird als **hinreichende Bedingung** bezeichnet.

Wir wollen die Regel zur Ermittlung eines Extremwerts folgendermaßen zusammenfassen:

Verallgemeinerung:

Notwendige Bedingung für einen Extremwert an der Stelle x*: **$f'(x^*) = 0$**
Hinreichende Bedingung für Extremwert an der Stelle x*:
– Falls **$f''(x^*) > 0$** $\Rightarrow$ **Minimum** an x*
– Falls **$f''(x^*) < 0$** $\Rightarrow$ **Maximum** an x*   (3.21)

Praktisches Vorgehen zur Extremwertbestimmung:

(1) Berechnung der ersten und zweiten Ableitung.
(2) Nullsetzen der ersten Ableitung und Ermittlung der Nullstellen.
(3) Nachprüfen, ob Nullstellen im mathematischen, als auch im ökonomisch sinnvollen Definitionsbereich liegen (z. B. keine negativen Mengeneinheiten und Geldeinheiten).
(4) Einsetzen der nach Prüfung gemäß (3) übriggebliebenen x*-Werte und Bestimmung über die zweite Ableitung, ob Minimum oder Maximum vorliegt.
(5) Gegebenenfalls Berechnung der Funktionswerte, also f(x*).

Beispiel:

$f(x) = x^2 - 10x + 29$; $f'(x) = 2x - 10 \stackrel{!}{=} 0 \Leftrightarrow x^* = 5$
$f''(x) = 2$, somit auch $f''(x^*) = 2 > 0 \Rightarrow$ Minimum an $x^* = 5$; $f(5) = 4$.
$f(x) = -x^2 + 10x + 5$; $f'(x) = -2x + 10 \stackrel{!}{=} 0 \Leftrightarrow x^* = 5$
$f''(x) = -2$, somit auch $f''(x^*) = -2 < 0 \Rightarrow$ Maximum an $x^* = 5$; $f(5) = 30$.

Weitere Beispiele:

1. Ein Gut wird zum Festpreis p = 60 GE verkauft und nach der Kostenfunktion K(x) = x³ – 13x² + 66x + 72 hergestellt. Gesucht ist die Herstellungsmenge, bei der der Unternehmer seinen Gewinn maximiert.

   Lösung:
   Zunächst ist die Gewinnfunktion aufzustellen:
   G(x) = U(x)- K(x) = 60x – (x³–13x²+66x+72) = –x³ +13x² – 6x –72 (x ≥ 0).

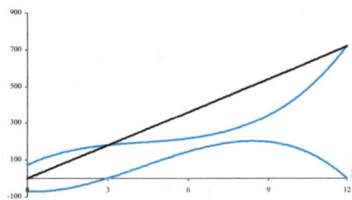

   (1) Berechnung der Ableitungen:
   G′(x) = –3x² + 26x –6
   G″(x) = –6x + 26
   (2) Nullsetzen der ersten Ableitung:
   G′(x) = 0 ⟺ –3x² + 26x – 6 =0
   abc-Formel mit a = –3, b = 26, c = –6
   ⟹ $x_1^* = 8{,}429$
   $x_2^* = 0{,}237$

   (3) Grundsätzlich liegen beide Werte im Definitionsbereich. Hätten wir jedoch vorab die Gewinngrenzen (=Nullstellen der Gewinnfunktion bzw. Schnittpunkte der Umsatz- mit der Kostenfunktion) berechnet, so hätten wir den Wert x = 0,237 im Vorhinein ausschließen können. Dies wird auch in der obigen Graphik deutlich.
   (4) Einsetzen in die zweite Ableitung:
   f″(x₁*) = –6 · 8,429 + 26 = –24,634 < 0 ⟹ Maximum an x₁*
   f″(x₂*) = –6 · 0,237 + 26 = 24,578 > 0 ⟹ Minimum an x₂*
   (5) Berechnung des y-Wertes: (x₁*; f(x₁*)) = (8,429; 202,185).

2. Ein (noch nicht erfundenes) Sportgerät, der Mountain-Inline-Skater, weise aufgrund früherer Erfahrungen mit vergleichbaren Sportgeräten einen Produktlebenszyklus auf, der sich durch folgende Funktion näherungsweise beschreiben lässt:

   $$U(t) = 10 \cdot e^{-\frac{(t-20)^2}{100}} \qquad t \geq 0 \qquad \begin{array}{l} t: \text{ Zeit (Wochen)} \\ U: \text{ mengenmäßiger Umsatz (1.000 Stück)} \end{array}$$

   Nach wie viel Wochen wird für das Produkt das Umsatzwachstum erzielt?

   Lösung:

   Ableitung der Funktion U(t) mit Kettenregel: $U'(t) = 10 \cdot e^{-\frac{(t-20)^2}{100}} \cdot (-\frac{2\cdot(t-20)}{100}) =$
   $10 \cdot e^{-\frac{(t-20)^2}{100}} \cdot (-\frac{t-20}{50}) \overset{!}{=} 0$. U′(t) kann nur den Wert Null erreichen, wenn der Faktor
   $-\frac{t-20}{50}$ Null wird. Dies ist bei genau <u>t* = 20 Wochen</u> der Fall.

   Nachweis des Maximums über die zweite Ableitung (Produktregel):

   $$u = 10 \cdot e^{-\frac{(t-20)^2}{100}} = U(t) \qquad\qquad v = -\frac{t-20}{50}$$
   $$u' = U'(t) \qquad\qquad\qquad\qquad v' = -\frac{1}{50}$$

   $U''(t) = -\frac{t-20}{50} \cdot U'(t) - \frac{1}{50} \cdot U(t)$. $U''(20) = 0 - \frac{1}{50} \cdot U(20) < 0 \Rightarrow$ Maximum bei t = 20.
   Der maximale Umsatz beträgt U* = U(20) = 10.000 Stück.

Abbildung 40: Umsatzfunktion in Abhängigkeit der Zeit

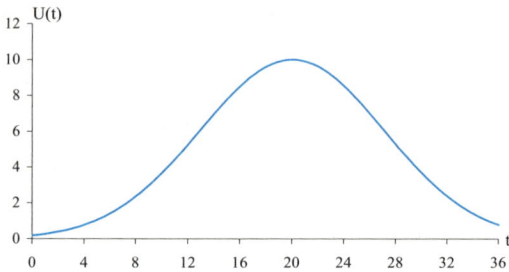

Aufgabe 66: Gegeben seien folgende Preis-Absatz-Funktionen:

a) $p(x) = -0{,}2x + 30$

b) $p(x) = 150 \cdot e^{0{,}1x}$

Ermitteln Sie die Absatzmengen und die zu fordernden Preise, bei denen ein Umsatzmaximum erzielt wird. Skizzieren Sie jeweils die Preis-Absatz-Funktion und die Umsatzfunktion in einem gemeinsamen Koordinatensystem!

3.3.4 Wendepunktbestimmung

Der Wendepunkt ist derjenige „kritische" Punkt, an dem die Funktion ihr Krümmungsverhalten ändert, d. h. an dem sie von konvexen in konkaven oder von konkaven in konvexen Verlauf übergeht. Mathematisch erfolgt die Berechnung über die zweite Ableitung.

Allgemeine Regel zur Wendepunktbestimmung:

Notwendige Bedingung für einen Wendepunkt an der Stelle x_W: $\mathbf{f''(x_W) = 0}$

Hinreichende Bedingung für Wendepunkt an der Stelle x_W: $\mathbf{f'''(x_W) \geq 0}$ (3.22)

Praktisches Vorgehen zur Wendepunktbestimmung:

(1) Berechnung der zweiten und dritten Ableitung.

(2) Nullsetzen der zweiten Ableitung und Ermittlung der Nullstellen.

(3) Nachprüfen, ob Nullstellen sowohl im mathematischen, als auch im ökonomisch sinnvollen Definitionsbereich liegen (z. B. keine negativen Mengeneinheiten und Geldeinheiten).

(4) Einsetzen der nach Prüfung gemäß (3) übriggebliebenen x_W-Werte und Nachprüfen über die dritte Ableitung, ob gilt: $f'''(x_W) \neq 0$.

(5) Gegebenenfalls Berechnung der Funktionswerte, also $f(x_W)$.

Falls $f'''(x_W) < 0 \Rightarrow$ Übergang konvex zu konkav

Falls $f'''(x_W) > 0 \Rightarrow$ Übergang konkav zu konvex.

Beispiel:

Gegeben sei folgende ertragsgesetzliche Produktionsfunktion

$x(r) = -0,5r^3 + 20r^2 + 100r$ $r \geq 0$ r: Produktionseinsatzfaktormenge (Input)

x: Ausbringungsmenge (Output)

Gesucht ist der Wendepunkt, also die Grenze, an der die Produktionsfunktion von einem progressiv ansteigenden (konvexen) in einen degressiv ansteigenden (konkaven) Verlauf übergeht.

Abbildung 41: Wendepunkt bei ertragsgesetzlicher Produktionsfunktion

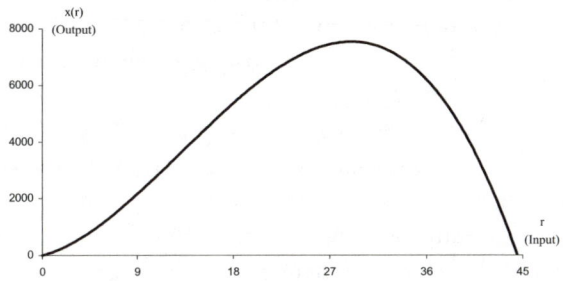

Lösung:

$x'(r) = -1,5r^2 + 40r$; $x''(r) = -3r + 40 = 0 \Leftrightarrow rw = 13,33$;

$x'''(r) = -3 \neq 0 \Rightarrow$ Wendepunkt bei r = 13,33 ME $x(r_w) = x(13,33) = 3.703,7$

Es gibt Wendepunkte (also f''=0), für die auch f'=0 gilt, d.h. die Tangente am Wendepunkt ist waagerecht. In diesem Fall liegt kein Extremwert vor, sondern ein so genannter **Sattelpunkt**. Sattelpunkte spielen bei ökonomischen Funktionen jedoch eine eher geringe Rolle.

Abbildung 43: Sattelpunkt

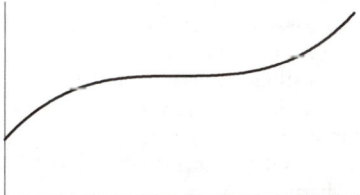

Aufgabe 67: Legen Sie die Preis-Absatz-Funktion $p(x) = 150 \cdot e^{0,1x}$ (vgl. Aufgabe 66) zu Grunde und berechnen Sie den Wendepunkt der Umsatzfunktion!

3.3.5 Nullstellenbestimmung mittels Newton-Verfahren

Nullstellenprobleme tauchen in der Ökonomie immer wieder auf, z. B.
- bei der Ermittlung der Gewinngrenzen (G = 0),
- bei der Berechnung von Optimalwerten durch die Regel „1. Ableitung gleich Null",
- bei der Berechnung der internen Rendite und des Effektivzinssatzes in der Investitionsrechnung bzw. Finanzmathematik.

Solange die „gleich Null" gesetzten Funktionen linear oder quadratisch sind, haben wir kein Berechnungsproblem. Ist die Funktion dagegen dritten oder höheren Grades, stehen in der Regel keine Lösungsformeln zur expliziten Berechnung der Nullstellen zur Verfügung.

Mit dem Horner-Schema haben wir bereits ein Verfahren in Zusammenhang mit der Nullstellenbestimmung kennen gelernt (Kapitel 1.4.4). Das Horner-Schema ist jedoch kein Verfahren zur Bestimmung von Nullstellen, sondern nur eine Methode zur einfachen und schnellen Berechnung von Funktionswerten. Die Anwendung des Horner-Schemas setzt voraus, dass wir eine Nullstelle durch „Probieren" gefunden haben. Ist uns dies gelungen, liefert das Horner-Schema die Koeffizienten des um einen Grad reduzierten Restpolynoms, nicht mehr und nicht weniger.

Zur Berechnung von unbekannten Nullstellen helfen Näherungsverfahren. Eine bewährte Methode ist das hier behandelte **Newton-Verfahren** bzw. der Newton-Algorithmus:[2]

Abbildung 43: Prinzip des Newton-Verfahrens

Idee:
Zunächst legen wir einen geschätzten Startwert x_1 fest und legen an den Funktionswert $f(x_1)$ die Tangente (vgl. Abbildung). Der Schnittpunkt der Tangente mit der x-Achse bestimmt unseren ersten Näherungswert x_2. An den Punkt $f(x_2)$ legen wir erneut die Tangente usw. In der Regel haben wir nach spätestens drei Iterationsschritten eine hinlänglich gute Annäherung an unsere gesuchte Nullstelle x_0.

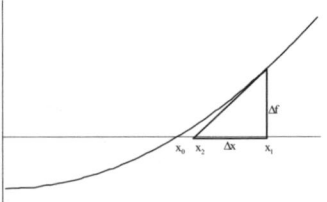

---

2 Unter einem Algorithmus versteht man eine Folge von Arbeitsanweisungen, durch die der Lösungsweg des mathematischen Problems detailliert beschrieben wird und die als Grundlage zur Umsetzung in ein Computerprogramm dient.

Algorithmus des Newton-Verfahrens:

Schritt 1: Man wähle den Startpunkt $(x_1; f(x_1))$. Für die Steigung der Tangente an den Punkt $(x_1; f(x_1))$ gilt nach dem bekannten Steigungsdreieck

$$\tan\alpha = f'(x_1) = \frac{f(x_1)}{x_1 - x_2} \Leftrightarrow x_2 = x_1 - \frac{f(x_1)}{f'(x_1)}$$

Führen wir dieses Verfahren mehrmals hintereinander durch, erhalten wir nacheinander die Werte x_2, x_3, x_4 etc. Verallgemeinernd können wir deshalb für einen beliebigen Schritt j schreiben:

Schritt j: $\qquad \boxed{x_{j+1} = x_j - \frac{f(x_j)}{f'(x_j)}} \qquad j = 1, 2, \ldots \qquad$ Newton-Verfahren (Algorithmus) (3.23)

1. Beispiel:

Gegeben seien eine Kostenfunktion $K(x) = 0{,}1x^3 + 3$ sowie eine Preis-Absatz-Funktion $p(x) = 6 - x \quad x \geq 0$. Gesucht sind die Gewinngrenzen.

Lösung:

Aufstellen der Gewinnfunktion: $G(x) - U(x) - K(x) = x \cdot p(x) - K(x)$

$= 6x - x^2 - (0{,}1x^3 + 3) = -0{,}1x^3 - x^2 + 6x - 3$

$G(x) = 0 \Leftrightarrow -0{,}1x^3 - x^2 + 6x - 3 = 0 \Leftrightarrow x^3 + 10x^2 - 60x + 30 = 0$

Wir haben eine Gleichung dritten Grades vorliegen, aus der wir nicht einfach durch „Ausprobieren" eine Lösung ermitteln können. Wir wenden deshalb das Newton-Verfahren an und definieren:

$f(x) = x^3 + 10x^2 - 60x + 30 \quad$ sowie $\quad f'(x) = 3x^2 + 20x - 60$

Newton-Algorithmus: $x_{j+1} = x_j - \dfrac{x_j^3 + 10x_j^2 - 60x_j + 30}{3x_j^2 + 20x_j - 60}$

Zunächst suchen wir einen geeigneten Startwert und stellen dazu eine Wertetabelle auf.

x	0	1	2	3	4
f(x)	30	-19	-42	-33	14

Die Vorzeichenwechsel zeigen, dass zwischen 0 und 1 sowie zwischen 3 und 4 jeweils eine Nullstelle liegen muss. Wir wollen die Nullstelle zwischen 3 und 4 berechnen und wählen deshalb als Startwert $x_1 = 3{,}5$.

$x_2 = x_1 - \frac{-14{,}625}{46{,}75} = 3{,}8128$. $\quad x_2 = 3{,}8128$ ist unser erster Näherungswert.

$x_3 = 3{,}8128 - \frac{2{,}0368}{59{,}8698} = 3{,}7788$. $\quad x_4 = 3{,}7788 - \frac{0{,}0228}{58{,}4131} = \underline{\underline{3{,}7784}}$.

Der Näherungswert x_4 hat sich gegenüber x_3 kaum noch verändert, was dafür spricht, dass wir mit x_4 eine „brauchbare" Näherung gefunden haben.

Probe: $G(x_4) = G(3{,}7784) \approx 0$ ✓

Mit dem Wert $\underline{x_{01} = 3,7784}$ können wir nun mit Hilfe des Horner-Schemas die andere Gewinngrenze ermitteln:

x = 3,7784	1	10	−60	30
	--	3,7784 1	52,0603	−30
	1	13,7784	−7,9397	0

Damit ergibt sich folgende Gleichung: $(x - 3,7784) \cdot \underbrace{(x^2 + 13,7784x - 7,9397)}_{\overset{!}{=}0} = 0$.

pq-Formel mit $p = 13,7784$, $q = -7,9397$:

$$x_{02,03} = -\frac{13,7784}{2} \pm \sqrt{(\frac{13,7784}{2})^2 + 7,9397} = -6,8892 \pm 7,4432$$

$\underline{x_{02} = 0,554}$,   [$x_{03} = -14,3324$, irrelevant, da außerhalb des Definitionsbereichs]

Damit haben wir die gesuchten Gewinngrenzen gefunden: $x = 0,554$ und $x = 3,7784$. Der Gewinnbereich lautet also $0,554 < x < 3,7784$.

Abbildung 44: Newton-Verfahren: Bestimmung der Gewinngrenzen

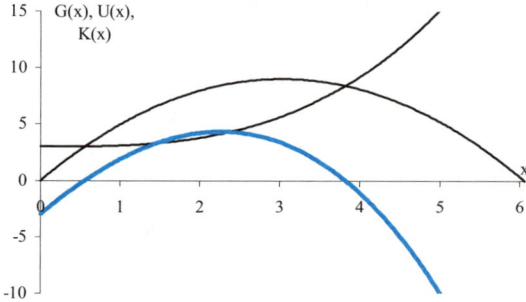

2. Beispiel: (Renditeberechnung)
Ein Sparer hat ein Sparziel von 18.000 € in 10 Jahren, welches er durch rentenartige Sparbeträge à 1.200 € jeweils zum Jahresende erreichen will. Welche jährliche Verzinsung (Rendite) benötigt der Sparer, damit er dieses Sparziel erreicht?

Lösung:
Gesucht ist der Zinssatz (die Rendite) i mit $1.200 \cdot REF(10 \text{ J.}; i) = 18.000$ (vgl. (2.22) bzw. REF(10 J.; i) = 15 bzw. $\frac{(1+i)^{10} - 1}{i} = 15$. Umstellen der Gleichung führt uns auf die Gleichung zehnten Grades: $(1 + i)^{10} - 15i - 1 = 0$. Wir definieren uns diese Gleichung als Funktion, deren Nullstelle gesucht wird: $f(i) = (1 + i)^{10} - 15i - 1 = 0$ mit der Ableitung $f'(i) = 10 \cdot (1 + i)^9 - 15$.
Newton-Algorithmus: $i_{j+1} = i_j - \frac{(1+i_j)^{10} - 15 \cdot i_j - 1}{10 \cdot (1+i_j)^9 - 15}$.
Durch Probieren finden wir heraus, dass der gesuchte Zinssatz zwischen 8 % und 9 % liegen muss, denn: $f(0,08) = -0,04(< 0)$ und $f(0,09) = 0,017(> 0)$. Wir wählen daher mit $x_1 = 0,085$ einen Startwert zwischen diesen beiden Werten.

Abbildung 45: Newton-Verfahren: Renditeberechnung

Anfangswert $x_1 = 0,085 = 8,5\%$

$x_2 = 0,085 - \frac{1,085^{10} - 15 \cdot 0,085 - 1}{10 \cdot 1,085^9 - 15} = 0,085 - \frac{-0,01402}{5,8386} = 0,0874.$

$x_3 = 0,0874 - \frac{0,000497}{6,2571} = 0,08732.$

$x_4 = 0,08732 - \frac{0,0000118}{6,243} = 0,08732.$

Die gesuchte Zielverzinsung beträgt damit <u>8,732%</u>
p.a. Probe: $1.200 \cdot \frac{1,08732^{10} - 1}{0,08732} = 17.999,96$ € ≈ 18.000 €.

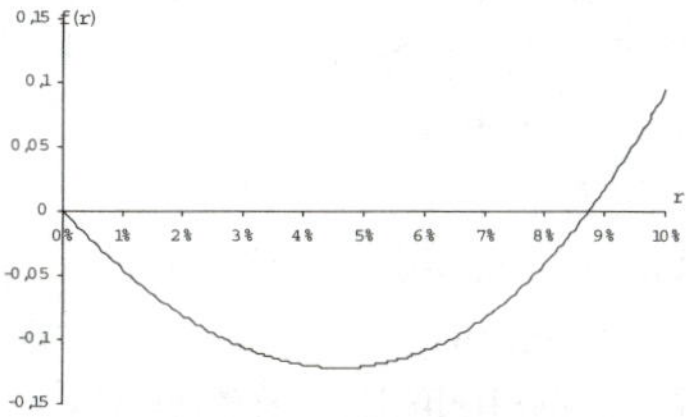

Der Startwert sollte „hinlänglich nah" an der tatsächlichen Nullstelle liegen. Ein „zu weit entfernter" Anfangswert kann zu dem unerwünschten Effekt führen, dass sich die mit dem Newton-Algorithmus errechneten Schätzwerte von der gesuchten Nullstelle entfernen (Divergenz).

Aufgabe 68: Ein Unternehmer vermarktet ein bestimmtes „beliebig teilbares" Produkt, für das er eine Monopolstellung hat. Die Herstellungskosten K für dieses Produkt seien durch folgende ertragsgesetzliche Kostenfunktion gegeben:
$K(x) = 0,25x^3 - 4,15x^2 + 38,1x + 122,4.$
Die Preis-Absatz-Funktion ist gegeben durch: $p(x) = -x + 64$, $0 \leq x \leq 64$
(p: Preis des Gutes pro ME in GE, x : produzierte [=abgesetzte] Menge in ME)
a) Stellen Sie die Umsatz- und die Gewinnfunktion auf!
b) Ermitteln Sie die Gewinngrenzen mit Hilfe des Newton-Verfahrens! Wählen Sie als Startwert $x_1=3$!

3.3.6 Zusammenfassung Kurvendiskussion

In den vorangegangenen Kapiteln haben wir eine Vielzahl an Funktionseigenschaften und Möglichkeiten der Funktionenanalyse kennen gelernt. Die systematische Untersuchung einer Funktion wird häufig als **Kurvendiskussion** bezeichnet.
In der folgenden Übersicht wollen wir die wichtigsten Untersuchungsergebnisse zusammenfassen, wobei je nach Aufgabenstellung und Art der Funktion auch einige Punkte wegfallen können.

▶ **Definitions- und Wertebereich**
In welchem Bereich ist f definiert und welche Werte kann die Funktion annehmen? Für die unabhängige Variable (Definitionsbereich) kommen häufig nur positive Werte in Betracht (Preis, Mengen, Zeit). Die Funktionswerte (Wertebereich) können entweder *nur* nicht-negativ (Kosten, Umsatz, Produktionsmenge, Konsum) oder aber zusätzlich auch negativ sein (Gewinn).

▶ **Stetigkeit**

Ist die Funktion im gesamten Definitionsbereich stetig oder gibt es Lücken, Pole oder Sprünge?

Falls ja, wie verläuft die Funktion, wenn man sich der Unstetigkeitsstelle nähert?

Unberücksichtigt bleiben kann die Untersuchung der Stetigkeit bei ganzrationalen Funktionen, da diese im Bereich der reellen Zahlen immer stetig sind.

▶ **Beschränktheit/Grenzwerte** (nicht immer relevant)

Wie verhält sich die Funktion für $x \to \infty$? Hat sie einen endlichen Grenzwert (Sättigung) oder steigt bzw. fällt sie „über alle Grenzen" hinweg?

Gegebenenfalls ist auch das Verhalten der Funktion für $x \to 0$ zu untersuchen.

▶ **Nullstellen** (Schnittpunkt mit der x-Achse)

Zu lösen: $f(x) \stackrel{!}{=} 0$. Unproblematisch bei linearen und quadratischen Funktionen, da explizit nach x auflösbar.

Bei Polynomen dritten oder höheren Grades:

– Entweder Ermittlung einer Nullstelle durch Ausprobieren und danach Reduzierung des Polynomgrades von n auf n-1 mittels Horner-Schema oder Polynomdivision.

– Falls „Probiermethode" nicht erfolgreich verläuft, Anwendung eines Näherungsverfahrens (z. B. Newton-Verfahren), anschließend weiter mit Horner-Schema.

  Bei Vorliegen einer nicht-rationalen Funktion ist die Gleichung durch geeignetes Potenzieren, Logarithmieren oder Wurzelziehen nach x aufzulösen, ansonsten wird ein Näherungsverfahren angewendet.

  Relevant ist die Nullstellenberechnung der Ursprungsfunktion insbesondere bei der Ermittlung der Gewinngrenzen (Nullstellen der Gewinnfunktion).

▶ **Extremwerte**

Zu lösen: $f'(x) \stackrel{!}{=} 0$ und Berechnung der kritischen Werte x* als Lösung dieser Gleichung.

Falls $f''(x^*) < 0 \Rightarrow$ Maximum

Falls $f''(x^*) > 0 \Rightarrow$ Minimum

Bedarfsweise Berechnung der Funktionswerte $f(x^*)$.

Die Vorgehensweise zur Lösung der Gleichung $f'(x) = 0$ erfolgt wie unter „Nullstellen" dargestellt.

Relevant ist die Extremwertbestimmung für ökonomische Probleme „aller Art" (z. B. Umsatzmaximum, Gewinnmaximum, Betriebsoptimum, Betriebsminimum, Produktivitätsmaximum)

▶ **Wendepunkte**

Zu lösen ist $f''(x) \stackrel{!}{=} 0$ und Berechnung der kritischen Werte x_w als Lösung dieser Gleichung.

Falls $f'''(x_w) \neq 0 \Rightarrow$ Wendepunkt an x_w liegt vor.

Falls $f'''(x_w) = 0 \Rightarrow$ keine Aussage ist möglich.

Bedarfsweise Berechnung der Funktionswerte $f(x_w)$.

▶ **Monotonie** (nicht immer relevant)

In welchem Bereich verläuft die Funktion monoton steigend ($f'(x) > 0$) und in welchem Bereich monoton fallend ($f'(x) < 0$)?

▶ **Krümmung** (nicht immer relevant)

In welchem Bereich verläuft die Funktion konvex ($f''(x) > 0$) und in welchem Bereich konkav ($f''(x) < 0$)?

▶ **Elastizitäten** (nicht immer relevant)

Wie stark ist das Ausmaß der relativen Änderung von f bei relativer Änderung von x? Die Berechnung erfolgt durch Aufstellen der Elastizitätsfunktion $\varepsilon_{f,x}$: $\varepsilon_{f,x} = f'(x) \cdot \frac{x}{f(x)}$.

▶ **Graphische Darstellung**

Abschließendes Schaubild der Funktion oder der Funktionen in einem Koordinatensystem.

3.3.7 Ausgewählte ökonomische Anwendungsbeispiele

Die wichtigsten ökonomischen Funktionen haben wir bereits kennen gelernt und an einem Zahlenbeispiel erörtert. Ziel dieses Kapitels ist es, die an verschiedenen Stellen aufgetauchten Funktionen nun „einzusammeln" und in kompakter Form im ökonomischen Gesamtzusammenhang zu präsentieren.

▶ **Umsatzmaximierung**

Die Zielsetzung der Umsatzmaximierung ist dem Absatzbereich zuzuordnen. Es geht um die Frage, welche Menge eines Gutes im Markt abgesetzt werden soll bzw. welcher Preis zu fordern ist, damit der Umsatzerlös maximal wird. Dazu ist vorauszusetzen, dass es einen Zusammenhang zwischen Stückpreis und Nachfrage (Absatz) gibt. Dieser Zusammenhang präsentiert sich in Gestalt einer Preis-Absatz-Funktion $p(x)$ oder $x(p)$, vor allem im Angebotsmonopol. Der Umsatz ergibt sich sodann als Funktion $U(x) - x \cdot p(x)$ oder $U(p) = x(p) \cdot p$. Hat der Unternehmer dagegen keinen Preisgestaltungsspielraum (p fix), wie es typischerweise im Polypol der Fall ist, dann lautet die Umsatzfunktion einfach $U(x) = p \cdot x$, d. h. der Umsatz steigt proportional mit der abgesetzten Menge.

Im Fall einer (in der Regel monoton fallenden) Preis-Absatz-Funktion konkurrieren die Größen Preis und Absatzmenge miteinander und können zu einem optimalen Kompromiss geführt werden (Umsatzmaximum).

Beispiel:

Den Preis für ein Produkt kalkuliert ein monopolistischer Unternehmer mit folgender Preis-Absatz-Funktion:

$p(x) = -x + 20$ (Ökonomisch sinnvoller Definitionsbereich: $0 \le x \le 20$)

Die Umsatzfunktion lautet: $U(x) = p \cdot x = p(x) \cdot x = (-x + 20) \cdot x = -x^2 + 20x$.

Die Umsatzfunktion ist eine nach unten geöffnete Parabel mit den Nullstellen $x = 0$ und $x = 20$. Die Grenzerlösfunktion $U'(x) = -2x + 20$ ist eine lineare, monoton fallende Funktion. Notwendige Bedingung für ein Umsatzmaximum: $U'(x) = 0 \Leftrightarrow -2x + 20 = 0 \Leftrightarrow \underline{x^* = 10}$..

Hinreichende Bedingung: $U''(x^*) < 0$; $U''(x) = -2 < 0 \Leftrightarrow$ Maximum an $x^* = 10$.

$U^* = U(x^*) = U(10) = 100$ GE.

Die drei Funktionen $U(x)$, $U'(x)$ und $p(x)$ sind in Abbildung 46 verdeutlicht.

Abbildung 46: Funktionen U(x), U'(x) und p(x)

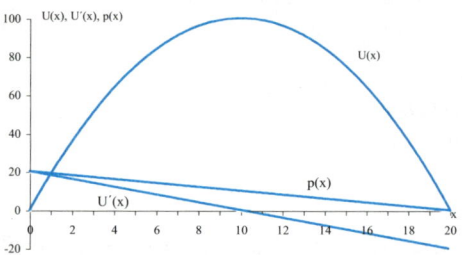

▶ **Gewinnmaximierung (Cournot'scher Punkt)**

Das folgende Modell zur Gewinnmaximierung geht auf den französischen Mathematiker und Nationalökonom COURNOT (1801–1877) zurück. Wir knüpfen an die Preis-Absatz-Funktion des vorangegangenen Beispiels an und fragen uns, ob der Unternehmer im Umsatzmaximum auch sein Gewinnmaximum erzielt. Die Antwort lautet „nein", denn für die Ermittlung des Gewinns sind die Herstellungskosten mit ins Kalkül zu ziehen. Bevor wir das obige Beispiel unter Einbeziehung von Kosten weiterführen, wollen wir die Überlegung in allgemeiner Form anstellen.

Gewinn = Umsatzerlöse – Kosten bzw. $G(x) = U(x) - K(x)$

Ableitung der Gewinnfunktion: $G'(x) = U'(x) - K'(x)$

Notwendige Bedingung für ein Gewinnmaximum: $G'(x) = 0 \Leftrightarrow U'(x) - K'(x) = 0$

$\Leftrightarrow \boxed{U'(x) = K'(x)}$ bzw. $\boxed{\text{Grenzerlös = Grenzkosten}}$

Das Gewinnmaximum liegt also an der Stelle, an der Umsatzfunktion und Kostenfunktion dieselbe Steigung haben. Da $U'(x) = 0$ die notwendige Bedingung für ein Umsatzmaximum ist, wären Umsatz- und Gewinnmaximum nur identisch, wenn $K'(x) = 0$ gelten würde. Dies ist aber in aller Regel nicht der Fall, denn die Kostenfunktion ist üblicherweise monoton steigend ($K'(x) > 0$).

Beispiel:

Der Unternehmer (Monopolist) aus dem obigen Beispiel produziere mit progressiv ansteigenden variablen Kosten und Fixkosten von 70 GE. Die Kostenfunktion laute: $K(x) = 0,1x^2 + 70$
Die Grenzkostenfunktion ist dann: $K'(x) = 0,2x$.

Graphisch können wir die gewinnmaximale Absatzmenge aus dem Schnittpunkt von $U'(x)$ und $K'(x)$ ermitteln ($U'(x) = K'(x)$).

Zur exakten Berechnung stellen wir zunächst die Gewinnfunktion auf:

$G(x) = U(x) - K(x) = -x^2 + 20x - (0,1x^2 + 70) = -1,1x^2 + 20x - 70$.

Die Gewinn*grenzen* ermitteln wir aus der Bedingung mit Hilfe der Lösungsformel für quadratische Gleichungen (abc-Formel):

$x_{01,02} = \dfrac{-20 \pm \sqrt{20^2 - 4 \cdot (-1,1) \cdot (-70)}}{2 \cdot (-1,1)} = \dfrac{-20 \pm \sqrt{92}}{-2,2}$, somit $\underline{x_{01} = 4,731}$ und $\underline{x_{02} = 13,45}$.

Der Gewinnbereich lautet: $4,731 < x < 13,45$.

Das Gewinn*maximum* berechnen wir aus der Bedingung $G(x) = 0$. Es muss innerhalb des Gewinnbereichs liegen.

$G'(x) = -2,2 \cdot x + 20$; $-2,2 \cdot x + 20 = 0 \Leftrightarrow \underline{x^{**} = 9,09}$.

Die hinreichende Bedingung ist wegen $G''(x) = -2,2$ (< 0) erfüllt.

Der maximale Gewinn beträgt $G^{**} = G(x^{**}) = G(9,09) = 20,91$.

Der vom Unternehmer zu fordernde Preis für das Erreichen des Gewinnmaximums ergibt sich durch Einsetzen in die Preis-Absatz-Funktion: $p(9,09) = \underline{p^{**} = 10,91}$..

Der gewinnmaximale Preis wird auch als **Cournot-Preis** bezeichnet. Der Punkt $(x^{**}; p^{**})$ auf der Preis-Absatz-Funktion heißt **Cournot'scher Punkt**.

Abbildung 47 verdeutlicht noch einmal alle relevanten Funktionen sowie den Cournot'schen Punkt.

Abbildung 47: Bestimmung des Cournot'schen Punktes

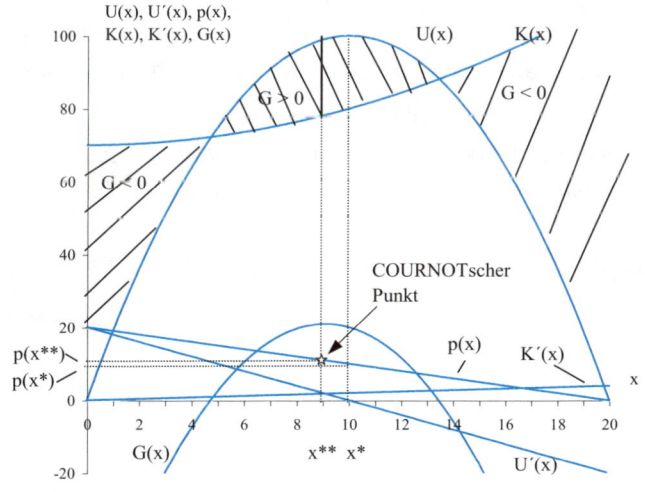

Ergänzung:

Befindet sich der Anbieter in einem Markt mit vollständiger Konkurrenz, so wird der Preis p als „vom Markt vorgegeben", also als fixe Größe angenommen. Damit ergibt sich für die Gewinnfunktion $G(x) = p \cdot x - K(x)$ und als notwendige Bedingung für ein Gewinnmaximum $G'(x) = p - K'(x) \overset{!}{=} 0$ bzw. $\boxed{p = K'(x)}$. Der Anbieter erzielt also sein Gewinnmaximum, wenn gilt: **Preis = Grenzkosten**.

▶ **Optimale Bestellmenge**

Im folgenden Modell geht es um ein Problem aus der Beschaffungsplanung. Güter, die nicht selbst produziert werden, müssen zugekauft und zur Überbrückung der Zeit zwischen Beschaffung und Verwendung/Auslieferung gelagert werden. Dabei entstehen neben den unmittelbaren Beschaffungskosten (=Menge mal Einstandspreis) zwei Kategorien von Kosten:

– **Bestellfixe Kosten** (Mittelbare Beschaffungskosten): Sie variieren nicht mit der Bestellmenge, sondern fallen pro Bestellvorgang an. Es handelt sich hier um die Kosten der Einkaufsabteilung, der Güterannahme und -prüfung.

– **Lagerkosten**: Sie hängen vom mengen- und wertmäßigen Lagerbestand und von der Lagerdauer ab. Es handelt sich vor allem um die Zinskosten für das gebundene Kapital, Raumkosten und Versicherungskosten.

Diese beiden Kostenkategorien stehen in Konflikt zueinander:

– Um die bestellfixen Kosten niedrig zu halten, sollten möglichst wenige Bestellungen aufgegeben werden. Dies impliziert aber **große** Bestellmengen.

– Um die Lagerkosten niedrig zu halten, sollten die Lagerbestände klein gehalten werden. Dieses Ziel führt jedoch zu häufigen Bestellungen und folglich zu **kleinen** Bestellmengen.

Das Ziel besteht darin, einen optimalen Kompromiss zwischen diesen beiden konfliktären Zielsetzungen herbeizuführen. Das Ergebnis ist die optimale Bestellmenge, die wir berechnen wollen.

Um das Lagerhaltungsmodell überschaubar zu halten, treffen wir folgende vereinfachende Annahmen:

i)   linearer, über die Zeit konstanter Lagerabgang,

ii) „sofortige" Lagerauffüllung, wenn der Lagerbestand auf Null gesunken ist.

Abbildung 48: Einfaches Lagerhaltungsmodell

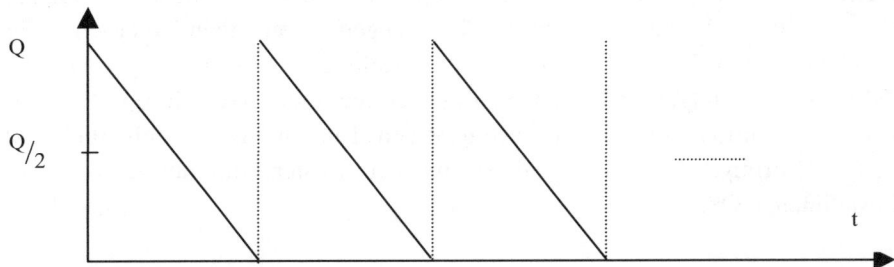

Gesucht ist die Bestellmenge Q, bei der die Gesamtkosten pro Jahr minimal werden.

Abkürzungen: B Jahresbedarf $[^{ME}/_{Jahr}]$ gegeben

l Lagerstückkosten pro Jahr $[^{GE}/_{Stück}$ und Jahr]

(=Zins- und Lagerkostensatz mal Stückpreis)   gegeben

K_f Bestellfixe Kosten pro Bestellung $[^{GE}/_{Bestellung}]$ gegeben

Q Bestellmenge $[^{ME}/_{Bestellung}]$ unbekannt

Q* optimale Bestellmenge   unbekannt

z Anzahl der Bestellungen im Jahr   unbekannt

K Gesamtkosten pro Jahr   unbekannt

Aufstellen der Kostenfunktion:

K = Lagerkosten pro Jahr   + Bestellfixe Kosten pro Jahr

= Lagerstückkosten · Ø-Lagerbestand   + Kosten pro Bestellung · Anzahl
                                                                 Bestellungen

$= 1 \cdot \frac{Q}{2}$ $+ \ K_f \cdot z$

Ferner gilt: $B = z \cdot Q \Leftrightarrow z = \frac{B}{Q}$

Einsetzen führt auf: $K = K(Q) = 1 \cdot \frac{Q}{2} + K_f \cdot \frac{B}{Q}$ Gesamtkosten pro Jahr (Zielfunktion)

Es handelt sich um eine nur von Q abhängige Funktion. Alle anderen Größen (l, K_f, B) sind bekannte Parameter.

Notwendige Bedingung für Minimum: $K'(Q) = 0$

$K'(Q) = \frac{l}{2} - \frac{K_f \cdot B}{Q^2}$; $K'(Q) = 0 \Leftrightarrow \frac{l}{2} - \frac{K_f \cdot B}{Q^2} = 0 \Leftrightarrow Q^2 = \frac{2 \cdot K_f \cdot B}{l}$

$$\Rightarrow \boxed{Q^* = \sqrt{\frac{2 \cdot K_f \cdot B}{l}}}$$ „Andler'sche Bestellmengenformel"

Hinreichende Bedingung für Minimum: $K''(Q^*) > 0$

$K''(Q) = \frac{2 \cdot K_f \cdot B}{Q^3} > 0$, da alle Größen $> 0 \Rightarrow$ Es liegt Minimum vor.

Die Abbildung (49) veranschaulicht das Optimierungsproblem. Die variablen Lagerkosten pro Jahr ($1 \cdot \frac{Q}{2}$) haben einen in Abhängigkeit der Bestellmenge Q linear ansteigenden Verlauf, denn mit zunehmendem Bestellvolumen und damit zunehmendem Lagerbestand nimmt entsprechend das gebundene Kapital zu. Die bestellfixen Kosten pro Jahr ($K_f \cdot \frac{B}{Q}$) dagegen zeigen einen hyperbelförmig abnehmenden Verlauf, denn je höher die Bestellmenge, umso geringer sind die Zahl der Bestellungen und zwangsläufig auch die bestellfixen Kosten. Die graphische Addition der beiden gegenläufigen Kurven ergibt schließlich die „schüsselförmige" Gesamtkostenkurve mit dem Kostenminimum bei Wahl der Bestellmenge Q*.

Abbildung 49: Kostenverläufe im Lagerhaltungsmodell

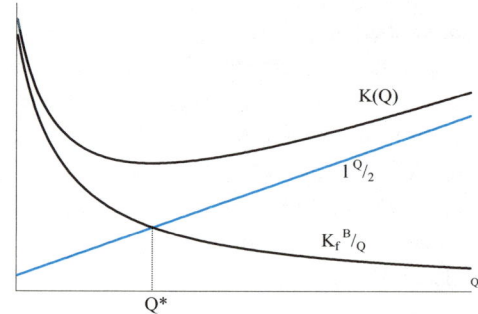

Die Graphik weist darauf hin, dass das Minimum genau am Schnittpunkt der beiden Kostenkurven erreicht wird. Dies wird formal deutlich, wenn wir uns noch einmal die Optimalitätsbedingung betrachten: $\frac{1}{2} = \frac{K_f \cdot B}{Q^2} = 0$. Multiplizieren wir die Gleichung mit Q und stellen um, erhalten wir: $\frac{1}{2} \cdot Q = \frac{K_f \cdot B}{Q}$, d. h. im Optimum sind variable Lagerkosten pro Jahr und bestellfixe Kosten pro Jahr identisch.

Ein zu dem Modell zur Bestellmengenplanung ähnliches Modell gibt es zur Losgrößenplanung bei Eigenfertigung. Dabei geht es um die Frage, wie viel Mengeneinheiten eines Gutes in wie viel Produktionszyklen getätigt werden sollen. An die Stelle der bestellfixen Kosten treten dabei die Rüstkosten. Die Denk- und Vorgehensweise dieses Modells ist ansonsten identisch mit dem Modell zur Berechnung der optimalen Losgröße und wird deshalb hier nicht weiter behandelt.

Beispiel:

Ein Unternehmen habe einen Materialbedarf von 400.000 Stück im Jahr. Das durch die Lagerung gebundene Kapital wird mit 1.000 GE pro Stück kalkuliert. Der jährliche Zins- und Lagerkostensatz betrage 10 %. Pro Bestellung einer Charge des Materials fallen an bestellfixen Kosten 8.000 GE an. Welche Stückzahl sollte bestellt und wie viel Bestellungen im Jahr sollten getätigt werden?

Lösung:

Aus der Aufgabenstellung können wir entnehmen: M=400.000 Stück, B=8.000 GE und $1 = 1.000 \cdot 0,1 = 100 GE$. Das Einsetzen in die Formel führt uns auf die optimale Bestellmenge: $Q^* = \sqrt{\frac{2 \cdot 400.000 \cdot 1.000}{100}} = \underline{8.000 \text{ Stück}}$. Die Anzahl der Bestellungen beträgt folglich $z = \frac{400.000}{8.000} = \underline{50}$, d. h. rund eine Bestellung pro Woche.

Die minimalen Kosten betragen:

$K^* = K(Q^*) = 100 \cdot 4.000 + 8.000 \cdot 50 = 400.000 + 400.000 = \underline{800.000 \text{ GE}}$.

▶ **Betriebsoptimum und Betriebsminimum**

Das **Betriebsoptimum** wird bei der Produktionsmenge erzielt, bei der die **Gesamtkosten pro Stück minimal** sind. Unter dem **Betriebsminimum** versteht man das **Minimum der variablen Stückkosten**.

Beispiel:

Gegeben sei die ertragsgesetzliche Kostenfunktion: $K(x) = 0,25x^3 - 3x^2 + 16x + 64$.

Gesucht sind das Betriebsoptimum und das Betriebsminimum sowie der Wendepunkt der Kostenfunktion.

Lösung:

Betriebsoptimum:

Zunächst stellen wir die zu minimierende Stückkostenfunktion auf:

$\frac{K(x)}{x} = k(x) = 0,25x^2 - 3x + 16 + \frac{64}{x}$

$k'(x) = 0,5x - 3 - \frac{64}{x^2}$. $k'(x) = 0$ führt auf: $0,5x^3 - 3x^2 - 64 = 0 \Leftrightarrow x^3 - 6x^2 - 128 = 0$.

Wir suchen ganzzahlige Lösungen als Teiler von 128 und starten mit einem Lösungsversuch bei $x = 8$:

	1	-6	0	128
x = 8	--	8	16	128
	1	2	16	0

Damit ergibt sich folgende Gleichung: $(x - 8) \cdot \underbrace{(x^2 + 2x + 16)}_{\substack{! \\ = 0}} = 0$.

$x = 8 = x_{opt}$ ist der einzige Lösungskandidat, da der verbleibende quadratische Ausdruck für nicht-negative x-Werte (≥ 0) niemals Null werden kann.

Hinreichende Bedingung: $k''(8) > 0$.

$k''(x) = 0,5 + \frac{128}{x^3}$ (>0 für $x \geq 0$) $\Rightarrow$ Minimum an $x = 8$.

Bei einer Produktionsmenge von $x = 8$ produziert der Unternehmer zu minimalen Stückkosten. Die minimalen Stückkosten betragen $k_{opt} = k(8) = 16$ ME.

Betriebsminimum:

Die zu minimierende Funktion der variablen Stückkosten lautet:

$$\frac{K_v(x)}{x} = k_v(x) = 0{,}25x^2 - 3x + 16$$

$$k_v'(x) = 0{,}5x - 3 \overset{!}{=} 0 \Leftrightarrow \underline{\underline{x_{min} = 6}}$$

$$k_v''(x) = 0{,}5 \ (>0) \Rightarrow \text{Minimum an } x = 6. \quad k_{min} = k(6) = 7$$

Wendepunkt:

Der Wendepunkt der ertragsgesetzlichen Kostenfunktion ist zugleich das **Minimum der Grenzkosten**.

$$K'(x) = 0{,}75x^2 - 6x + 16 \ , \ K''(x) = 1{,}5x - 6 \ , \ K'''(x) \ 1{,}5 \geq 0$$
$$K''(x) = 0 \text{ bzw. } 1{,}5x - 6 = 0 \Leftrightarrow \underline{x_w = 4}.$$

Die Analyse führt also auf die kritischen Werte $x_{opt} = 8$, $x_{min} = 6$ und $x_w = 4$, d. h. es gilt die Relation $x_w < x_{min} < x_{opt}$.

Abbildung 50: Betriebsoptimum und Betriebsminimum

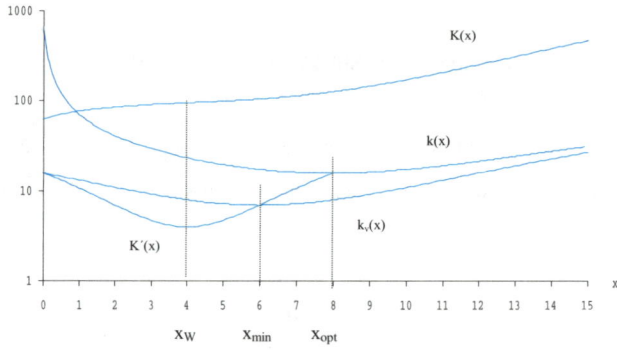

▶ **Ertragsgesetzliche Produktionsfunktion und Produktivitätsmaximum**

Beispiel:

In einem Produktionsprozess lasse sich die Ausbringungsmenge (Output) bei Variation einer Inputgröße durch folgende ertragsgesetzliche Produktionsfunktion darstellen:

$$x(r) = -\frac{1}{20} \cdot r^3 + \frac{3}{5} \cdot r^2 \ (r{>}0) \qquad \begin{array}{l} r\text{: Einsatzmenge} \\ x\text{: mengenmäßiger Ertrag (Output)} \end{array}$$

Gesucht sind

– die kritischen Mengen maximalen Gesamtertrags und maximaler Produktivität,
– der Bereich positiver Erträge,
– die Bereiche positiver und negativer Grenzerträge,
– die Bereiche zunehmender und abnehmender Grenzerträge.

Lösung:

Maximaler Gesamtertrag:

$x'(r) = -\frac{3}{20}r^2 + \frac{6}{5}r.$ $x'(r) = 0 \Leftrightarrow r \cdot (-\frac{3}{20}r + \frac{6}{5}) = 0$

$r_1^* = 0 \ (\notin \mathbb{D}_f)$; $r_2^* = \frac{-\frac{6}{5}}{-\frac{3}{20}} = \frac{6 \cdot 20}{3 \cdot 5} = \frac{120}{15} = \underline{\underline{8.}}$

$x''(r) - \frac{6}{20}r + \frac{6}{5}$; $x''(r_2^*) = -1,2 \ (<0) \Rightarrow$ Maximum an $r = 8$. $x(8) = \underline{\underline{12,8}}$.

Maximale Produktivität:

Die Produktivitätsfunktion lautet: $\frac{x(r)}{r} = -\frac{1}{20}r^2 + \frac{3}{5}r$

Notwendige Bedingung für das Produktivitätsmaximum: $(\frac{x(r)}{r})' = 0$.

$(\frac{x(r)}{r})' = -\frac{1}{10} \cdot r + \frac{3}{5} \overset{!}{=} 0 \Leftrightarrow r^*_{prod} = \frac{\frac{3}{5}}{\frac{1}{10}} = \underline{\underline{6}}$.

$(\frac{x(r)}{r})'' = -\frac{1}{10} \ (<0) \Rightarrow$ Maximum an $r = 6$. $\frac{x(6)}{6} = \underline{\underline{1,8}}$.

Den gesuchten Wert kann man auch graphisch recht anschaulich ermitteln, und zwar mit Hilfe eines so genannten **Fahrstrahls**. Ein Fahrstrahl ist eine vom Nullpunkt ausgehende Halbgerade. Wir wählen dazu einen beliebigen Fahrstrahl, der die Ertragskurve im aufsteigenden Teil der Funktion durchstößt (vgl. Abb. 51). Die Steigung des Fahrstrahls ist gerade das Verhältnis von Gegenkathete zu Ankathete (Tangens des Steigungswinkels), also $^{x(r)}/_r$. Die Steigung des Fahrstrahls entspricht somit dem Wert der Produktivität. Folglich ist das Produktivitätsmaximum an der Stelle erreicht, an der die Steigung des Fahrstrahls maximal wird. Der Fahrstrahl mit maximaler Steigung ist gerade die *Tangente* an die Ertragsfunktion, der entsprechende Punkt auf der Produktivitätsfunktion ist das Produktivitätsmaximum.

Abbildung 51: Fahrstrahlanalyse

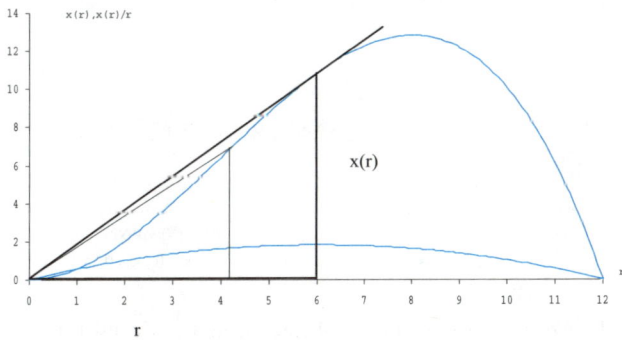

Bereich positiver Gesamterträge:

$x(r) > 0 \Leftrightarrow \underbrace{r^2}_{>0} \cdot \underbrace{(-\frac{1}{20}r + \frac{6}{5})}_{>0,\, \text{falls}\, -\frac{1}{20}r + \frac{6}{5} > 0} > 0 \quad -\frac{1}{20}r + \frac{6}{5} > 0 \Leftrightarrow \underline{\underline{r < 12}}$.

Bereich positiver und negativer Grenzerträge:

Bedingung für positive Grenzerträge: $x'(r) > 0$

Bedingung für negative Grenzerträge: $x'(r) < 0$

$x'(r) > 0 \ (< 0) \iff \underset{> 0}{\underbrace{r}} \cdot \underbrace{(-\tfrac{3}{20}r + \tfrac{6}{5})}_{\substack{> 0,\, \text{falls} -\frac{3}{20}r + \frac{6}{5} > 0 \\ < 0,\, \text{falls} -\frac{3}{20}r + \frac{6}{5} < 0}} > 0 \ \ (< 0)$

Bereich positiver Grenzerträge (monoton steigend): $-\tfrac{3}{20}r + \tfrac{6}{5} > 0$ bzw. $\underline{\underline{r < 8}}$
Bereich negativer Grenzerträge (monoton fallend): $-\tfrac{3}{20}r + \tfrac{6}{5} < 0$ bzw. $\underline{\underline{r > 8}}$

Bereich steigender und fallender Grenzerträge:
Bedingung für steigende Grenzerträge: $x''(r) > 0$
Bedingung für fallende Grenzerträge: $x''(r) < 0$
$x''(r) > 0 \ (< 0) \iff -\tfrac{3}{10}r + \tfrac{6}{5} > 0 \ (< 0)$

Bereich steigenderGrenzerträge (konvex): $\underline{\underline{r < 4}}$
Bereich fallender Grenzerträge (konkav): $\underline{\underline{r > 4}}$

An der Schnittstelle zwischen konvexem und konkavem Verlauf ($x''(r) = 0$) liegt folglich der **Wendepunkt** der Ertragsfunktion, d. h. $r_w = 4$.
Die Analyseergebnisse können wir folgendermaßen zusammenfassen:
$0 < r < 4$ positive Erträge, positive, steigende Grenzerträge
$4 < r < 8$ positive Erträge, positive, fallende Grenzerträge
$8 < r < 12$ positive Erträge, negative, fallende Grenzerträge

Außerdem gilt: $r_w < r^*_{prod} < r^*$, d. h. das Produktivitätsmaximum liegt zwischen Wendepunkt und Ertragsmaximum.

Abbildung 52: Analyse der ertragsgesetzlichen Produktionsfunktion

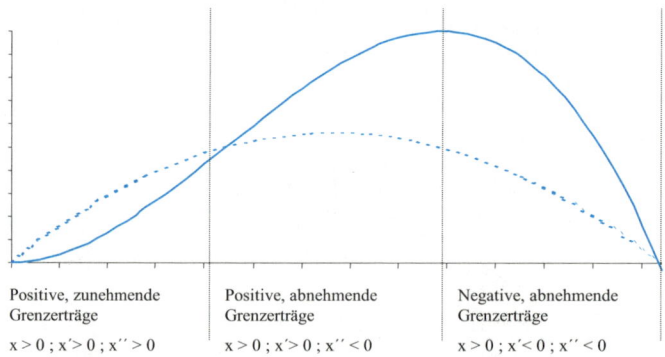

Positive, zunehmende Grenzerträge   Positive, abnehmende Grenzerträge   Negative, abnehmende Grenzerträge
$x > 0 ; x' > 0 ; x'' > 0$ $x > 0 ; x' > 0 ; x'' < 0$ $x > 0 ; x' < 0 ; x'' < 0$

Aufgabe 69: Ein monopolistischer Anbieter eines beliebig teilbaren Gutes beschreibt die Abhängigkeit der Kosten von der hergestellten Menge x mit der folgenden Funktion K:
K: $K(x) = 0{,}3x^3 - 1{,}8x^2 + 5x + 30$
Die Preis-Absatz-Funktion p lautet folgendermaßen:
$p(x) = -0{,}9x + 15$
Berechnen Sie die Grenzen der Gewinnzone!

Aufgabe 70: Ein Handelsunternehmen bietet Computer an und stellt bezüglich der Preisfindung folgende Kalkulation an:

▶ Bei einem Preis von 2.000 GE ist in einem Monat mit einer Verkaufszahl von 600 Stück zu rechnen.

▶ Bei einem Preis von 2.400 GE rechnet man dagegen nur mit 520 verkauften Stück.

a) Berechnen Sie für beide Konstellationen die im Monat erzielbaren Umsatz-erlöse!

b) Das Unternehmen unterstellt eine lineare Preis-Absatz-Funktion p(x), wie sie unten skizziert ist. Die beiden in a) dargestellten Preis-Mengen-Kombi-nationen liegen auf dieser Geraden. Ermitteln Sie die Funktionsgleichung p(x) der Preis-Absatz-Funktion!

c) Stellen Sie die Umsatzfunktion auf und berechnen Sie die umsatzmaximale Absatzmenge x* , den im Umsatzmaximum zu fordernden Preis p* sowie den maximalen Umsatz U*!

d) Bestimmen Sie die Preiselastizität der Nachfrage im Umsatzmaximum!

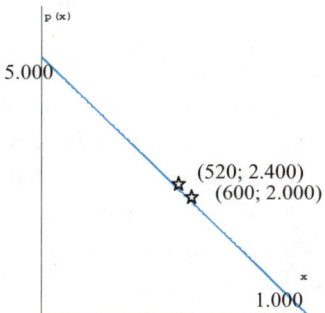

Aufgabe 71: Ein Unternehmer habe ein Monopol auf ein bestimmtes Produkt, für das er eine Preis-Absatz-Funktion x(p) = a + b · p (a > 0, b < 0) veranschlagt. Der aktuelle Stückpreis für dieses Produkt betrage p=20 GE, die Absatzmenge zu diesem Preis betrage x= 10 ME. Ferner habe die Elastizität der nachgefrag-ten Menge bezüglich des Preises beim Preis p=20 GE den Wert $\varepsilon_{x,p}$=−1.

a) Was bedeutet es ökonomisch, dass die Elastizität der nachgefragten Menge bezüglich des Preises den Wert −1 hat?

b) Ermitteln Sie aus den vorliegenden Angaben die Parameter a und b und stel-len Sie die Preis-Absatz-Funktion auf!

c) Der Unternehmer hat seine Absatzerwartungen noch einmal modifiziert und geht nun von folgender Preis-Absatz-Funktion aus: $x(p) = -\frac{2}{3} \cdot p + \frac{70}{3}$. Stellen Sie die Funktion x(p) in der Form p(x) dar und ermitteln Sie die Umsatz-funktion sowie den Preis, mit dem der Unternehmer seinen Umsatz maxi-miert!

d) Der Unternehmer sieht sich in seinem Produktionsprozess folgender Kostenfunktion gegenüber: $K(x) = 0,1x^3 - 2,7x^2 + 28,7x + 27$. Erläutern Sie den Begriff des Betriebsminimums und berechnen Sie die Stückzahl, bei der der Unternehmer im Betriebsminimum produziert!

e) Der Produktionsleiter behauptet, sein Betriebsoptimum läge bei $x=14,172$ ME. Zeigen Sie, dass er Recht hat.

f) Unterstellen Sie eine Preis-Absatz-Funktion $p(x) = -1,5x + 35$ und stellen Sie auf Basis der in d) gegebenen Kostenfunktion die Gewinnfunktion auf und berechnen Sie die Gewinngrenzen x_{01} und x_{02}!

g) Berechnen Sie auf Basis der in f) aufgestellten Gewinnfunktion die Stückzahl x^{**} und den dazugehörigen Preis p^{**}, bei der der Unternehmer seinen Gewinn maximiert!

Aufgabe 72: Ein Unternehmer habe ein Monopol auf ein bestimmtes Produkt, für das er eine Preis-Absatz-Funktion $p(x) = 15 - x$ (p: Stückpreis in GE, x: verkaufte Menge in ME) veranschlagt. Außerdem unterstellt er einen ertragsgesetzlichen Verlauf für die Kostenfunktion, die folgende Funktionsvorschrift aufweist:

$K(x) = 0,05x^3 - 0,8x^2 + 7,25x + 7,5$ $x \geq 0$.

a) Berechnen Sie den Wendepunkt der Kostenfunktion $(x_W, K(x_W))$!

b) Skizzieren Sie den Verlauf der Kostenfunktion in einem Koordinatensystem! Markieren Sie den Bereich *degressiv* steigenden Verlaufs und den Bereich *progressiv* steigenden Verlaufs von $K(x)$!

c) Berechnen Sie die Produktionsmenge x_{Bmin}, bei der der Unternehmer sein Betriebsminimum erzielt!

d) Zeigen Sie, dass das Betriebsoptimum x_{Bopt} den (auf drei Dezimalstellen gerundeten) Wert $x=8,939$ annimmt! Zeigen Sie ferner, dass die Funktion der durchschnittlichen Gesamtkosten kein weiteres Minimum mehr besitzt!

e) Stellen Sie obige Preis-Absatz-Funktion in der Form $x(p)$ auf und berechnen Sie die Nachfrageelastizität des Preises für $p = 7,5$ GE!

f) Berechnen Sie die Menge x^*, bei der der Unternehmer seinen maximalen Umsatz erzielt!

g) Stellen Sie die Gewinnfunktion auf und berechnen Sie die Gewinngrenzen x_{01} und x_{02}!

h) Berechnen Sie auf Basis der in g) aufgestellten Gewinnfunktion die Stückzahl x^{**} und den dazugehörigen Preis p^{**}, bei der der Unternehmer seinen Gewinn maximiert!

Aufgabe 73: Ein Unternehmer verkauft sein Produkt zum Stückpreis von $p = 3$ GE. Die Gesamtkosten der Produktion lassen sich in Abhängigkeit der hergestellten Menge (=verkauften Menge) x durch folgende Funktion beschreiben: $K(x) = -2 \cdot (1 - x)^3 + 4 \quad x \geq 0$.

a) Wie hoch sind die Fixkosten?

b) Berechnen Sie den Wendepunkt der Kostenfunktion $(x_W, K(x_W))$! Wie hoch sind die Grenzkosten am Wendepunkt und wie nennt man im mathematischen Sinne diesen Punkt?

c) Berechnen Sie näherungsweise das Betriebsoptimum x_{Bopt} mit dem Newton-Verfahren! Wählen Sie als Startwert $x=2$ und führen Sie 2 Iterationsschritte durch!

d) Berechnen Sie die Gewinngrenzen x_{01} und x_{02} !

e) Berechnen Sie die Menge x^*, bei der Unternehmer seinen Gewinn maximiert!

Aufgabe 74: Gegeben sei die ertragsgesetzliche Produktionsfunktion $x(r) = -0,15r^3 + 2r^2 + 12r$

r: Einsatzfaktormenge (Input), x: Ausbringungsmenge (Output).

a) Berechnen Sie den Bereich positiver Ausbringungsmenge (d. h. die Nullstellen der Funktion) und legen Sie anschließend den Definitionsbereich fest!

b) Berechnen Sie die Zonen steigenden und fallenden Outputs sowie steigender und fallender Grenzerträge !

c) Skizzieren Sie die Funktion in einem Koordinatensystem!

Aufgabe 75: Für ein Massengut besteht in einem Unternehmen ein Jahresbedarf von 100.000 Stück. Das Unternehmen kann diesen Bedarf durch periodische Bestellzyklen decken. Die bestellfixen Kosten betragen 1.250 GE pro Bestellung. Die Ware wird nach Eingang auf Lager genommen (variable Lagerkosten seien 10 GE pro Stück und Jahr) und linear über die Zeit verbraucht. Nach Erreichen eines Lagerbestands von 0 wird annahmegemäß das Lager „sofort" auf den Bestand Q aufgefüllt.

a) Stellen Sie die Kostenfunktion in Abhängigkeit von Q auf, in der die variablen Lagerkosten und die bestellfixen Kosten für das gesamte Jahr erfasst werden!

b) Berechnen Sie die optimale Bestellmenge Q^* und die Zahl der Bestellungen pro Jahr!

4. Differentialrechnung für Funktionen mit mehreren unabhängigen Veränderlichen

Lehrziele

Nach Durcharbeiten dieses Kapitels sollen die Studierenden

▶ das Prinzip der partiellen Ableitung kennen und partielle Ableitungen berechnen können,

▶ in der Lage sein, Extremwertaufgaben ohne Nebenbedingungen zu bearbeiten,

▶ befähigt sein, eine Extremwertaufgabenstellung mit Nebenbedingungen in einem mathematischen Ansatz zu formulieren,

▶ das Lagrange-Verfahren und die Substitutionsmethode als Lösungsverfahren zur Berechnung von Extremwertaufgaben mit Nebenbedingungen beherrschen.

4.1 Partielle Ableitung

Im vorangegangenen Kapitel hatten wir uns ausschließlich mit Funktionen bei *einer* unabhängigen Veränderlichen beschäftigt. Das heißt: Die Kenntnis einer Variablen bestimmt den Wert der Funktion. Viele reale Erscheinungsformen sind jedoch multifaktorell, d. h. ihr Wert bestimmt sich erst durch die Kenntnis mehrerer Parameter, z. B.:

▶ Die Fläche eines Rechtecks ist eindeutig durch die Größen „Länge" und „Breite" bestimmt.

▶ Das aufgezinste Vermögen nach n Jahren bei vorgegebenem Anfangsvermögen hängt von den zwei Parametern „Zinssatz" und „Laufzeit" ab.

▶ Der Umsatz eines Unternehmers errechnet sich aus den Größen „Stückpreis" und „Menge".

▶ Die Herstellung eines Produkts bestimmt sich nicht aus einer einzigen „Zutat", sondern aus einer bestimmten Anzahl verschiedener Produktionseinsatzfaktoren.

Diese Zusammenhänge lassen sich mit Hilfe von Funktionen mit mehreren unabhängigen Veränderlichen darstellen, z. B.:

▶ $f(L; B) = L \cdot B$ Fläche eines Rechtecks („Länge" mal Breite")

▶ $K_n = f(i; n) = K_0 \cdot (1 + i)^n$ Aufgezinstes Vermögen bei gegebenem Anfangsvermögen in Abhängigkeit der Parameter i (Zinssatz) und n (Laufzeit in Jahren)

▶ $U(p; x) = p \cdot x$ Umsatzerlös als Produkt aus Stückpreis p und Absatzmenge x

▶ $x(r_1, \ldots, r_n)$ Ausbringungsmenge (Output) eines Produkts als Ergebnis der Kombination der Einsatzmengen (Inputs) $r_1, \ldots, r_n$

Die allgemeine Schreibweise für Funktionen mit n Veränderlichen lautet:
$f(x_1, \ldots, x_n)$

Für den Fall zweier unabhängiger Variablen (n = 2) schreiben wir:
$f(x_1; x_2)$ oder $z = f(x; y)$.

Im Folgenden werden wir uns vorwiegend auf den Fall mit zwei unabhängigen Variablen konzentrieren. Dieser (einfachste) Fall hat den Vorteil, dass er noch graphisch und damit anschaulich darstellbar ist. Dabei bildet jeder Punkt (x_0; y_0)einen Punkt in der x-y-Ebene. Der z-Wert ist dann der Bildpunkt im dreidimensionalen Raum.

Die folgende Abbildung zeigt den Graph der Funktion $f(L; B) = L \cdot B$ (=Länge mal Breite) zur Flächenberechnung eines Rechtecks.

Abbildung 53: Dreidimensionale Darstellung der Funktion f(x; y)

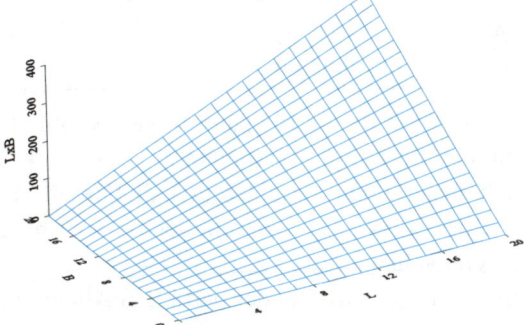

Wir wollen nun die Funktion $f(x_1, \ldots x_n)$ und insbesondere die Funktion f(x; y) ableiten. Bei einer Funktion f(x) war die Situation eindeutig: f'(x) war die Steigung der Tangente in y-Richtung (nach oben oder unten), wenn man sich in x-Richtung (nach rechts oder links) bewegt. Befindet sich der Punkt (x; y) jedoch in einer Ebene, das Bild der Funktion im dreidimensionalen Raum, so können wir uns – ausgehend von einem Punkt – in jede beliebige Himmelsrichtung bewegen.

Abbildung 54: Partielle Ableitung

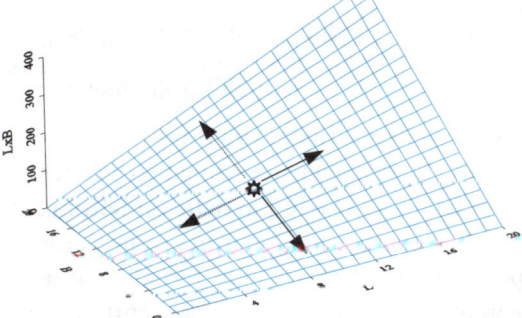

Die dargestellte Abbildung lässt sich mit einem schräg aufgespannten Segeltuch vergleichen. Ein Käfer, der sich auf diesem Tuch befindet, lässt sich zwar durch seine (x; y; z)-Koordinate eindeutig lokalisieren. Nicht eindeutig jedoch ist die Richtung, in die er sich bewegen wird.

Aus der unendlichen Vielzahl möglicher Richtungen wollen wir zwei Richtungen herausgreifen, nämlich die x-Richtung (parallel zur x-Achse) und die y-Richtung (parallel zur y-Achse). Wir untersuchen also die Funktion in x-Richtung und in y-Richtung. Dieser Vorgang heißt **partielle Ableitung**.

Prinzip der partiellen Ableitung:
Bis auf eine Variable werden alle Variablen konstant gehalten, und nur nach dieser Variablen wird gemäß den Ableitungsregeln für Funktionen mit einer unabhängigen Veränderlichen abgeleitet.

Wenn wir also eine Funktion $f(x_1, \ldots x_n)$ partiell nach x_1 ableiten wollen, so betrachten wir gedanklich die übrigen Variablen $x_2, \ldots, x_n$ als konstant und leiten „wie gewohnt" nach dieser einen Variablen (x_1) ab. Diesen Vorgang führen wir analog für die Variablen $x_2, x_3, \ldots, x_n$ durch, sodass wir insgesamt n partielle Ableitungen zu berechnen haben.

Geometrisch interpretiert legen wir bei der partiellen Ableitung nach x und Vorliegen einer Funktion $f(x; y)$ eine senkrechte Schnittebene parallel zur x-Achse, während wir bei der partiellen Ableitung nach y eine senkrechte Schnittebene parallel zur y-Achse legen.

Die partiellen Ableitungen benötigen wir bei der Extremwertbestimmung.

Schreibweise für die erste partielle Ableitung:
Gegeben sei eine Funktion $f(x_1, \ldots x_n)$. Dann schreiben wir:

Erste partielle Ableitung nach x_1: f_{x_1} oder $\frac{\delta f}{\delta x_1}$

$\vdots$

Erste partielle Ableitung nach x_n: f_{x_n} oder $\frac{\delta f}{\delta x_n}$

Insgesamt sind somit n erste partielle Ableitungen zu berechnen.

Spezialfall n = 2
Gegeben Funktion $f(x; y)$:   Erste partielle Ableitung nach x: f_x oder $\frac{\delta f}{\delta x}$

Erste partielle Ableitung nach y: f_y oder $\frac{\delta f}{\delta y}$

Schreibweise für die zweite partielle Ableitung:
Für den Nachweis der hinreichenden Bedingung bei der Extremwertbestimmung benötigen wir auch die **zweite partielle Ableitung**. Bei einer Funktion mit n unabhängigen Veränderlichen gibt es n^2 zweite partiellen Ableitungen zu berechnen. Im Spezialfall n = 2 sind es vier partielle zweite Ableitungen, nämlich zweimal hintereinander nach x bzw. y, zunächst nach x und anschließend nach y sowie zunächst nach y und anschließend nach x.

Falls eine Funktion $f(x_1, \ldots x_n)$ gegeben ist mit den ersten partiellen Ableitungen $f_{x_1}, \ldots, f_{x_n}$, so schreiben wir allgemein für die zweite partielle Ableitung:

$f_{x_i x_j} (x_1, \ldots x_n)$ $i, j = 1, \ldots, n$

Spezialfall n = 2

Gegeben Funktion $f(x; y)$ mit partiellen ersten Ableitungen $f_x(x; y)$ und $f_y(x; y)$:

Zweite partielle Ableitung, zweimal nach x: f_{xx} oder $\dfrac{\delta^2 f}{\delta x^2}$

Zweite partielle Ableitung, zweimal nach y: f_{yy} oder $\dfrac{\delta^2 f}{\delta y^2}$

Zweite partielle Ableitung, zunächst nach x, dann nach y: f_{xy} oder $\dfrac{\delta^2 f}{\delta x \delta y}$

Zweite partielle Ableitung, zunächst nach y, dann nach x: f_{yx} oder $\dfrac{\delta^2 f}{\delta y \delta x}$

Für die zweite partielle Ableitung gilt dabei folgende **wichtige Regel**:

Es gilt stets $f_{x_i y_j} = f_{y_j x_i}$ $i, j = 1, \dots, n$

bzw. für n = 2: $f_{xy} = f_{yx}$

Es führt also zu demselben Ergebnis, ob wir zuerst nach x und dann nach y oder zunächst nach y und anschließend nach x ableiten. Im Fall n = 2 sind also nur drei verschiedene zweite partielle Ableitungen zu berechnen, nämlich f_{xx}, f_{yy} und f_{xy} $(= f_{yx})$.

Beispiele:

1. Fläche eines Rechtecks mit den Maßen L (Länge) und B (Breite), L > 0, B > 0.
    $f(L; B) = L \cdot B$
    Erste partielle Ableitungen: $f_L(L; B) = B$ und $f_B(L; B) = L$.
    Zweite partielle Ableitungen: $f_{LL}(L; B) = 0$, $f_{BB}(L; B) = 0$, $f_{LB}(L; B) = f_{BL}(L; B) = 1$.
    Interpretation von $f_L(L; B)$: Erhöht man bei Konstanz der Breite die Länge um eine geringfügig kleine Einheit, so erhöht sich die Fläche um den Wert B. Entsprechende Interpretation für f_B.

2. $f(x; y) = -x^2 + 6x - y^2 + 6y + 2$
    $ = -(x^2 - 6x + 9) - (y^2 - 6y + 9) + 20$
    $ = -(x - 3)^2 - (y - 3)^2 + 20$
    $ = -[(x - 3)^2 + (y - 3)^2] + 20$
    $f_x(x; y) = -2x + 6$ u. $f_y(x; y) = -2y + 6$
    $f_{xx}(x; y) = -2$, $f_{yy}(x; y) = -2$
    $f_{xy}(x; y) = f_{yx}(x; y) = 0$.

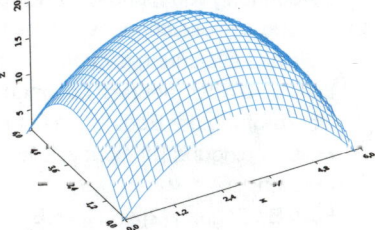

$f(x; y) = z = -x^2 + 6x - y^2 + 6y$

3. $f(x; y) = 2x^2 + 4y^2 - 4xy - 2y$
    $f_x(x; y) = 4x - 4y$
    und $f_y(x; y) = 8y - y - 2$
    $f_{xx}(x; y) = 4$, $f_{yy}(x; y) = 8$,
    $f_{xy}(x; y) = f_{yx}(x; y) = -4$.

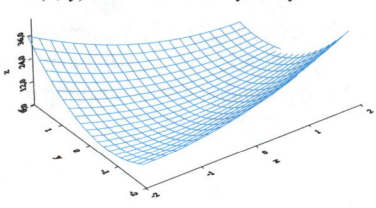

$f(x; y) = z = 2x^2 + 4y^2 - 4xy - 2y$

4.2 Extremwertbestimmung ohne Neben-
bedingungen

Auch für Funktionen mit mehreren Veränderlichen können Maxima oder Minima bestimmt werden. Wir werden uns dabei auf den geometrisch noch darstell-
baren Fall mit zwei unabhängigen Veränderlichen beschränken.

Für die Berechnung und für den Nachweis eines Extremwerts oder mehrerer
Extremwerte ist folgende Regel anzuwenden:

Extremwertbestimmung bei zwei Veränderlichen:
Gegeben ist eine Funktion $z = f(x; y)$ mit den ersten partiellen Ableitungen
f_x $(x; y)$ und f_y $(x; y)$ sowie den zweiten partiellen Ableitungen
f_{xx} $(x; y)$, f_{yy} $(x; y)$ und f_{xy} $(x; y)$.
Dann gilt:
$f(x; y)$ hat an der Stelle $(x^*; y^*)$ einen Extremwert, falls [1] **und** [2] erfüllt
sind:
[1] $\mathbf{f_x(x^*; y^*) = 0}$ und $\mathbf{f_y(x^*; y^*) = 0}$
[2] $\mathbf{f_{xx}(x^*; y^*) \cdot f_{yy}(x^* ; y^*) > [f_{xy}(x^* ; y^*)]^2}$
[3a] Falls $\mathbf{f_{xx}(x^*; y^*) < 0}$ und $\mathbf{f_{yy}(x^*; y^*) < 0}$ ⇒ **Maximum an $(x^*; y^*)$**
[3b] Falls $\mathbf{f_{xx}(x^*; y^*) > 0}$ und $\mathbf{f_{yy}(x^*; y^*) > 0}$ ⇒ **Minimum an $(x^*; y^*)$**   (4.1)

Dieses Verfahren lässt sich „rezeptartig" anwenden, wie im Folgenden aufgeführt:

Praktisches Vorgehen bei der Extremwertbestimmung:
(1) Berechnung von f_x und f_y sowie von f_{xx}, f_{yy} und von f_{xy}.
(2) Lösung des Gleichungssystems $f_x = 0$ und $f_y = 0$.
   Falls das Gleichungssystem nicht lösbar ist ⇒ kein Extremwert.
   Falls eine oder mehrere Lösungen gefunden wurden ⇒ Schritt 3.
(3) Überprüfung der Bedingung [2]: $f_{xx} \cdot f_{yy} > f_{xy}^2$.
   Falls Bedingung [2] nicht erfüllt ⇒ kein Extremwert bzw. keine eindeutige Aussage
   möglich.
   Falls Bedingung [2] erfüllt ⇒ Extremwert liegt vor ⇒ Schritt 4.
(4) Überprüfung anhand der Bedingungen [3a] und [3b], ob Maximum oder Minimum
   vorliegt.
   $f_{xx} < 0$ und $f_{yy} < 0$ ⇒ Maximum
   $f_{xx} > 0$ und $f_{yy} > 0$ ⇒ Minimum.
(5) Gegebenenfalls Berechnung der Funktionswerte, also $f(x^*; y^*) = z^*$.

Beispiele:

Wir greifen auf die Beispiele aus 4.1 zurück.

1. $f(L; B) = L \cdot B$
   (1) $f_L(L; B) = B$ und $f_B(L;B) = L$, $f_{LL}(L;B) = 0$, $f_{BB}(L;B) = 0$, $f_{LB}(L;B)=f_{BL}(L; B) = 1$
   (2) Als rechnerische einzige Lösung aus $f_L = 0$ und $f_B = 0$ ergibt sich der Punkt $(L^*; B^*) = (0;0)$.
   (3) Bedingung [2], $0 \cdot 0 > 1$, ist jedoch verletzt $\Rightarrow$ kein Extremwert.

2. $f(x; y) = -x^2 + 6x - y^2 + 6y - 18$
   (1) $f_x = -2x + 6$ und $f_y = -2y + 6$, $f_{xx} = -2$, $f_{yy} = -2$, $f_{xy} = f_{yx} = 0$.
   (2) $f_x = 0 \Leftrightarrow -2x + 6 = 0 \Leftrightarrow x^* = 3$; $f_y = 0 \Leftrightarrow -2y + 6 = 0 \Leftrightarrow y^* = 3$
   (3) $-2 \cdot (-2) > 0$ ist erfüllt $\Rightarrow$ Extremwert existiert.
   (4) $f_{xx} = -2 < 0$ und $f_{yy} = -2 < 0 \Rightarrow$ Maximum an $(x^*; y^*) = (3; 3)$
   (5) Funktionswert $f(x^*; y^*) = z^* = 0$

3. $f(x; y) = 2x^2 + 4y^2 - 4xy - 2y$
   (1) $f_x = 4x - 4y$ und $f_y = 8y - y - 2$, $f_{xx} = 4$, $f_{yy} = 8$, $f_{xy} = f_{yx} = -4$.
   (2) $f_x = 0 \Leftrightarrow 4x - 4y \quad = 0$
   $\quad\quad f_y = 0 \Leftrightarrow \underline{-4x + 8y - 2 = 0}$
   $\quad\quad\quad\quad\quad\quad\quad 4y - 2 \quad\quad = 0 \Leftrightarrow y^* = \frac{1}{2}$ (Additionsverfahren)

$4x = 4 \cdot \frac{1}{2} = 2 \Leftrightarrow x^* = \frac{1}{2}$

Eindeutige Lösung des Gleichungssystems: $(x^*; y^*) = (\frac{1}{2}; \frac{1}{2})$

(3) Bedingung [2]: $4 \cdot 8 > (-4)^2$ ist erfüllt $\Rightarrow$ Extremwert existiert.
(4) $4 > 0$ und $8 > 0 \Rightarrow$ Minimum an $(x^*; y^*) = (\frac{1}{2}; \frac{1}{2})$
(5) $f(x^*; y^*) = z^* = -0,5$.

4.3 Extremwertbestimmung unter Nebenbedingungen

4.3.1 Aufgabenstellung

Viele wirtschaftliche Optimierungskalküle sind dadurch gekennzeichnet, dass eine oder mehrere Nebenbedingungen einzuhalten sind. Häufig wird das Extremierungsproblem erst *durch* die Nebenbedingungen sinnvoll.

Beispiele:

► Kostenminimierung bei vorgegebenem Produktionsniveau (Minimalkostenkombination),
► Maximierung der Produktionsmenge bei vorgegebenem Kostenbudget,
► Nutzenmaximierung bei vorgegebenem Budget.

Für alle diese Problemstellungen würde sich *ohne* Nebenbedingung *keine* sinnvolle Fragestellung ergeben. Beispielsweise würde man minimale Kosten per se durch $K = 0$ oder $K = K_{fix}$ (Produktionsverzicht) erreichen, bzw. maximaler Output oder maximaler Nutzen wäre jeweils bei ∞ erreicht. Erst *durch* die Annahme, *dass* man überhaupt produziert oder *dass* die Ressourcen (Budget) beschränkt sind, bekommt die Aufgabe ihren Sinn.

Auch hinter dem verbal ausformulierten **ökonomischen Prinzip** verbirgt sich ein Extremierungsproblem mit Nebenbedingung:
- Erzielung eines maximalen Ergebnisses (= Zielgröße) bei gegebenem Ressourceneinsatz (= Nebenbedingung) → **Maximalprinzip.**
- Erreichung eines vorgegebenen Ziels (= Nebenbedingung) bei minimalem Ressourceneinsatz (= Zielgröße) → **Minimalprinzip.**

Im Allgemeinen besteht ein Extremierungsproblem aus einer Zielfunktion und einer bestimmten Anzahl an Nebenbedingungen, die in Gleichungsform gegeben sind. Dabei ist es üblich, die Nebenbedingungen in der Form „= 0" darzustellen.

Ein Optimierungsproblem sieht in allgemeiner Form folgendermaßen aus:

Allgemeine Formulierung eines Optimierungsproblems:

Zielfunktion: $f(x_1, \ldots, x_n) \geq$ max! (Maximierungsproblem)

             oder $f(x_1, \ldots, x_n) \geq$ min! (Minimierungsproblem)

unter den m Nebenbedingungen

$$g_1(x_1, \ldots, x_n) = 0$$
$$\vdots$$
$$g_m(x_1, \ldots, x_n) = 0$$

Der einfachste Fall eines derartigen Optimierungskalküls liegt vor bei einer Zielfunktion mit *zwei* Veränderlichen (n = 2) und *einer* Nebenbedingung (m = 1).

Wir werden im Folgenden einige Anwendungen betrachten und dabei zwei Lösungsverfahren kennen lernen, das **Lagrange-Verfahren** und die **Substitutionsmethode**.

4.3.2 Lagrange-Verfahren

Die folgende Multiplikatorregel geht auf den französischen Mathematiker LAGRANGE (1736–1813) zurück und stellt ein einfaches, rezeptartig anzuwendendes Verfahren zur Lösung von Extremwertaufgaben unter Nebenbedingungen dar. Das **Lagrange-Verfahren** läuft nach folgenden Schritten ab:

LAGRANGE-Verfahren:

Schritt 1:
Aufstellen des Optimierungskalküls: $f(x_1, \ldots, x_n) \to$ max! (oder → min!)
unter den Nebenbedingungen $g_1(x_1, \ldots, x_n) = 0, \ldots, g_m(x_1, \ldots, x_n) = 0$.

Schritt 2:
Aufstellen der so genannten **Lagrange-Funktion**:

$L(x_1, \ldots, x_n, \lambda_1, \ldots, \lambda_m) = f(x_1, \ldots x_n) + \lambda_1 \cdot g_1(x_1, \ldots x_n) + \ldots + \lambda_m \cdot g_m(x_1, \ldots x_n)$

Die Symbole $\lambda_1, ..., \lambda_m$ (Lambda) werden als Lagrange-Multiplikatoren bezeichnet. Die Lagrange-Funktion ergibt sich also als Summe der Zielfunktion und der „=0" ge-setzten Nebenbedingungen, wobei jeder Nebenbedingung ein Lagrange-Multiplikator vorangestellt wird.

Schritt 3:
Berechnung und Nullsetzen der partiellen Ableitungen:

$$L_{x_1}(x_1,...x_n) = 0 \left.\vphantom{\begin{array}{c}a\\b\\c\end{array}}\right\} \text{n Gleichungen} \qquad L_{\lambda_1}(x_1,...x_n) = 0 \left.\vphantom{\begin{array}{c}a\\b\\c\end{array}}\right\} \text{m Gleichungen}$$

$$\vdots \qquad\qquad\qquad\qquad \vdots$$

$$L_{x_n}(x_1,...x_n) = 0 \qquad\qquad L_{\lambda_m}(x_1,...x_n) = 0$$

Es ergibt sich ein Gleichungssystem aus n+m Gleichungen und n+m Unbekannten. Die m Gleichungen entsprechen den Nebenbedingungen.

Schritt 4:
Auflösen des Gleichungssystems nach den gesuchten Variablen $x_1,...x_n$.

Hinweis:

Das Lagrange-Verfahren liefert nur die *notwendige* Optimalitätsbedingung, d. h. nach Absolvierung des Schritts 4 folgen keine weiteren Schritte. Der Nachweis der *hinreichenden* Bedingung (Nachweis, ob ein Minimum oder Maximum vorliegt) ist nicht möglich. In der Regel sind die Funktionen bereits so gegeben, dass man im Vorhinein weiß, dass ein Extremwert vorliegt und erkennt, ob es sich um ein Minimum oder Maximum handelt. Es geht also „nur" noch um die Berechnung der gesuchten Werte $x_1, ... x_n$.

Bei der Auflösung des Gleichungssystems eliminiert man praktischerweise zunächst die Lagrange-Multiplikatoren $\lambda_1, ... , \lambda_m$. Danach kann man die im Optimum gültigen Beziehungen zwischen den Werten $x_1, ... x_n$ und schließlich die Zahlenwerte $x_1, ... x_n$ bestimmen.

1. Beispiel:
Der Student Bruno Backe ernährt sich ausschließlich von Limonade und Pommes Frites. Seine Nahrungsmittel kauft er sich in der „Pommes-Bude" zu 1 € pro Flasche Limonade und 1,50 € pro Tüte Pommes Frites. Sein Tagesbudget, welches er auch voll ausnutzt, betrage 18 €. Bruno Backes individueller Nutzenindex lasse sich durch folgende Nutzenfunktion beschreiben:

$N(x_1; x_2) = x_1 \cdot x_2$ x_1: Konsummenge Limonade [Flaschen]

                           x_2: Konsummenge Pommes Frites [Tüten]

Zu bestimmen sind die Mengen x_1 und x_2, die Brunos Konsumnutzen maximieren.

Lösung:
Schritt 1:   Zielfunktion $N(x_1; x_2) = x_1 \cdot x_2 \rightarrow$ max!

                 Nebenbedingung $1 \cdot x_1 + 1,50x_2 = 18$ bzw. $x_1 + 1,5x_2 - 18 = 0$

Schritt 2:   Aufstellen der Lagrange-Funktion

                 $L(x_1, x_2, \lambda) = x_1 \cdot x_2 + \lambda \cdot (x_1 + 1,5x_2 - 18)$

Schritt 3:   Berechnung und Nullsetzen der partiellen Ableitungen

$$L_{x_1} = x_2 + \lambda \qquad \overset{!}{=} 0 \qquad (1)$$

$$L_{x_2} = x_1 + 1{,}5\lambda \qquad \overset{!}{=} 0 \qquad (2)$$

$$L_{\lambda} = x_1 + 1{,}5x_2 - 18 \qquad \overset{!}{=} 0 \qquad (3)$$

Schritt 4:   (1): $x_2 + \lambda = 0$ bzw. $\lambda = -x_2 \to (2)$

(2): $x_1 + 1{,}5 \cdot (-x_2) = 0$ bzw. $\underline{x_1 = 1{,}5x_2} \to (3)$

Im Optimum gilt also: $\frac{x_1}{x_2} = 1{,}5$, d. h. Bruno wird eineinhalb mal so viel Flaschen Limonade wie Tüten Pommes Frites konsumieren.

Um die Zahlenwerte für x_1 und x_2 zu erhalten, setzen wir in (3) ein, wobei wir x_1 durch $1{,}5x_2$ ersetzen:

(3): $1{,}5x_2{}^* + 1{,}5x_2{}^* = 18 \Leftrightarrow 3x_2{}^* = 18 \Leftrightarrow \underline{x_2{}^* = 6}$

$x_1{}^* = 1{,}5 \cdot x_2{}^* \Leftrightarrow \underline{x_1{}^* = 9}$

Bruno optimiert also seinen Konsumnutzen, wenn er täglich 9 Flaschen Limonade und 6 Tüten Pommes Frites konsumiert.

Die Lösung lässt sich auch graphisch veranschaulichen. Dazu werden die Nutzenfunktion und die Nebenbedingung jeweils nach x_2 aufgelöst:

$$N = x_1 \cdot x_2 \Leftrightarrow \underline{\underline{x_2 = \frac{N}{x_1}}} \quad \text{und} \quad x_1 + 1{,}5x_2 - 18 = 0 \Leftrightarrow \underline{\underline{x_2 = -\frac{1}{1{,}5}x_1 + 12}}$$

Die Nebenbedingung (Budgetrestriktion) wird durch eine monoton fallende Gerade dargestellt. Die Funktion $x_2 = \frac{N}{x_1}$ repräsentiert eine Schar von Hyperbeln, je nach Nutzenniveau N. Jede Hyperbel vereint alle x_1–x_2-Kombinationen mit jeweils identischem Nutzenniveau (**Iso-Nutzenkurven**). Zur graphischen Bestimmung des Optimums ist nun durch sukzessive Erhöhung des Nutzenwertes N die Iso-Nutzenkurve so weit nach „rechts oben" zu verschieben, dass die Gerade, die die Nebenbedingung repräsentiert, noch in wenigstens einem Punkt berührt wird (= Einhaltung der Nebenbedingung). Das Optimum ist diejenige Kombination ($x_1{}^*$; $x_2{}^*$), bei der die Iso-Nutzenkurve die Gerade berührt (Tangentialpunkt). Alle Iso-Nutzenkurven *oberhalb* der Tangentialkurve würden zwar ein höheres Nutzenniveau liefern, jedoch zugleich die Nebenbedingung verletzen (kein gemeinsamer Punkt mit der Geraden). Alle x_1-x_2-Kombinationen, die sich aus dem Schnittpunkt einer Iso-Nutzenkurve *unterhalb* der Tangentialkurve mit der Geraden ergeben, wären zwar zulässig (Einhaltung der Nebenbedingung), jedoch nicht optimal.

Abbildung 55: Graphische Lösung des Extremwertproblems mit 1 Nebenbedingung

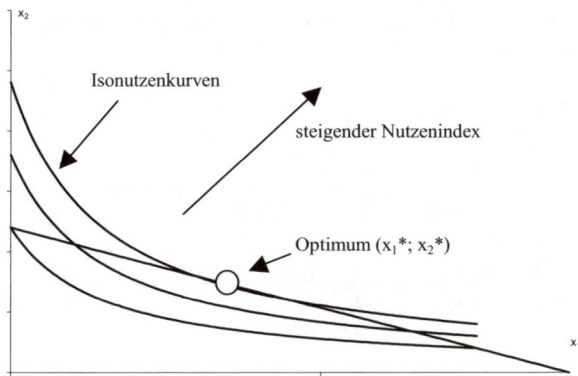

2. Beispiel: (Minimalkostenkombination)

Gegeben sei eine Produktionsfunktion vom Typ „COBB-DOUGLAS":

$$x = f(A;C) = A^{\frac{3}{4}} \cdot C^{\frac{1}{4}}$$

      x: Ausbringungsmenge (Output) [Mengeneinheiten]

      A: Input des Faktors Arbeit [Zeit- oder Leistungseinheiten]

      C: Input des Faktors Kapital [Mengeneinheiten]

Die Faktorpreise betragen: $p_A = 30\ ^{GE}/_{\text{Arbeitseinheit}}$ (Lohn)

                               $p_C = 10\ ^{GE}/_{\text{Kapitaleinheit}}$ (Zinsen)

$\Rightarrow$ Gesamtkosten: $K(A;C) = 30 \cdot A + 10 \cdot C$

Gesucht: Kostengünstigste Produktion von x = 100 Mengeneinheiten. Gesucht sind also die Einsatzmengen A und C, unter denen die Gesamtkosten minimal werden.

Lösung:

Schritt 1:   Zielfunktion $K = 30A + 10C \rightarrow$ min!

                    Nebenbedingung $A^{\frac{3}{4}} \cdot C^{\frac{1}{4}} - 100 = 0$

Schritte 2 und 3:

$$L(A;C;\lambda) = 30A + 10C + \lambda \cdot (A^{\frac{3}{4}} \cdot C^{\frac{1}{4}} - 100)$$

$$L_A = 30 + \frac{3}{4} \cdot \lambda \cdot A^{-\frac{1}{4}} \cdot C^{\frac{1}{4}} \qquad \overset{!}{=} 0 \qquad (1)$$

$$L_C = 10 + \frac{1}{4} \cdot \lambda \cdot A^{\frac{3}{4}} \cdot C^{-\frac{3}{4}} \qquad \overset{!}{=} 0 \qquad (2)$$

$$L_\lambda = A^{\frac{3}{4}} \cdot C^{\frac{1}{4}} - 100 \qquad \overset{!}{=} 0 \qquad (3)$$

Schritt 4:   (1): $-30 = \frac{3}{4} \cdot \lambda \cdot \frac{C^{\frac{1}{4}}}{A^{\frac{1}{4}}} \Leftrightarrow \lambda = -40 \cdot \frac{A^{\frac{1}{4}}}{C^{\frac{1}{4}}} \rightarrow (2)$

           (2): $10 + \frac{1}{4} \cdot (-40 \cdot \frac{A^{\frac{3}{4}}}{C^{\frac{1}{4}}}) \cdot \frac{A^{\frac{1}{4}}}{C^{\frac{3}{4}}} = 0 \Leftrightarrow 10 - 10 \cdot \frac{A}{C} = 0 \Leftrightarrow \underline{\underline{A = C}} \rightarrow (3)$

           (3): $A^{\frac{3}{4}} \cdot A^{\frac{1}{4}} = 100 \Leftrightarrow \underline{\underline{A^* = 100 = C^*}}$

           Minimale Gesamtkosten: $K = 30 \cdot 100 + 10 \cdot 100 = \underline{\underline{4.000\ GE}}$

3. Beispiel:

An einer Wand ist ein oben geöffneter, rechteckiger Abfallbehälter für 2 m³ Fassungsvermögen zu montieren. Welche Abmessungen sind für den geringsten Materialverbrauch zu wählen, wenn die an der Wand befindliche Fläche nicht zur Oberfläche gehört?

Lösung:

Schritt 1:   Zielfunktion: $O = ab + 2bc + ac \rightarrow$ min!

Nebenbedingung: $a \cdot b \cdot c - 2 = 0$

Schritte 2 und 3:

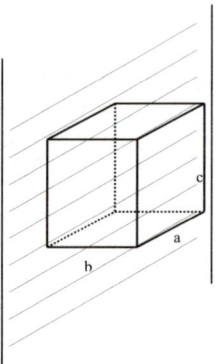

$$L(a, b, c, \lambda) = ab + 2bc + ac + \lambda \cdot (abc - 2)$$
$$L_a = b + c + \lambda bc \qquad = 0 \qquad (1)$$
$$L_b = a + 2c + \lambda ac \qquad = 0 \qquad (2)$$
$$L_c = 2b + a + \lambda ab \qquad = 0 \qquad (3)$$
$$L_\lambda = abc - 2 \qquad = 0 \qquad (4)$$

(1a): $\lambda = -\frac{b+c}{bc}$ (2a): $\lambda = -\frac{a+2c}{ac}$ (3a): $\lambda = -\frac{a+2b}{ab}$

Gleichsetzungsmethode: (1a) = (2a) bzw. $\lambda = \lambda$:

$$-\frac{b+c}{bc} = -\frac{a+2c}{ac} \Leftrightarrow ac \cdot (b+c) = bc \cdot (a+2c)$$

$\Leftrightarrow \cancel{abc} + ae^2 = \cancel{abc} + 2be^2 \Leftrightarrow \underline{a = 2b}$

(1a) = (3a) bzw. $\lambda = \lambda$:

$-\frac{b+c}{bc} = -\frac{a+2b}{ab} \Leftrightarrow ab \cdot (b+c) = bc \cdot (a+2b) \Leftrightarrow ab^2 + \cancel{abc} = \cancel{abc} + 2b^2c \Leftrightarrow \underline{a = 2c}$

Aus $a = 2b$ und $a = 2c$ folgt: $\underline{b = c.}$

Eingesetzt in (4): $(2c) \cdot c \cdot c = 2 \, [m^3] \Leftrightarrow 2 \cdot c^3 = 2 \Leftrightarrow c3 = 1 \, [m^3] \Leftrightarrow \boxed{c^* = 1 \, m}$

$\Rightarrow \boxed{b^* = 1 \, m}$ und $\boxed{a^* = 2 \, m}$.

4.3.3 Substitutionsmethode

Die Substitutionsmethode ist ein einfaches Verfahren, das angewendet werden kann, wenn nur eine Nebenbedingung sowie eine Zielfunktion mit nur zwei Variablen vorliegen.

1. Beispiel: (1. Beispiel aus Kapitel 4.3.2)

Zielfunktion: $N(x_1; x_2) = x_1 \cdot x_2 \rightarrow$ max!

Nebenbedingung: $1 \cdot x_1 + 1{,}50x_2 = 18$ bzw. $x_1 + 1{,}5x_2 - 18 = 0$

Wir lösen dazu die Nebenbedingung nach x_1 oder x_2 auf, hier nach x_1: $x_1 = 18 - 1{,}5x_2$, und ersetzen (substituieren) x_1 in der Zielfunktion. Die Zielfunktion wird damit zu einer Funktion mit (nur noch) 1 Veränderlichen und bekommt folgende Gestalt:

$N(x_2) = (18 - 1{,}5x_2) \cdot x_2 = 18x_2 - 1{,}5x_2^2$

Diese neue Zielfunktion können wir „wie gewohnt" behandeln gemäß den Regeln für Funktionen mit 1 unabhängigen Veränderlichen.

$N'(x_2) = 18 - 3x_2$. Aus $N'(x_2) = 0$ folgt: $18 - 3x_2 = 0 \Leftrightarrow \boxed{x_2^* = 6}$.

$N''(x_2) = -3 \, (<0) \Rightarrow$ Maximum bei $x_2 = 6$.

Einsetzen in die Nebenbedingung: $x_1^* = 18 - 1{,}5x_2^*$ bzw. $\boxed{x_1^* = 9}$.

2. Beispiel: (2. Beispiel aus Kapitel 4.3.2)

Zielfunktion: $\qquad$ $N(x_1; x_2) = x_1 \cdot x_2 \rightarrow$ max!

Nebenbedingung: $\qquad$ $1 \cdot x_1 + 1{,}50x_2 = 18$ bzw. $x_1 + 1{,}5x_2 - 18 = 0$

Wir lösen dazu die Nebenbedingung nach x_1 oder x_2 auf, hier nach x_1: $x_1 = 18 - 1{,}5x_2$, und ersetzen (substituieren) x_1 in der Zielfunktion. Die Zielfunktion wird damit zu einer Funktion mit (nur noch) 1 Veränderlichen und bekommt folgende Gestalt:

Zielfunktion: $\qquad$ $K = 30A + 10K \rightarrow$ min!

Nebenbedingung: $\qquad$ $A^{\frac{3}{4}} \cdot C^{\frac{1}{4}} - 100 = 0$

$$\Leftrightarrow C^{\frac{1}{4}} = \frac{100}{A^{\frac{3}{4}}} \mid^4 \quad \Rightarrow \quad C = \frac{100^4}{A^3} \quad \text{einzusetzen in Zielfunktion}$$

$$K(A) = 30A + 10 \cdot \frac{100^4}{A^3} \rightarrow \text{min!}$$

$$K'(A) = 30 - 3 \cdot 10 \cdot \frac{100^4}{A^4} \, . \quad K''(A) = 4 \cdot 3 \cdot 10 \cdot \frac{100^4}{A^5} \; (>0)$$

Aus $K'(A) = 0$ folgt: $30 = 30 \cdot \frac{100^4}{A^4} \Leftrightarrow A^4 = 100^4 \Rightarrow \boxed{A^* = 100}$.

$K^* = \frac{100^4}{100^3}$ bzw. $\boxed{K^* = 100}$.

Minimum wegen $K''(A) > 0$.

Aufgabe 76: Gegeben ist die Funktion $f(x, y) = (x - 2)^2 + (y - 2x)^2 + 8$.

a) Lösen Sie die Klammern nach den Regeln für die binomischen Formeln auf!

b) Berechnen Sie die ersten und zweiten partiellen Ableitungen dieser Funktion!

c) Bestimmen Sie aus den Optimalitätsbedingungen (Nullsetzen der ersten beiden partiellen Ableitungen) die kritischen Werte x^* und y^* und weisen Sie nach, ob es sich tatsächlich um einen Extremwert und – falls ja – um ein Minimum oder um ein Maximum handelt!

d) Berechnen Sie den Optimalwert $f(x^*; y^*)$!

Aufgabe 77: Zur Herstellung von Weingummi der Marke „Bärenspass" benötigt man einen Grundstoff der Menge x und einen Zusatzstoff der Menge y. Die zugehörige Produktionsfunktion lässt sich annähernd folgendermaßen darstellen:

$f(x; y) = -x^3 + 12xy - y^3 + 1.000$, x, y > 0.

a) Berechnen Sie die ersten und zweiten partiellen Ableitungen dieser Funktion!

b) Bestimmen Sie die Faktormengenkombination $(x^*; y^*)$, bei der die Produktion optimal wird und weisen Sie nach, dass es sich bei den gefundenen Werten tatsächlich um ein Maximum handelt!

Aufgabe 78: Eine Unternehmung produziere ein Gut gemäß folgender Produktionsfunktion:

$x = 100 \cdot A^{0,8} \cdot K^{0,2}$ (x: Output; A: Arbeitsinput; K: Kapitaleinsatz).

Pro Arbeitseinheit wird ein Lohn von 20 GE fällig, eine Kapitaleinheit verursacht 10 GE an Zinskosten.

Ermitteln Sie unter Anwendung des LAGRANGE-Ansatzes den kostengünstigsten Faktoreinsatz A* bzw. K* für einen vorgegebenen Output von 10.000 ME!

Aufgabe 79: Zur Herstellung von (oben offenen) zylindrisch geformten Altbiergläsern (vgl. Skizze) mit einem vorgegebenem Volumen von 0,25 Liter (=250 cm³) will das Herstellerunternehmen die Maße r (Radius) und h (Höhe) – jeweils in cm – so bestimmen, dass der Glasverbrauch (also die Oberfläche) minimal wird.

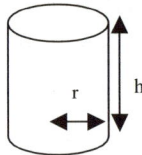

Hilfsformeln :

Umfang eines Kreises: $U = 2 \cdot \pi \cdot r$

Fläche eines Kreises: $A = \pi \cdot r^2$

Volumen eines Zylinders: $V = \text{Höhe} \cdot \text{Kreisfläche}$

($\pi \approx 3,1416$)

Der Boden ist doppelt verstärkt, d. h. es ist für die Rechnung ein *dreifacher* Boden anzusetzen.

Lösen Sie dieses Optimierungsproblem mit dem LAGRANGE-Verfahren und mit der Substitutions-Methode!

a) Stellen Sie das Optimierungsproblem – Zielfunktion und Nebenbedingung – formelmäßig auf!

b) Stellen Sie die LAGRANGE-Funktion auf und ermitteln Sie die Optimalitätsbedingungen (d. h. die =0 gesetzten partiellen Ableitungen)!

c) Berechnen Sie die Maße r* und h*(jeweils in cm), die zu einem minimalen Glasverbrauch führen sowie den optimalen Glasverbrauch G* (in cm²)!

Aufgabe 80: Zur Verpackung von losem Material wird ein geschlossener, quaderförmiger Pappkarton (quadratische Seitenfläche) mit **doppeltem Boden** benötigt (vgl. Skizze). Der Karton soll ein Volumen von 50 Litern (1 Liter = 1 dm³) haben.

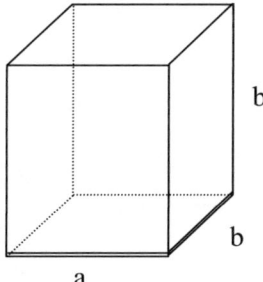

Gesucht sind die Abmessungen a und b (in dm), bei denen der Pappverbrauch P am niedrigsten ist.

Lösen Sie dieses Optimierungsproblem mit dem LAGRANGE-Verfahren!

a) Stellen Sie das Optimierungsproblem – Zielfunktion und Nebenbedingung-g(en) – auf!

b) Stellen Sie die LAGRANGE-Funktion auf und ermitteln Sie die Optimali-tätsbedingungen!

c) Berechnen Sie die Maße a* und b*, die zu einem minimalen Pappverbrauch führen sowie den optimalen Pappverbrauch P* (in dm^2)!

5. Lineare Algebra

Lehrziele

Nach Durcharbeiten dieses Kapitels sollen die Studierenden
▶ die Matrizeneigenschaften und Matrizenoperationen beherrschen,
▶ das Gauß'sche Eliminationsverfahren beherrschen,
▶ in der Lage sein, lineare Gleichungssysteme und deren wichtige ökonomische Anwendungen (wie z. B. Teilebedarfsrechnung, interne Leistungsverrechnung) zu lösen.

Im Folgenden wenden wir uns der Linearen Algebra, insbesondere der Matrizenrechnung zu. Die Matrizenrechnung erlaubt die Be- und Verarbeitung großer Datenmengen in kompakter und strukturierter Form. Da große Datenvolumina auch in der Betriebs- und Volkswirtschaft zu verarbeiten sind, findet die Matrizenrechnung in der Ökonomie entsprechende Anwendung. Tabellenkalkulationsprogramme (z. B. EXCEL), die unter anderem auch die Bearbeitung und Berechnung von Matrizen erlauben, gehören heute zum notwendigen Basiswerkzeug eines Absolventen der Betriebswirtschaft.

Wir wollen zunächst die wichtigsten Matrixbegriffe und -typen klären, um anschließend die Operationen mit Matrizen zu behandeln. Schließlich werden wir uns mit der Behandlung von linearen Gleichungssystemen sowie einigen Anwendungen in der Betriebswirtschaft (mehrstufige Produktionsprozesse, innerbetriebliche Leistungsverrechnung) beschäftigen.

5.1 Matrixbegriffe

Beispiel: Materialverflechtung
Gegeben sei ein Unternehmen, das drei ähnliche Produkte herstellt (E_1, E_2, E_3) und dafür zwei Materialarten (M_1 und M_2) benötigt. Die **Materialaufwandskoeffizienten**, d. h. die Materialmengen, die benötigt werden, um eine Einheit des Produkts E_j (j=1,2,3) zu produzieren, seien in dem folgenden **Gozinto-Graphen** dargestellt:

Abbildung 56: Gozinto-Graph

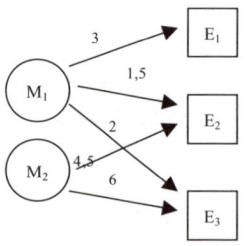

Beispielsweise werden zur Herstellung von 1 Stück bzw. 1 Mengeneinheit (ME) des Erzeugnisses E_2 1,5 ME des Materials M_1 benötigt.

Alternativ zu dem Gozinto-Graphen lassen sich die mengenmäßigen Verflechtungen zwischen dem Material und dem Erzeugnis auch in einer Zahlentabelle darstellen:

	E_1	E_2	E_3
M_1	3	1,5	2
M_2	0	4,5	6

Die Zahlen bilden ein rechteckiges Schema, das wir noch einmal vereinfachen wollen:

$$\begin{bmatrix} 3 & 1,5 & 2 \\ 0 & 4,5 & 6 \end{bmatrix}_{(2,3)}$$ Ein solches Schema heißt **Matrix**. Sie besteht aus 2 Zeilen und 3 Spalten.

Matrixbegriff:
Eine Matrix A ist ein rechteckiges Zahlenschema aus m Zeilen und n Spalten (m x n-Matrix oder auch (m,n)-Matrix).

$$A = \begin{bmatrix} a_{11} & a_{12} & \cdots & a_{1j} & \cdots & a_{1n} \\ a_{21} & a_{22} & \cdots & a_{2j} & \cdots & a_{2n} \\ \vdots & \vdots & & \vdots & & \vdots \\ a_{i1} & a_{i2} & \cdots & a_{ij} & \cdots & a_{in} \\ \vdots & \vdots & & \vdots & & \vdots \\ a_{m1} & a_{m2} & \cdots & a_{mj} & \cdots & a_{mn} \end{bmatrix}_{(m,n)}$$

Die **Elemente** einer Matrix A werden mit a_{ij} ($a_{ij} \in \mathbb{R}$) abgekürzt. Dabei bezeichnen der erste **Index** i $(i=1,...,m)$ die **Zeilennummer** und der zweite **Index** j $(j=1,...,n)$ die **Spaltennummer**.

Es ist üblich, die Matrizen mit Großbuchstaben (A, B, C ...) und die Elemente der Matrix mit den entsprechenden Kleinbuchstaben (a_{ij}, b_{ij}, c_{ij} ...) zu kennzeichnen.

Spezielle Matrizen

Es gibt einige spezielle Ausgestaltungsformen von Matrizen, von denen wir die wichtigsten hier vorstellen wollen:

i) **Quadratische Matrix**
Typ (n, n) , d. h. Zeilenzahl = Spaltenzahl
$$\begin{bmatrix} a_{11} & \cdots & a_{1n} \\ \vdots & \ddots & \vdots \\ a_{m1} & \cdots & a_{mn} \end{bmatrix}_{(n,n)}$$

ii) **Vektoren**
Matrix, die nur aus einer Zeile (**Zeilenvektor**) oder nur aus einer Spalte (**Spaltenvektor**) besteht.

$$\begin{bmatrix} a_1 & a_2 & \cdots & a_n \end{bmatrix}_{(1,n)} \qquad \text{Zeilenvektor} \quad (= (1,n)\text{-Matrix})$$

$$\begin{bmatrix} a_1 \\ a_2 \\ \vdots \\ a_m \end{bmatrix}_{(m,1)} \qquad \text{Spaltenvektor} \quad (= (m,1)\text{-Matrix})$$

iii) **Nullmatrix**

Matrix, deren Elemente alle Null sind.
$$\begin{bmatrix} 0 & \cdots & 0 \\ \vdots & \ddots & \vdots \\ 0 & \cdots & 0 \end{bmatrix}_{(n,n)} =: 0$$

Entsprechend: Nullvektor (alle Zeilen bzw. Spaltenelemente = 0)

iv) **Diagonalmatrix**

Matrix, deren sämtliche Elemente außerhalb der Diagonalen gleich Null sind und wenigstens ein Diagonalelement ≥ 0 ist. Die Diagonalmatrix ist zwingend quadratisch. z. B.:

$$D = \begin{bmatrix} a_{11} & 0 & \cdots & 0 & 0 \\ 0 & a_{22} & \cdots & 0 & 0 \\ \vdots & \vdots & \ddots & \vdots & \vdots \\ 0 & 0 & \cdots & a_{n-1n-1} & 0 \\ 0 & 0 & \cdots & 0 & a_{nn} \end{bmatrix}_{(n,n)} \qquad \text{z.B.: } D_{(3,3)} = \begin{bmatrix} 1 & 0 & 0 \\ 0 & 4 & 0 \\ 0 & 0 & 0 \end{bmatrix}_{(3,3)}$$

v) **Einheitsmatrix**
Diagonalmatrix, bei der alle Diagonalelemente = 1, alle Nicht-Diagonalelemente eine Einheitsmatrix sind; ist zwingend quadratisch.Schreibweise:

Schreibweise: E
$$E = \begin{bmatrix} 1 & 0 & \cdots & 0 & 0 \\ 0 & 1 & \cdots & 0 & 0 \\ \vdots & \vdots & \ddots & \vdots & \vdots \\ 0 & 0 & \cdots & 1 & 0 \\ 0 & 0 & \cdots & 0 & 1 \end{bmatrix}_{(n,n)}$$

Entsprechend: i-ter Einheitszeilenvektor (j-tes Zeilenelement =1, sonst 0) und j-ter Einheitsspaltenvektor (i-tes Spaltenelement =1, sonst 0).

vi) **Dreiecksmatrix**
Man unterscheidet obere Dreiecksmatrix und untere Dreiecksmatrix.
Obere Dreiecksmatrix: Alle Elemente **unterhalb** der Diagonalen sind gleich 0.
Untere Dreiecksmatrix: Alle Elemente **oberhalb** der Diagonalen sind gleich 0.z. B.:

$$\text{z.B.: } A_{(3,3)} = \begin{bmatrix} 1 & 2 & 3 \\ 0 & 4 & 5 \\ 0 & 0 & 6 \end{bmatrix}_{(3,3)} \qquad \text{obere Dreiecksmatrix}$$

$$B_{(3,3)} = \begin{bmatrix} 1 & 0 & 0 \\ 2 & 3 & 0 \\ 4 & 5 & 6 \end{bmatrix}_{(3,3)} \qquad \text{untere Dreiecksmatrix}$$

Eine Dreiecksmatrix ist zwingend quadratisch.

5.2 Matrizenoperationen

Matrizen sind als selbstständige mathematische Objekte aufzufassen, für die es eigene Rechenregeln gibt. Diese weichen jedoch zum Teil erheblich von den Rechenoperationen für reelle Zahlen $(+, -, \cdot, :)$ ab.

▶ **Transponieren** = Vertauschen von Zeilen und Spalten
Werden in einer Matrix $A_{(m,n)}$ die Zeilen mit den Spalten vertauscht, so entsteht die zu $A_{(m,n)}$ transponierte Matrix $A_{(n,m)}$. Damit wird aus einer m x n-Matrix eine n x m-Matrix. Das Matrixelement a_{ij} rückt in der transponierten Matrix an die Stelle a_{ji}. Es gilt: $\boxed{(A^T)^T = A}$, d. h. die transponierte Matrix erneut transponiert führt wieder auf die Ursprungsmatrix.

Beispiel:
Zwei Betriebe B_1 und B_2 stellen im 1. Halbjahr die Erzeugnisse E_1, E_2, E_3 mit folgenden Erzeugnismengen her:

	E_1	E_2	E_3
B_1	200	60	250
B_2	300	50	200
Σ	500	100	450

$\longrightarrow$

$$A = \begin{bmatrix} 200 & 60 & 250 \\ 300 & 50 & 200 \end{bmatrix}_{(2,3)}$$

Beispielsweise a_{11}: Betrieb 1 produziert 200 ME des Erzeugnisses E_1.

Alternative Darstellung:

	B_1	B_2	Σ
E1	200	300	500
E2	60	50	110
E3	250	200	450

$\longrightarrow$

$$A^T = \begin{bmatrix} 200 & 300 \\ 60 & 50 \\ 250 & 200 \end{bmatrix}_{(3,2)}$$

Beispielsweise a_{11}: Von E_1 werden 200 ME in Betrieb B_1 erzeugt.

▶ **Matrizenaddition und -subtraktion**
Matrizen werden addiert (subtrahiert), indem ihre entsprechenden Elemente addiert (subtrahiert) werden. Die Addition (Subtraktion) setzt voraus, dass die Matrizen vom gleichen Typ sind, d. h. Spaltenzahl und Zeilenzahl sind identisch.

Beispiel:
Produktionsmengen von Betrieb B_i (i=1,2) des Erzeugnisses E_j (j=1,2,3):

$$A = \begin{bmatrix} 200 & 60 & 250 \\ 300 & 50 & 200 \end{bmatrix}_{\substack{1.\ \text{Halbjahr} \\ (2,3)}} \quad B = \begin{bmatrix} 100 & 40 & 250 \\ 200 & 50 & 400 \end{bmatrix}_{\substack{2.\ \text{Halbjahr} \\ (2,3)}} \quad C = A + B = \begin{bmatrix} 300 & 100 & 500 \\ 500 & 100 & 600 \end{bmatrix}_{\substack{\text{Gesamtjahr} \\ (2,3)}}$$

Regeln für die Matrizenaddition und -subtraktion:

$A + B = B + A$	Kommutativgesetz	(5.1)
$A + (B + C) = (A + B) + C$	Assoziativgesetz	(5.2)
$(A + B)^T = A^T + B^T$		(5.3)

▶ **Multiplikation einer Matrix mit einem Skalar**

Ein Skalar ist – in Abgrenzung zur Matrix – eine beliebige reelle Zahl. Eine Matrix wird mit einem Skalar multipliziert, indem jedes Element mit diesem Faktor multipliziert wird.

Beispiel:

Gegeben seien die Produktionsmengen für das Gesamtjahr aus obigem Beispiel. Für das nächste Jahr sehe der Plan eine Produktionsmengensteigerung um durchgängig 20 % vor:

$$C = \begin{bmatrix} 300 & 100 & 500 \\ 500 & 100 & 600 \end{bmatrix}_{\substack{\text{Gesamtjahr} \\ (2,3)}} \qquad \widetilde{C} = C \cdot 1{,}2 = \begin{bmatrix} 360 & 120 & 600 \\ 600 & 120 & 720 \end{bmatrix}_{(2,3)}$$

▶ **Skalarprodukt zweier Vektoren**

Das Ergebnis der Multiplikation eines Zeilenvektors mit einem Spaltenvektor ist ein Skalar. Das Skalarprodukt errechnet sich aus der Summe der Produkte $a_j \cdot b_j$.

Falls ein Zeilenvektor $a^T = [a_1, \ldots, a_n]$ und ein Spaltenvektor $\begin{bmatrix} a_1 \\ \vdots \\ a_n \end{bmatrix}$ gegeben sind, dann gilt für das **Skalarprodukt**:

$$a^T \cdot b = [a_1, \ldots, a_n] \cdot \begin{bmatrix} a_1 \\ \vdots \\ a_n \end{bmatrix} = a_1 b_1 + a_2 b_2 + \ldots + a_n b_n = \sum_{j=1}^{n} a_j \cdot b_j \, . \tag{5.4}$$

Beispiel:

Um jeweils eine Einheit eines Erzeugnisses E_j $(j=1,2,3)$ zu produzieren, werden von dem Material M_1 folgende Mengen benötigt:

m_j $(j=1, 2, 3)$ Materialaufwandskoeffizient

x_j $(j=1, 2, 3)$ produzierte Stückzahlen von E_j pro Jahr

$$\underset{M_1}{\overset{E_1 \quad E_2 \quad E_3}{[16, 12, 25]}} \qquad \begin{matrix} E_1 \\ E_2 \\ E_3 \end{matrix} \begin{bmatrix} \overset{x_j}{800} \\ 200 \\ 1.100 \end{bmatrix} \begin{matrix} x_1 \\ x_2 \\ x_3 \end{matrix}$$

Gesucht: Gesamter Materialverbrauch über alle Erzeugnisarten:

$$m_G = m_1 x_1 + m_2 x_2 + m_3 x_3 = \sum_{j=1}^{3} m_j x_j = 12.800 + 2.400 + 27.500 = \underline{42.700}$$

▶ **Multiplikation von Matrizen**

Auch die Multiplikation ist für Matrizen möglich, jedoch erfolgt sie nicht – wie bei der Addition (Subtraktion) – komponentenweise. Die Matrizenmultiplikation baut auf dem Skalarprodukt auf. Sie ist bei großen Matrizen recht aufwändig, da man insgesamt m · n Skalarprodukte zu berechnen hat.

Beispiel:

Wir knüpfen an die Zahlenangaben des obigen Beispiels (Produktionsmengen der Erzeugnisse 1 bis 3) an und erweitern das Beispiel um die Stückzahlen weiterer zwei Jahre (T_1, T_2, T_3). Die Geschäftsleitung plane eine jährliche Produktionsmengensteigerung um 10 %, sodass sich für die Stückzahlen folgende Matrix X ergibt:

$$X = \begin{array}{c} E_1 \\ E_2 \\ E_3 \end{array} \begin{bmatrix} \overset{t_1}{x_{11}} & \overset{t_2}{x_{12}} & \overset{t_3}{x_{13}} \\ x_{21} & x_{22} & x_{23} \\ x_{31} & x_{32} & x_{33} \end{bmatrix}_{(3,3)} = \begin{array}{c} E_1 \\ E_2 \\ E_3 \end{array} \begin{bmatrix} \overset{T_1}{800} & \overset{T_2}{880} & \overset{T_3}{968} \\ 200 & 220 & 242 \\ 1.100 & 1.120 & 1.331 \end{bmatrix}_{(3,3)}$$

z.B. Herstellung von 242 ME des Erzeugnisses 2 im Jahr 3.

Damit ist eine Verknüpfung zwischen E und T hergestellt, also (E–T).

Der Materialverbrauch des Materials M_1 war gegeben durch den Vektor

$$M = \begin{array}{c} E_1 \\ E_2 \\ E_3 \end{array} \begin{bmatrix} \overset{M_1}{16} \\ 12 \\ 25 \end{bmatrix} \quad \text{bzw. durch } M^T = {}_{M_1} \overset{E_1\ E_2\ E_3}{[16, 12, 25]}.$$

Der Zeilenvektor stellt eine Verknüpfung zwischen dem Materialeinsatz und dem Erzeugnis E her, also (M–E).

Wir wollen nun den Materialverbrauch für die Jahre 1 bis 3 berechnen. Gesucht ist also eine Verkettung Material-Zeit, also (M–T). Dazu müssen wir den Vektor M^T mit dem Vektor X multiplizieren.

Es gilt: $M^T \cdot X = (\underbrace{M-E}_{\substack{\text{Verknüpfung}\\\text{Material mit}\\\text{Erzeugnis}}}) \cdot (\underbrace{E-T}_{\substack{\text{Verknüpfung}\\\text{Erzeugnis mit}\\\text{Zeit}}}) = M^T_{(1,3)} \cdot X_{(3,3)} = (MX)_{(1,3)}$

Ergebnis: Verknüpfung Material mit Zeit (M–T)

Den Matrizentyp, den man nach der Matrizenmultiplikation erhält, lässt sich anhand der beiden äußeren Zahlen im Index ablesen, also im Beispiel 1 und 3, d. h. man erhält eine (1,3)-Matrix bzw. einen Zeilenvektor mit 3 Spalten. Die beiden inneren Zahlen verdeutlichen die Verkettungsbedingung und müssen gleich sein, damit eine Matrizenmultiplikation überhaupt möglich ist (im Beispiel: 3).

Im Beispiel lässt sich die Multiplikation mit Hilfe des **Falk'schen Schemas** verdeutlichen. Dazu ordnen wir die zu verknüpfenden Matrizen (bzw. Vektoren) wie unten abgebildet an:

			800	880	968
			200	220	242
			1.100	1.210	1.331
16	12	25	42.700	46.970	51.667

Falk'sches Schema

Unter Verzicht auf das Falk'sche Schema hätten wir auch schreiben können:

$$M_1[16,12,25]_{(1,3)} \cdot \begin{matrix} E_1 \\ E_2 \\ E_3 \end{matrix} \begin{bmatrix} 800 & 880 & 968 \\ 200 & 220 & 242 \\ 1.100 & 1.120 & 1.331 \end{bmatrix}_{(3,3)} = M_1[42.700, 46.970, 51.667]_{(1,3)}$$

$$\qquad A \qquad\qquad \cdot \qquad\qquad B \qquad\qquad = \qquad\qquad C$$

Der Ergebnisvektor liefert uns den Gesamtmaterialbedarf für alle drei Erzeugnisse jeweils über die Jahre 1 bis 3.

Wir wollen das Beispiel nochmals erweitern, und zwar um eine zweite Materialart M_2. Die Materialbedarfsmatrix der Materialien M_1 und M_2 für die Produkte E_1, E_2 und E_3 sehe folgendermaßen aus:

$$\begin{matrix} M_1 \\ M_2 \end{matrix} \begin{bmatrix} 16 & 12 & 25 \\ 15 & 0 & 13 \end{bmatrix}_{(2,3)} \cdot \begin{matrix} E_1 \\ E_2 \\ E_3 \end{matrix} \begin{bmatrix} 800 & 880 & 968 \\ 200 & 220 & 242 \\ 1.100 & 1.120 & 1.331 \end{bmatrix}_{(3,3)} = \begin{matrix} M_1 \\ M_1 \end{matrix} \begin{bmatrix} 42.700 & 46.970 & 51.667 \\ 26.300 & 28.930 & 31.823 \end{bmatrix}_{(2,3)}$$

$$M_{(2,3)} \qquad\qquad \cdot \qquad\qquad X_{(3,3)} \qquad\qquad = \qquad\qquad MX_{(2,3)}$$

$$\text{bzw. } A \qquad\qquad \cdot \qquad\qquad B \qquad\qquad = \qquad\qquad C$$

Alternative Darstellung mit dem Falk'schen Schema:

			800	880	968
			200	220	242
			1.100	1.210	1.331
16	12	25	42.700	46.970	51.667
15	0	13	26.300	28.930	31.823

Beispielsweise ergibt sich der Ergebniswert $c_{(2,3)}$, 31.823, als Skalarprodukt aus der 2. Zeile der Matrix A mit der 3. Spalte der Matrix B.

Jeder Ergebniswert in der Ergebnismatrix C an der Stelle ij ist das Ergebnis des Skalarprodukts zwischen der i-ten Zeile der Matrix A und der j-ten Spalte der Matrix B. Insgesamt sind also $m \cdot n$ Skalarprodukte zu berechnen.

Im Folgenden sind einige wichtige Regeln zur Matrizenmultiplikation zusammengestellt:

Rechenregeln der Matrizenmultiplikation:	
i) $(A \cdot B) \cdot C = A \cdot (B \cdot C) = A . B \cdot C$	(5.5)
ii) $A \cdot (B + C) = A \cdot B + A \cdot C$	(5.6)
iii) $A \cdot E = E \cdot A = A$	(5.7)
iv) $A.0 = 0 \cdot A = 0$	(5.8)
v) $A \cdot B \geq B \cdot A$ (Kommutativgesetz gilt *nicht*!)	(5.9)
vi) $(A \cdot B)^T = B^T \cdot A^T$	(5.10)
vii) Aus $A \cdot B = 0$ folgt nicht zwingend: $A = 0$ oder $B = 0$.	(5.11)

Beispiel zu vi):

$$A = \begin{bmatrix} 1 & 2 \\ 3 & 4 \end{bmatrix} \quad B = \begin{bmatrix} 2 & 3 \\ 4 & 5 \end{bmatrix} \quad A^T = \begin{bmatrix} 1 & 3 \\ 2 & 4 \end{bmatrix} \quad B^T = \begin{bmatrix} 2 & 4 \\ 3 & 5 \end{bmatrix}$$

$$A \cdot B = \begin{bmatrix} 1 & 2 \\ 3 & 4 \end{bmatrix} \cdot \begin{bmatrix} 2 & 3 \\ 4 & 5 \end{bmatrix} = \begin{bmatrix} 10 & 13 \\ 22 & 29 \end{bmatrix} \Rightarrow (A \cdot B)^T = \begin{bmatrix} 1 & 2 \\ 3 & 4 \end{bmatrix} \cdot \begin{bmatrix} 2 & 3 \\ 4 & 5 \end{bmatrix} = \begin{bmatrix} 10 & 22 \\ 13 & 29 \end{bmatrix}$$

$$B^T \cdot A^T = \begin{bmatrix} 2 & 4 \\ 3 & 5 \end{bmatrix} \cdot \begin{bmatrix} 1 & 3 \\ 2 & 4 \end{bmatrix} = \begin{bmatrix} 10 & 22 \\ 13 & 29 \end{bmatrix} = (A \cdot B)^T$$

Beispiel zu vii):

$$A = \begin{bmatrix} 4 & 4 \\ 4 & 4 \end{bmatrix} \quad B = \begin{bmatrix} 4 & 4 \\ -4 & -4 \end{bmatrix} \quad A \cdot B = \begin{bmatrix} 4 & 4 \\ 4 & 4 \end{bmatrix} \cdot \begin{bmatrix} 4 & 4 \\ -4 & -4 \end{bmatrix} = \begin{bmatrix} 0 & 0 \\ 0 & 0 \end{bmatrix}$$

Weiteres Beispiel zur Matrizenmultiplikation:

Ein Betrieb stellt in einem zweistufigen Produktionsprozess die Endprodukte E_1 und E_2 her. Die beiden Endprodukte werden aus drei Zwischenprodukten erstellt, für deren Erstellung wiederum zwei Rohstoffe benötigt werden. Der folgende Gozinto-Graph verdeutlicht die Verflechtung und gibt an, wie viel ME an Rohstoffen und Zwischenprodukten jeweils zur Herstellung einer ME des Zwischen- bzw. Endprodukts benötigt werden.

Abbildung 57: Materialverflechtung

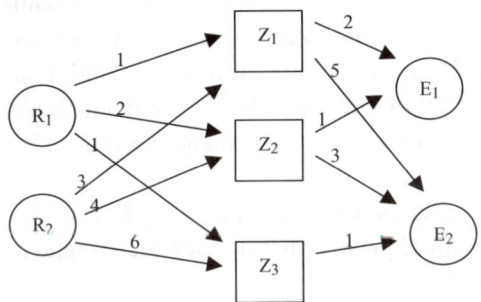

Zu bestimmen sind:

a)   Der Materialbedarf für jeweils 1 Einheit des Endprodukts.

b), c)   Der Bedarf an Zwischenprodukten und Rohstoffen, um die geplante Produktionsmenge von 80 Stück von E_1 und 120 Stück von E_2 zu realisieren.

d)   Die Geamtrohstoffkosten, wenn für die Rohstoff-Preise von 10 GE (R_1) und 15 GE (R_2) pro ME anzusetzen sind.

zu a:

Es sind die (R-Z)-Matrix und die (Z-E)-Matrix aufzustellen und miteinander zu multiplizieren. Das Ergebnis liefert die Beziehung zwischen R und E.

$$R_1 \begin{bmatrix} \overset{Z_1}{1} & \overset{Z_2}{2} & \overset{Z_3}{1} \\ 3 & 4 & 6 \end{bmatrix}_{(2,3)} \cdot \begin{matrix} Z_1 \\ Z_2 \\ Z_3 \end{matrix} \begin{bmatrix} \overset{E_1}{2} & \overset{E_2}{5} \\ 1 & 3 \\ 0 & 1 \end{bmatrix}_{(3,2)} = R_1 \begin{bmatrix} \overset{E_1}{4} & \overset{E_2}{12} \\ 10 & 33 \end{bmatrix}_{(2,2)}$$

$$(\text{R-Z})_{(2,3)} \quad \cdot \quad (\text{Z-E})_{(3,2)} \quad = \quad (\text{R-Z})_{(2,2)}$$

zu b und c:

$$\text{Anzahl der Zwischenprodukte:} \begin{matrix} Z_1 \\ Z_2 \\ Z_3 \end{matrix} \begin{bmatrix} \overset{E_1}{2} & \overset{E_2}{5} \\ 1 & 3 \\ 0 & 1 \end{bmatrix}_{(3,2)} \cdot \begin{bmatrix} 80 \\ 120 \end{bmatrix}_{(2,1)} = \begin{bmatrix} 760 \\ 440 \\ 120 \end{bmatrix}_{(3,1)}$$

$$\text{Benötigte Rohstoffmengen:} \begin{matrix} R_1 \\ R_2 \end{matrix} \begin{bmatrix} \overset{Z_1}{1} & \overset{Z_2}{2} & \overset{Z_3}{1} \\ 3 & 4 & 6 \end{bmatrix}_{(2,3)} \cdot \begin{bmatrix} 760 \\ 440 \\ 120 \end{bmatrix}_{(3,1)} = \begin{bmatrix} 1.760 \\ 4.760 \end{bmatrix}_{(2,1)}$$

zu d:

$$\text{Gesamtrohstoffkosten:} \ [10, 15]_{(1,2)} \cdot \begin{bmatrix} 1.760 \\ 4.760 \end{bmatrix}_{(2,1)} = \underline{\underline{89.000 \ GE}}$$

▶ **Inverse einer Matrix**

Nach der Multiplikation liegt es nun nahe, als nächstes die Division durch eine Matrix zu behandeln. Jedoch ist die Division für Matrizen nicht definiert. Dennoch tauchen für verschiedene Anwendungen Matrizengleichungen der Form AX = B auf, d. h. eine bekannte Matrix A soll multipliziert mit einer unbekannten Matrix X die Matrix B ergeben. Bei den reellen Zahlen hätten wir zur Gleichung ax = b sofort die Lösung parat: Division durch a (a≠0) bzw. Multiplikation mit $\frac{1}{a}$ und damit Auflösung nach x. Das Element $\frac{1}{a}$, das die Zahl a neutralisiert, wird auch als inverses Element bezeichnet, denn miteinander multipliziert ergibt sich die Zahl 1.

In der Matrizenrechnung gibt es zwar keine Division, wohl aber die Multiplikation mit einem inversen Element, die im Ergebnis zur „1" der Matrizenrechnung führt, nämlich zur Einheitsmatrix E.

Inverse Matrix:

Falls A eine quadratische Matrix ist und falls es eine ebenfalls quadratische Matrix B gibt mit der Eigenschaft AB = BA = E, so bezeichnet man diese Matrix B als die **inverse Matrix** zu A („Inverse") und schreibt: A^{-1}. Es gilt somit:

$$\mathbf{A \cdot A^{-1} = A^{-1} \cdot A = E} \tag{5.12}$$

Nicht zu jeder quadratischen Matrix lässt sich eine Inverse bestimmen. Ist es möglich, so ist die Inverse eindeutig bestimmt; eine solche Matrix bezeichnet man als **regulär**. Ist die Inversenbestimmung dagegen nicht möglich, so heißt die Matrix **singulär**.

Für nichtquadratische Matrizen gibt es keine Inversen.

Wenn wir also die Matrizengleichung vorliegen haben, so können wir „von links" beide Seiten mit der Inversen multiplizieren und erhalten:

$$AX = B \implies \underbrace{A^{-1}A}_{=E}X = A^{-1}B \quad \text{bzw.} \quad \boxed{X = A^{-1}\cdot B}$$

Nun ist es nur noch nötig, die Inverse zu berechnen und mit der Matrix zu multiplizieren. Die Inversenberechnung ist jedoch mitunter ein mühevolles Unterfangen.[1] Wir wollen eine Berechnungsmethode an einer (2,2)-Matrix verdeutlichen.

Beispiel:

Gesucht ist die Inverse A^{-1} zur Matrix $\quad A = \begin{bmatrix} 1 & -1 \\ 2 & 2 \end{bmatrix}$.

Wegen $A \cdot A^{-1} = E$ können wir das Falk'sche Schema aufbauen und bezeichnen dabei die gesuchten Matrixwerte der Inversen mit a, b, c und d.

		a	b
		c	d
1	−1	1	0
2	2	0	1

Dies führt auf ein Gleichungssystem, bestehend aus 2 mal 2 Gleichungen und 4 Unbekannten:
$a - c = 1$ [1] $2a + 2c = 0$ [2] $b - d = 0$ [3] $2b + 2d = 1$ [4].
Auflösen von [1] und [2] führt auf: $a = 0{,}5$ und $c = -0{,}5$
Auflösen von [3] und [4] führt auf: $b = 0{,}25$ und $d = 0{,}25$.

Probe: $\underbrace{\begin{bmatrix} 1 & -1 \\ 2 & 2 \end{bmatrix}}_{A} \cdot \underbrace{\begin{bmatrix} 0{,}5 & 0{,}25 \\ -0{,}5 & 0{,}25 \end{bmatrix}}_{A^{-1}} = \underbrace{\begin{bmatrix} 1 & 0 \\ 0 & 1 \end{bmatrix}}_{E}$, somit ist $\begin{bmatrix} 0{,}5 & 0{,}25 \\ -0{,}5 & 0{,}25 \end{bmatrix}$ die Inverse zu A.

Bei einer (3,3)-Matrix erhält man bereits 9 (=3.3) Gleichungen, was die Berechnung ungleich langwieriger macht.

Eine alternative Methode zur Inversenberechnung basiert auf der **Bildung einer erweiterten Matrix**, d. h. Anhängung einer Einheitsmatrix:

Beispiel:

$A = \begin{bmatrix} 1 & -1 \\ 2 & 2 \end{bmatrix}$, nach Erweiterung: $\left[\begin{array}{cc|cc} 1 & -1 & 1 & 0 \\ 2 & 2 & 0 & 1 \end{array}\right]$

Es wird nun versucht, durch die Operationen Zeilentausch, Addition, Subtraktion oder Multiplikation die Matrix A in eine Einheitsmatrix umzuformen. Sollte dies gelingen, so ist die erweiterte Matrix die gesuchte Matrix A^{-1}.

---

1 Weniger mühevoll ist die Inversenberechnung bei Verwendung eines Tabellenkalkulationsprogramms. EXCEL bietet z. B. die Funktion MINV, mit der sich in Kürze die Inverse berechnen lässt.

$$\begin{bmatrix} 1 & -1 & 1 & 0 \\ 2 & 2 & 0 & 1 \end{bmatrix} \qquad \text{2·Zeile 1 − Zeile 2}$$

$$\Rightarrow \begin{bmatrix} 1 & -1 & 1 & 0 \\ 0 & -4 & 2 & -1 \end{bmatrix} \qquad \text{Zeile 1 − 0,25·Zeile 2}$$

$$\Rightarrow \begin{bmatrix} 1 & 0 & 0,5 & 0,25 \\ 0 & -4 & 2 & -1 \end{bmatrix} \qquad \text{Zeile 2 · (−0,25)}$$

$$\Rightarrow \begin{bmatrix} 1 & 0 & 0,5 & 0,25 \\ 0 & 1 & -0,5 & 0,25 \end{bmatrix} \qquad \text{also } A^{-1} = \begin{bmatrix} 0,5 & 0,25 \\ -0,5 & 0,25 \end{bmatrix}$$

Aufgabe 81: Ein Produktionsprogramm für 2 Produkte sieht die Produktion von 1.000 (Produkt 1) und 2.000 (Produkt 2) ME vor. Die Produkte werden aus 3 Zwischenprodukten gefertigt, die wiederum durch 2 Rohstoffarten hergestellt werden. Die mengenmäßigen Beziehungen zur Herstellung jeweils 1 Einheit des Zwischenprodukts bzw. des Endprodukts sind in folgenden Tabellen gegeben:

	Z_1	Z_2	Z_3		E_1	E_2
R_1	1	7	1	Z_1	2	5
R_2	2	5	6	Z_2	1	3
				Z_3	1	1

Die Rohstoffpreise betragen 2 GE (Rohstoff 1) und 3 GE (Rohstoff 2) pro ME.

a) Berechnen Sie die den Mengenbedarf an Zwischenprodukten und Rohstoffen, um   das Produktionsprogramm zu erfüllen!

b) Berechnen Sie die Gesamtrohstoffkosten!

5.3 Lineare Gleichungssysteme

5.3.1 Grundbegriffe

Lineare Gleichungssysteme haben wir an verschiedenen Stellen bereits kennen gelernt, jedoch zumeist nur in der einfachsten Form, bestehend aus zwei Gleichungen mit zwei Unbekannten. Viele ökonomische Fragestellungen lassen sich durch lineare Gleichungen darstellen, jedoch haben wir es nicht selten mit „vielen" Gleichungen und „vielen" Variablen zu tun. Die Probleme lassen sich zwar heutzutage durch die EDV gestützt bewältigen, doch sollte man dennoch über ein Grundwissen verfügen, um die Strukturen nachvollziehen zu können.

Eine lineare Gleichung ist eine Gleichung der Form: $a_1x_1 + a_2x_2 + ... + a_nx_n = b$.
Für n=2 ergibt die lineare Gleichung – nach x_2 aufgelöst – das Bild einer Geraden im zweidimensionalen Raum, für n=3 bekämen wir eine Gerade im drei-

dimensionalen Raum. Unter einem **linearen Gleichungssystem** versteht man allgemein ein System aus m linearen Gleichungen mit n Unbekannten.

Lineares Gleichungssystem (LGS):

$$
\begin{array}{l}
a_{11}x_1 + a_{12}x_2 + \ldots + a_{1n}x_n = b_1 \\
\wedge \quad a_{21}x_1 + a_{22}x_2 + \ldots + a_{2n}x_n = b_2 \\
\vdots \quad \vdots \quad \vdots \quad \vdots \quad \vdots \\
\wedge \quad a_{m1}x_1 + a_{m2}x_2 + \ldots + a_{mn}x_n = b_m
\end{array}
$$

Das Gleichungssystem besteht aus m Gleichungen und n Variablen $x_1, \ldots x_n$. Koeffizienten a_{ij} und b_i (i=1, ... ,m; j=1, ... ,n) sind reelle Zahlen.

Für die Lösung eines linearen Gleichungssystems ist die Umschreibung in Matrizen sinnvoll. Wir können die Koeffizienten a_{ij} als Koeffizientenmatrix und die Variablen x_j sowie die Koeffizienten b_i als Vektor darstellen und das Gleichungssystem dann in Matrixschreibweise folgendermaßen darstellen:

$$
\begin{bmatrix}
a_{11} & a_{12} & \cdots & a_{1n} \\
a_{21} & a_{22} & \cdots & a_{2n} \\
\vdots & \vdots & & \vdots \\
a_{m1} & a_{m2} & \cdots & a_{mn}
\end{bmatrix}
\cdot
\begin{bmatrix}
x_1 \\ x_2 \\ \vdots \\ x_n
\end{bmatrix}
=
\begin{bmatrix}
b_1 \\ b_2 \\ \vdots \\ b_m
\end{bmatrix}
\quad \text{oder einfach: } \boxed{\mathbf{A} \cdot \mathbf{x} = \mathbf{b}}.
$$

Gesucht ist der Variablenvektor $[x_1, \ldots x_n]^T$, der dazu führt, dass alle Gleichungen erfüllt sind.

5.3.2 Lösung eines linearen Gleichungssystems – Gauß'scher Algorithmus

---

Allgemeine Lösbarkeit eines linearen Gleichungssystems:

Ein lineares Gleichungssystem hat entweder
- genau eine Lösung, repräsentiert durch den Lösungsvektor $[x_1, \ldots x_n]^T$,
- unendlich viele Lösungen oder
- keine Lösung.

Für den Fall n=2 (zwei Gleichungen mit zwei Unbekannten, graphisch: zwei Geraden) lässt sich dieser Sachverhalt veranschaulichen:

a) Genau eine Lösung hat das Gleichungssystem, wenn sich die Geraden schneiden. Der Schnittpunkt ist der Lösungspunkt.

b) Wenn die Geraden identisch sind, also „übereinander" liegen, dann gibt es unendlich viele „Schnittpunkte", somit unendlich viele Lösungen. Man hat möglicherweise zwei verschieden aussehende Gleichungen, faktisch sind sie aber identisch. Man sagt auch: Die Gleichungen sind voneinander linear abhängig.

c) Wenn die Geraden zwar nicht identisch sind, jedoch parallel verlaufen, so schneiden sie sich nicht, folglich hat das Gleichungssystem keine Lösung.

Beispiel:

zu a): $x_1 - x_2 = 0$ [1] und $0{,}5x_1 - x_2 = -5$ [2]

Auflösen der Gleichungen jeweils nach x_2 führt auf $x_2 = x_1$ [1] und $x_2 = 0{,}5x_1 + 5$ [2]. Gleichsetzen ergibt: $x_1 = 10$ und $x_2 = 10$, also $[x_1; x_2]^T = [10; 10]^T$. Dies ist genau der Schnittpunkt der Geraden.

zu b): $3x_1 + x_2 = 10$ [1] und $-9x_1 -3x_2 = -30$ [2]

Die zweite Gleichung unterscheidet sich von der ersten lediglich durch den Faktor -3. Wenn wir Gleichung [1] mit -3 multiplizieren, erhalten wir exakt Gleichung [2]. Faktisch sind die Gleichungen also identisch.

zu c): $x_1 - 2x_2 = -10$ [1] und $x_1 -2x_2 = -20$ [2]

Lösen wir Gleichungen [1] und [2] jeweils nach x_2 auf, so erhalten wir: $x_2 = 0{,}5x_1 + 5$ [1] und $x_2 = 0{,}5x_1 + 10$ [2]. Die beiden Geraden verlaufen parallel, es existiert somit keine Lösung.

Abbildung 58: Lösung von 2 linearen Gleichungen mit 2 Unbekannten

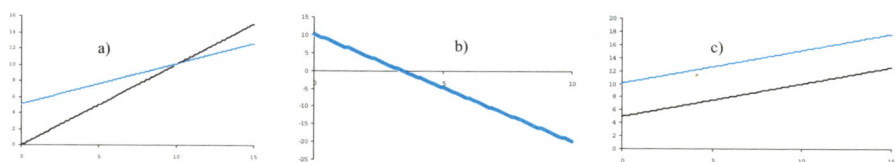

Der Fall n=2 diente nur zur Veranschaulichung. Gesucht sind jedoch Lösungsverfahren, mit denen man Gleichungssysteme beliebiger Größenordnung lösen kann. Grundsätzlich lässt sich der Lösungsvektor x über die Inverse bestimmen:

$$Ax = b \Rightarrow \underbrace{A^{-1} \cdot A}_{E} \cdot x = A{-}1 \cdot b \ \Rightarrow \boxed{x = A^{-1} \cdot b}$$

Dazu muss man jedoch die Inverse erst bestimmen, was bei entsprechend großen Matrizen und ohne Zuhilfenahme eines Computers recht schwierig ist.

Wir wollen im Folgenden ein alternatives Verfahren zeigen, wie man ebenfalls systematisch zur Lösung des Gleichungssystems gelangen kann, sofern eine Lösung existiert, nämlich das **Gauß'sche Eliminationsverfahren**. Die Idee des Gauß-Algorithmus besteht darin, durch geeignete Äquivalenzumformungen die Matrix A in eine Einheitsmatrix (vollständige Elimination) oder zumindest in eine obere Dreiecksmatrix (teilweise Elimination) zu überführen. Ist dies gelungen, dann können wir sofort (vollständige Elimination) oder zumindest recht schnell durch „Rückwärtseinsetzen" (teilweise Elimination) die gesuchten x-Werte ermitteln.

Folgende Operationen sind erlaubt:

- Vertauschen von Zeilen (**nicht**: Spalten),
- Addition (Subtraktion) einer Zeile zu (von) einer anderen Zeile,
- Multiplikation einer Zeile mit einer Konstanten bzw. Division durch eine Konstante.

Für die Anwendung des Gauß-Algorithmus wollen wir das Gleichungssystem $Ax = b$ noch einmal verkürzt schreiben in der Form: $[A \mid b]$.

Ziel ist also: Überführung eines Gleichungssystems von $[A \mid b]$ in $[E \mid b^*]$ oder zumindest in $[D \mid \tilde{b}]$ (b^*: Lösungsvektor bei Vollelimination, D: obere Dreiecksmatrix, $\tilde{b}$: unvollständiger Lösungsvektor bei Teilelimination).

Beispiel:

Der Geschäftsleitung werden für drei aufeinanderfolgende Tage die Absatzmengen dreier Produkte sowie der Gesamtumsatz für die drei Tage gemeldet. Zu berechnen sind die Preise p_1, p_2, p_3, die für die drei Produkte erhoben wurden.

	Absatzmengen (ME)			Umsatz (GE)
	Produkt 1	Produkt 2	Produkt 3	
Tag 1	1	2	2	11
Tag 2	2	1	1	7
Tag 3	1	4	1	15

Aufstellen des linearen Gleichungssystems:

Tag 1: $p_1 + 2p_2 + 2p_3 = 11$

Tag 2: $2p_1 + p_2 + p_3 = 7$

Tag 3: $p_1 + 4p_2 + p_3 = 15$

$$\text{bzw. } \begin{bmatrix} 1 & 2 & 2 \\ 2 & 1 & 1 \\ 1 & 4 & 1 \end{bmatrix} \cdot \begin{bmatrix} p_1 \\ p_2 \\ p_3 \end{bmatrix} = \begin{bmatrix} 11 \\ 7 \\ 15 \end{bmatrix} \text{ oder (nochmals vereinfacht): } \left[\begin{array}{ccc|c} 1 & 2 & 2 & 11 \\ 2 & 1 & 1 & 7 \\ 1 & 4 & 1 & 15 \end{array}\right]$$

1. Zeile: unverändert
2. Zeile: 1. Zeile ·2 – 2. Zeile
3. Zeile: 1. Zeile – 3. Zeile

$$\left[\begin{array}{ccc|c} 1 & 2 & 2 & 11 \\ 0 & 3 & 3 & 15 \\ 0 & -2 & 1 & -4 \end{array}\right] \rightarrow$$

1. Zeile: 1. Zeile + 3. Zeile
2. Zeile: dividiert durch 3
3. Zeile: unverändert

$$\left[\begin{array}{ccc|c} 1 & 0 & 3 & 7 \\ 0 & 1 & 1 & 5 \\ 0 & -2 & 1 & -4 \end{array}\right] \rightarrow$$

1. und 2. Zeile:
unverändert
3. Zeile: 2. Zeile · 2 + 3. Zeile

$$\left[\begin{array}{ccc|c} 1 & 0 & 3 & 7 \\ 0 & 1 & 1 & 5 \\ 0 & 0 & 3 & 6 \end{array}\right] \quad (*) \quad \rightarrow$$

1. Zeile: 1. Zeile – 3. Zeile
2. Zeile: 2. Zeile · 3 – 3. Zeile
3. Zeile: dividiert durch 2

$$\left[\begin{array}{ccc|c} 1 & 0 & 0 & 1 \\ 0 & 3 & 0 & 9 \\ 0 & 0 & 1 & 2 \end{array}\right] \rightarrow$$

1. und 3. Zeile:
unverändert
2. Zeile: dividiert durch 3

$$\left[\begin{array}{ccc|c} 1 & 0 & 0 & 1 \\ 0 & 1 & 0 & 3 \\ 0 & 0 & 1 & 2 \end{array}\right]$$

Nach dieser vollständigen Elimination und Überführung in die Form [E | b*] können wir die Lösung sofort ablesen: $\boxed{p_1=1 \text{ GE}}$, $\boxed{p_2=3 \text{ GE}}$, $\boxed{p_3=2 \text{ GE}}$.

Man hätte auch bereits an dem mit (*) gekennzeichneten Schritt das Gauß'sche Verfahren beenden und durch „Rückwärtseinsetzen" die gesuchten Werte bestimmen können:

(*): $3p_3 = 6 \Leftrightarrow \boxed{p_3 = 2}$

$\quad\quad p_2 + p_3 = 5 \Leftrightarrow p_2 + 2 = 5 \Leftrightarrow \boxed{p_2 = 3}$

$\quad\quad p_1 + 3p_3 = 7 \Leftrightarrow p_1 + 6 = 7 \Leftrightarrow \boxed{p_1 = 1}$.

Aufgabe 82: Gegeben seien die folgenden linearen Gleichungssysteme Ax=b in der Schreibweise (A | b). Ermitteln Sie mit Hilfe des Gauß'schen Eliminationsverfahrens den Lösungsvektor x, sofern eine eindeutige Lösung existiert!

a) $\left[\begin{array}{ccc|c} 1 & 3 & 4 & 8 \\ 2 & 9 & 14 & 25 \\ 5 & 12 & 18 & 39 \end{array}\right]$
b) $\left[\begin{array}{ccc|c} 1 & 1 & -1 & -3 \\ 2 & 1 & -1 & -1 \\ 2 & 3 & -5 & -10 \end{array}\right]$
c) $\left[\begin{array}{cccc|c} 1 & 1 & -1 & 3 & -3 \\ 2 & 1 & 1 & 4 & -1 \\ 2 & 3 & -5 & 8 & -11 \\ -1 & 1 & -5 & 1 & -7 \end{array}\right]$

5.3.3 Ökonomische Anwendungen der linearen Gleichungssysteme

Abschließend wollen wir noch zwei ökonomische Anwendungsbeispiele der linearen Gleichungssysteme (LGS) besprechen.

1. Anwendung: Innerbetriebliche Leistungsverrechnung

Ein Unternehmen besteht in der Regel aus verschiedenen Abteilungen bzw. Unternehmenseinheiten. Die kostenmäßige Erfassung erfolgt über **Kostenstellen**. In der Kostenrechnung teilt man die Kostenstellen in **Hauptkostenstellen** und in **Hilfskostenstellen** auf.[2] Die Hauptkostenstellen erstellen vermarktbare Produkte, also Absatz- und Marktleistungen, die zum eigentlichen Produktionsprogramm der Unternehmung gehören (z. B. Endmontage). Hilfskostenstellen (Servicestellen, Hilfsbetriebe) erstellen so genannte innerbetriebliche Leistungen (Eigenleistungen, Innenaufträge), also Güter (Zwischenprodukte), die ausschließlich zum innerbetrieblichen Verbrauch (Gebrauch) bestimmt werden. Für unsere folgende Betrachtung konzentrieren wir uns auf diejenigen Hilfskostenstellen (Hilfsbetriebe), die entweder Leistungen (Serviceleistungen) für die *gesamte Unternehmung* (z. B. Energie, Wärme, Werkstatt, Sozialleistungen) oder aber Leistungen an die *Hauptkostenstellen des Fertigungsbereichs* (z. B. Arbeitsvorbereitung, Technische Leitung). erbringen. Die Kosten, die in diesen

---

2 Des Weiteren hat man als dritte Kategorie noch die Nebenkostenstellen (für Nebenprodukte), auf die wir hier jedoch nicht weiter eingehen wollen.

Kostenstellen entstehen, sind im Rahmen der **innerbetrieblichen Leistungs-verrechnung** mit Hilfe von Verrechnungspreisen zu verrechnen.[3]

Den Hilfsbetrieben entstehen zum einen Kosten unmittelbar bei der Bereitstellung ihrer Leistung (z. B. Löhne und Gehälter, Materialverbrauch, Abschreibungen). Die Kosten werden als **primäre Kosten** bezeichnet. Darüber hinaus entstehen den Hilfsbetrieben **sekundäre Kosten**, wenn sie von anderen Hilfsbetrieben Leistungen empfangen; diese werden auf Basis noch zu ermittelnder Verrechnungspreise bewertet.

Ziel ist es, die für die Selbstkostenermittlung und für die Preiskalkulation der Endprodukte erbrachten Leistungen der Hilfsbetriebe kostenmäßig korrekt zu erfassen.

Die Verrechnungspreise sind dabei so zu bestimmen, dass folgende Identität erfüllt ist:

Primäre Kosten + Sekundäre Kosten = Wert der produzierten Leistung

---

(vorgegebener Wert in GE)   (empfangene Leistung mal Verrechnungspreis)   (Gesamtleistung mal Verrechnungspreis)

Dabei tritt folgender „Ringschluss" auf: Die sekundären Kosten können erst ermittelt werden, wenn man die Verrechnungspreise kennt. Die Verrechnungspreise sind jedoch erst bei Kenntnis der sekundären Kosten bekannt. Die Lösung dieses Problems erfolgt über ein lineares Gleichungssystem.

Beispiel:

Ein Einproduktunternehmen verfüge über lediglich einen Hauptbetrieb (Hauptkostenstelle) und über drei Hilfsbetriebe (Hilfskostenstellen), und zwar Werkstatt (K_1), Strom (K_2) und Heizung (K_3). Die erbrachten Leistungen (in Leistungseinheiten) sowie die primären Kosten (in Geldeinheiten) sind in folgender Übersicht zusammengestellt:

		empfangende Stelle				
	Hilfs-betrieb	K_1	K_2	K_3	Haupt-betrieb	Gesamtleis-tung (Σ)	primäre Kosten
liefernde Stelle	K_1	0	1	2	15	18	6
	K_2	1	0	1	2	4	20
	K_3	2	1	0	5	8	16
							42

---

3 Es gibt noch weitere Hilfskostenstellen, die hier nicht aufgeführt wurden, insbesondere die Materialstellen (z. B. Einkauf, Lagerung, Materialausgabe), Verwaltungsstellen (z. B. Geschäftsführung, Buchhaltung, EDV, Organisation) und Vertriebsstellen (z. B. Verkauf, Versand, Werbung). Diese Kosten werden nicht über die interne Leistungsverrechnung erfasst.

Wir wollen die für die Hilfskostenstellen K_1, K_2 und K_3 gesuchten Verrechnungspreise mit p_1, p_2 und p_3 bezeichnen. Dann lautet das LGS:

$$
\begin{array}{lllll}
6 & & + p_2 & + 2p_3 & = 18p_1 \\
20 & + p_1 & & + p_3 & = 4p_2 \\
16 & + 2\,p_1 & + p_2 & & = 8p_3 \\
\mathbf{K} & & + \mathbf{A \cdot p} & & = \mathbf{M \cdot p}
\end{array}
$$

(primäre   (mit Verrechnungspreisen   (mit Verrechnungspreisen
Kosten)   bewertete empfangene   bewertete gelieferte
               Leistungen)   Leistungen)

mit: K   Vektor der primären Kosten

A   Matrix der Leistungskoeffizienten (A ist die Transponierte zu der im obigen Tableau angegebenen Matrix)

M   Vektor der Gesamtleistung

p   Vektor der (zu bestimmenden) Verrechnungspreise

Umstellen der Matrixgleichung führt auf: $(M - A) \cdot p = K$. Durch Multiplikation mit der Inversen $(M - A)^{-1}$ erhält man schließlich: $p = (M - A)^{-1} \cdot K$.

Wir wollen wieder den Gauß-Algorithmus anwenden und schreiben das Gleichungssystem in der Form:

$$
\left[\begin{array}{rrr|r}
18 & -1 & -2 & 6 \\
-1 & 4 & -1 & 20 \\
-2 & -1 & 8 & 16
\end{array}\right]
\begin{array}{c} \text{Zeilen-} \\ \text{tausch 1 u.2} \\ \rightarrow \\ {} \end{array}
\left[\begin{array}{rrr|r}
1 & -4 & 1 & -20 \\
-18 & 1 & 2 & -6 \\
-2 & -1 & 8 & 16
\end{array}\right]
\begin{array}{c} \\ \text{Z1·18 + Z2} \\ \rightarrow \\ \text{Z1·2 + Z3} \end{array}
\left[\begin{array}{rrr|r}
1 & -4 & 1 & -20 \\
0 & -71 & 20 & -366 \\
0 & -9 & 10 & -24
\end{array}\right]
$$

$$
\begin{array}{c} \text{Z2·(-9)} \\ \rightarrow \\ \text{Z3·71} \end{array}
\left[\begin{array}{rrr|r}
1 & -4 & 1 & -20 \\
0 & 639 & -180 & 3.294 \\
0 & -639 & 710 & -1.704
\end{array}\right]
\begin{array}{c} \\ \rightarrow \\ \text{Z2+ Z3} \end{array}
\left[\begin{array}{rrr|r}
1 & -4 & 1 & -20 \\
0 & 639 & -180 & 3.294 \\
0 & 0 & 530 & 1.590
\end{array}\right]
$$

Das Ergebnis ist eine obere Dreiecksmatrix, sodass wir durch Rückwärtseinsetzen sofort die Verrechnungspreise ermitteln können:

$530p_3 = 1.590 \Leftrightarrow \boxed{p_3^* = 3}$

$639p_2 - 180 \cdot 3 = 3.294 \Leftrightarrow 639p_2 = 3.834 \Leftrightarrow \boxed{p_2^* = 6}$

$p_1 - 4 \cdot 6 + 1 \cdot 3 = -20 \Leftrightarrow \boxed{p_1^* = 1}$.

Probe: $15 \cdot 1 + 2 \cdot 6 + 5 \cdot 3 = \mathbf{42}$. Dieser Wert entspricht genau der Summe aller Primärkosten. Die Summe der Leistungslieferungen deckt exakt die primären Gesamtkosten der Hilfsbetriebe.

Weitere Probe (z. B. Hilfskostenstelle 1):

erstellte bewertete Leistung in K_1:	$18 \cdot 1$	$= 18$ GE
– bezogene bewertete Leistung aus K_2:	$1 \cdot 6$	$= 6$ GE
– bezogene bewertete Leistung aus K_3:	$2 \cdot 3$	$= 6$ GE
= Selbstkosten von K_1		$= \underline{\underline{6\ \text{GE}}}$ = Primärkosten von K_1

(entsprechend K_2 und K_3)

⇒   Die Primärkosten jeder Hilfskostenstelle sind genau gedeckt.

2. Anwendung: Teilbedarfsrechnung

Beispiel:

In einem mehrstufigen Fertigungsprozess lassen sich die (festgelegten) mengenmäßigen Beziehungen durch einen Gozintographen (wie unten abgebildet) darstellen. Im Beispiel wird von einem Produktionsprogramm ausgegangen, in dem vom Endprodukt E_1 200 ME und vom Endprodukt E_2 400 ME produziert werden sollen.

Mithilfe eines linearen Gleichungssystems lassen sich quasi simultan alle Mengeneinheiten an Rohstoffen sowie an Zwischenprodukten berechnen, die benötigt werden, um das vorgegebene Produktionsprogramm zu erfüllen.

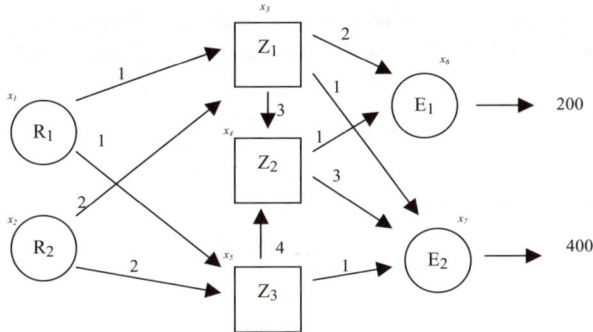

Um das LGS aufzustellen, nummerieren wir zunächst die Rohstoffe, Zwischen- und Endprodukte mit den Variablen $x_1, \dots, x_7$ durch (s. Abbildung). Dann können wir folgenden Gleichungsansatz formulieren:

$$
\begin{aligned}
x_1 &= x_3 && + x_5 \\
x_2 &= 2x_3 && + 2x_5 \\
x_3 &= + 3x_4 && + 2x_6 + x_7 \\
x_4 &= && x_6 + 3x_7 \\
x_5 &= + 4x_4 && + x_7 \\
x_6 &= && 200 \\
x_7 &= && 400
\end{aligned}
$$

oder allgemein als Matrizengleichung: $x = Ax + b$

mit: x Vektor der (zu bestimmenden) Bedarfsmengen

A Bedarfsmatrix (benötigte ME zur Produktion des Zielzwischen- oder Endprodukts, ergibt sich aus den Zahlen im Gozintograph)

b Ergebnisvektor

Aufgelöst: $(E-A)x = b$ bzw. $\boxed{x = (E-A)^{-1} \cdot b}$

Man könnte also zunächst die Matrix $E-A$ aufstellen, um dann die dazugehörige Inverse zu berechnen. Rechnergestützt ist diese Vorgehensweise ratsam, „zu Fuß" ist die Lösung über den Gauß-Algorithmus empfehlenswert.

Wir stellen zunächst das Gleichungssystem (E–A)x = b auf:

$$
\left[
\begin{array}{ccccccc|c}
1 & 0 & -1 & 0 & -1 & 0 & 0 & 0 \\
0 & 1 & -2 & 0 & -2 & 0 & 0 & 0 \\
0 & 0 & 1 & -3 & 0 & -2 & -1 & 0 \\
0 & 0 & 0 & 1 & 0 & -1 & -3 & 0 \\
0 & 0 & 0 & -4 & 1 & 0 & -1 & 0 \\
0 & 0 & 0 & 0 & 0 & 1 & 0 & 200 \\
0 & 0 & 0 & 0 & 0 & 0 & 1 & 400
\end{array}
\right]
$$

Das Ziel „obere Dreiecksmatrix" ist noch nicht ganz erreicht. Hierzu ist noch ein Zwischenschritt notwendig. Wir addieren das 4fache der Zeile 4 zur Zeile 5 und erhalten folgendes Ergebnis:

$$
\left[
\begin{array}{ccccccc|c}
1 & 0 & -1 & 0 & -1 & 0 & 0 & 0 \\
0 & 1 & -2 & 0 & -2 & 0 & 0 & 0 \\
0 & 0 & 1 & -3 & 0 & -2 & -1 & 0 \\
0 & 0 & 0 & 1 & 0 & -1 & -3 & 0 \\
0 & 0 & 0 & 0 & 1 & -4 & -13 & 0 \\
0 & 0 & 0 & 0 & 0 & 1 & 0 & 200 \\
0 & 0 & 0 & 0 & 0 & 0 & 1 & 400
\end{array}
\right]
\quad \text{obere Dreiecksmatrix}
$$

Wir können die gewünschten Lösungswerte nun durch „Rückwärtseinsetzen" sukzessive berechnen:

$x_6{}^* = 200$ und $x_7{}^* = 400$.

$x_5 - 4x_6 - 13x_7 = 0 \Leftrightarrow x_5 = 800 + 5.200 \Leftrightarrow x_5{}^* = 6.000$.

$x_4 - x_6 - 3x_7 = 0 \Leftrightarrow x_4 = 200 + 1.200 \Leftrightarrow x_4{}^* = 1.400$.

$x_3 - 3x_4 - 2x_6 - x_7 \Leftrightarrow x_3 = 4.200 + 400 + 400 \Leftrightarrow x_3{}^* = 5.000$.

$x_2 - 2x_3 - 2x_5 = 0 \Leftrightarrow x_2 = 10.000 + 12.000 \Leftrightarrow x_2{}^* = 22.000$.

$x_1 - x_3 - x_5 = 0 \Leftrightarrow x_1 = 5.000 + 6.000 \Leftrightarrow x_1{}^* = 11.000$.

Aufgabe 83: Unter Verwendung der drei Maschinen M_1, M_2, M_3 stellt ein Handwerksbetrieb die drei Stühle Wackel, Morsch und Brüchig her. Die folgende Matrix gibt (zeilenweise) die benötigte Zeit (in Stunden) für die Produktion je eines Stuhles an:

$$
A = \left[
\begin{array}{ccc}
M_1 & M_2 & M_3 \\
2 & 6 & 4 \\
1 & 1 & 2 \\
4 & 10 & 6
\end{array}
\right]
\begin{array}{l}
\\
\text{Wackel} \\
\text{Morsch} \\
\text{Brüchig}
\end{array}
$$

Berechnen Sie für den Fall, dass sich die Herstellungskosten der drei Stühle durch den Vektor b = (42,15,68)^T darstellen lassen, den Vektor k = $(k_1, k_2, k_3)^T$

der Stundenkostensätze für die einzelnen Maschinen M_1, M_2, M_3, indem Sie das zugehörige lineare Gleichungssystem aufstellen und auflösen!

Aufgabe 84: Ein Betrieb bestehe aus 3 Kostenstellen (K_1, K_2, K_3), die Leistungen für den Absatzmarkt und für die jeweils anderen beiden Kostenstellen erbringen. Die Leistungsabgaben der Kostenstellen und die Primärkosten sind in folgender Tabelle angegeben:

		Empfangende Stelle			Markt-leistung	Primär-kosten
		K_1	K_2	K_3		
Abgebende Stelle	K_1	0	1	2	5	24
	K_2	3	0	2	5	13
	K_3	2	3	0	20	13

Der Empfang und die Abgabe jeder Leistungseinheit wird zu – noch zu bestimmenden – Verrechnungspreisen p_1, p_2 und p_3 (für die Kostenstellen 1, 2 und 3) verrechnet. Die Verrechnungspreise sind dabei so zu bemessen, dass der Wert der empfangenen Leistungen einschließlich Primärkosten den erbrachten Leistungen genau entspricht.

a) Stellen Sie die obigen Zahlenangaben in einem Gleichungssystem dar!

b) Bestimmen Sie die Lösung des Gleichungssystems, d. h. berechnen Sie die gesuchten Verrechnungspreise p_1, p_2 und p_3!

c) Führen Sie die Probe durch, indem Sie zeigen, dass die gesamten bewerteten Marktleistungen den gesamten Primärkosten entsprechen!

Aufgabe 85: Ein zweistufiger Produktionsprozess mit dem Produktionsprogramm 500 ME (Produkt 1) und 2.000 ME (Produkt 2) lässt sich durch den unten dargestellten Gozinto-Graphen chakterisieren. Bestimmen Sie die benötigten Mengen an Rohstoffen (R_1, R_2) und Zwischenprodukten (Z_1, Z_2, Z_3) zur Realisierung des Produktionsprogramms!

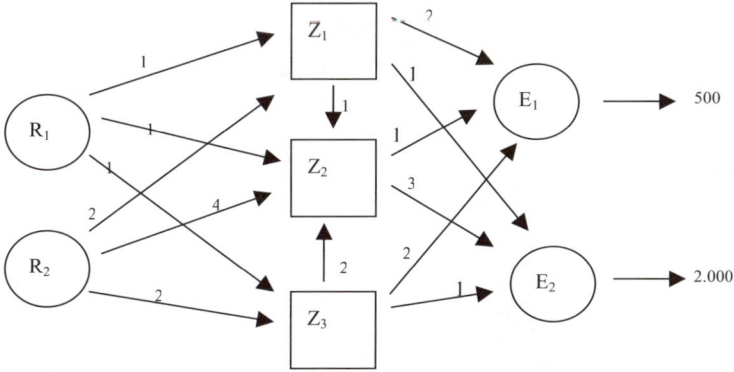

6. Lineare Optimierung

Lehrziele

Nach Durcharbeiten dieses Kapitels sollen die Studierenden
▶ befähigt sein, ein lineares Programm aufzustellen,
▶ ein lineares Programm mit nur zwei Variablen graphisch lösen können,
▶ in der Lage sein, unter Anwendung des Simplex-Algorithmus die Lösungsmenge eines linearen Programms zu bestimmen.

Die im Folgenden behandelte lineare Optimierung ist ein (wichtiges) Teilgebiet des **Operations Research.** Operations Research (übersetzt: „Unternehmensforschung") ist eine eigenständige Disziplin innerhalb der quantitativen Betriebswirtschaftslehre. Sie befasst sich mit der Entwicklung von Algorithmen zur Optimierung von Planungs- und Entscheidungsvorgängen „aller Art" *und* deren Umsetzung durch die EDV. Dabei ist das Zusammenspiel mehrerer hundert Variablen keine Seltenheit, was bereits zeigt, dass die Lösungen nur in Verbindung mit dem Einsatz von Computern sinnvoll sind.

6.1 Formulierung eines linearen Programms

Die in Kapitel 4.3 behandelten Optimierungsprobleme waren dadurch gekennzeichnet, dass die Nebenbedingungen in Gleichungsform auftraten. Nachfolgend werden nun Optimierungsprobleme behandelt, bei denen die Nebenbedingungen in Ungleichungsform auftreten. Dies stellt eine Erweiterung insoweit dar, als die Nebenbedingungen nun voll erfüllt sein *können*, aber nicht *müssen*. Wir wollen uns hier auf Probleme der **linearen Optimierung** beschränken, d. h. auf Probleme, bei denen sowohl die Zielfunktion als auch sämtliche Nebenbedingungen linear sind, also keinerlei Potenzen zweiten oder höheren Grades auftreten. Ansonsten hätten wir es mit nicht-linearer Optimierung zu tun, die ungleich komplizierter ist und den Rahmen dieses Buches sprengen würde. Wir wollen zuerst das lineare Programm in allgemeiner Form darstellen, um es dann zunächst graphisch (Kapitel 6.2) und anschließend mit dem so genannten Simplex-Algorithmus (Kapitel 6.3) rechnerisch zu lösen.

Ein so genanntes **lineares Programm** besteht aus drei Elementen:
▶ Zielfunktion (max! oder min!)
▶ Nebenbedingungen („≤" oder „≥")
▶ Nichtnegativitätsbedingungen.

Allgemeine Form eines linearen Programms:

Zielfunktion (ZF) $Z = c_1x_1 + c_2x_2 + ... + c_nx_n \rightarrow$ max! (oder $\rightarrow$ min!)

Nebenbedingungen (NB) $a_{11}x_1 + a_{12}x_2 + ... + a_{1n}x_n \leq b_1$

                            $a_{21}x_1 + a_{22}x_2 + ... + a_{2n}x_n \leq b_2$

$$\vdots \qquad \vdots \qquad \vdots \qquad \vdots$$

                            $a_{m1}x_1 + a_{m2}x_2 + ... + a_{mn}x_n \leq b_m$

Nichtnegativitätsbedingungen (NNB) $x_1 \geq 0, x_2 \geq 0, ..., x_n \geq 0.$

Matrizenschreibweise: ZF $c^T \cdot x \to$ max! (oder $\to$ max!)

NB $Ax \leq b$

NNB $x \geq 0$.

[A: (m,n)-Matrix, c, x, b : Vektoren]

Für den Fall, dass Nebenbedingungen in der Form ≥ 0 auftreten, ist diese Ungleichung einfach mit (-1) zu multiplizieren (Umkehrung des Vorzeichens).

6.2 Graphische Lösungsmethode

Für den Spezialfall nur zweier Variablen (n=2) lässt sich das lineare Programm graphisch lösen. Dazu wählen wir ein Beispiel aus der Produktionsprogrammplanung.

Beispiel:

Ein Unternehmen fertigt zwei Produkte 1 und 2, die jeweils dieselben beiden Produktionsstufen (Kostenstellen) A und B durchlaufen. Dabei sind im Rahmen der Fertigung folgende Restriktionen (Nebenbedingungen) zu beachten:

▶ Die Kapazität der Produktionsstufe A beträgt 100 Minuten, der Produktionsstufe B 90 Minuten pro Tag.

▶ Die Durchlaufzeit für eine Einheit von 1 beträgt in Kostenstelle A: 5 Min., in Kostenstelle B: 9 Minuten.

▶ Die Durchlaufzeit für eine Einheit von 2 beträgt in Kostenstelle A: 12,5 Minuten, in Kostenstelle B: 7,5 Minuten.

▶ Die Fertigungshöchstgrenze für Produkt 1 beträgt 7 Einheiten pro Tag, für Produkt 2 werde keine Restriktion angenommen.

Der Stückdeckungsbeitrag beträgt für Produkt 1: 10 GE und für Produkt 2: 12,5 GE.

Gesucht ist das optimale Produktionsprogramm, d. h. gesucht sind diejenigen Produktionsmengen x_1^* und x_2^*, die unter Einhaltung der Kapazitätsrestriktionen den höchsten Deckungsbeitrag (DB) liefern.

Aufstellen des linearen Programms:

ZF: DB = $10x_1 + 12,5x_2 \to$ max!

NB: $5x_1 + 12,5x_2 \leq 100$ [1]

$9x_1 + 7,5x_2 \leq 90$ [2]

$x_1 \leq 7$ [3]

NNB: $x_1, x_2 \geq 0$ [4]

Damit wir die Lösung des Problems graphisch bestimmen können, lösen wir die Ungleichungen nach x_2 auf. Dann können wir sie nämlich als lineare Funktionen y(x) bzw. $x_2(x_1)$ in einem x-y–bzw. x_1-x_2-Koordinatensystem darstellen.

ZF: DB = $10x_1 + 12,5x_2 \Leftrightarrow x_2 = -0,8x_1 + \frac{DB}{12,5}$

Es handelt sich hierbei um eine Schar von Geraden mit der Steigung $-0,8$ und dem Schnittpunkt mit der x_2-Achse von $\frac{DB}{12,5}$.

NB: [1] $12{,}5x_2 \leq -5x_1 + 100 \Leftrightarrow x_2 \leq -0{,}4x_1 + 8$

[2] $7{,}5x_2 \leq -9x_1 + 90 \Leftrightarrow x_2 \leq -1{,}2x_1 + 12$

[3] $x_1 \leq 7$

[4] $x_1 \geq 0, x_2 \geq 0$.

Würde es sich bei [1] bis [4] um Gleichungen handeln, dann hätten wir insgesamt fünf Geraden vorliegen. Da die Relation aber nicht „=", sondern „≤" lautet, ist jeweils der Bereich „unterhalb" ([1] bis[3]) bzw. „oberhalb" der Geraden ([4]) mit einzubeziehen. Da *alle* Restriktionen einzuhalten sind, ergibt sich die Menge aller zulässigen Lösungen aus der Schnittmenge der durch die Nebenbedingungen eingegrenzten Flächen.

Die Menge der zulässigen Lösungen (zulässiger Bereich) ist in der folgenden Abbildung schraffiert dargestellt. Man bezeichnet dieses durch Geraden eingegrenzte Vieleck auch als **Lösungspolyeder**.

Abbildung 59: Zulässiger Lösungsbereich (Lösungspolyeder)

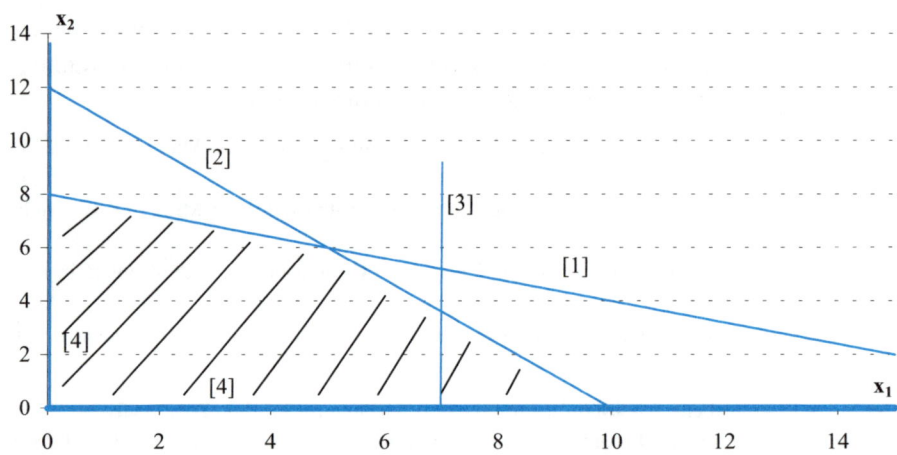

Die Optimallösung muss innerhalb oder am Rande des Lösungspolyeders liegen. Das Optimum können wir gewinnen, indem wir die Zielfunktionsgerade (mit Steigung –0,8) nach „rechts oben" verschieben. Verschiebung nach „rechts oben" bedeutet zunehmende Dekkungsbeiträge, denn der Schnittpunkt mit der x_2-Achse ist ja durch $\frac{DB}{12{,}5}$ gegeben. Je weiter oben die Zielfunktionsgerade also die x_2-Achse schneidet, umso höher wird der Deckungsbeitrag bzw. Zielfunktionswert.

Wir verschieben also die Zielfunktionsgerade so weit nach „rechts oben", bis wir noch gerade einen Punkt des Lösungspolyeders berühren, d. h. die Nebenbedingungen einhalten. Der dann gefundene Punkt ist zwingend unser Optimalwert. Abbildung 60 zeigt, dass die deckungsbeitragsmaximale x_1-x_2-Kombination genau in einer **Ecke** des Polyeders liegt, und zwar im Schnittpunkt der Geraden [1] und [2].

Abbildung 60: Graphische Lösung des linearen Programms

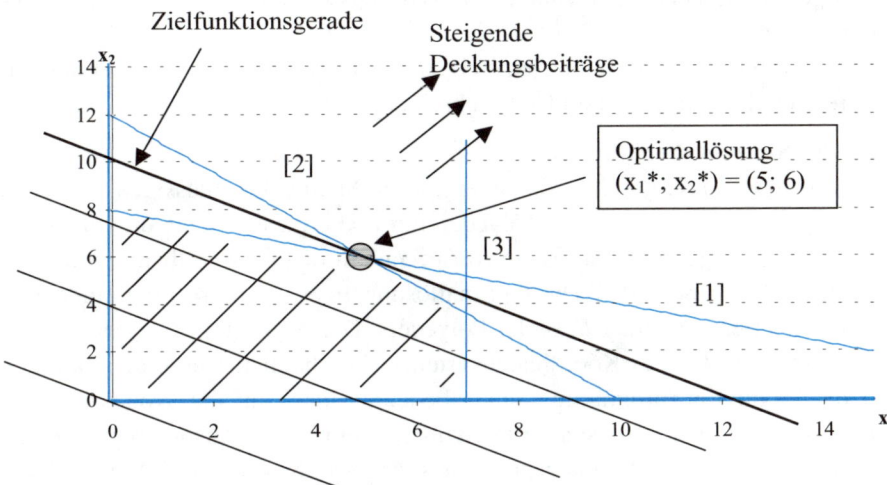

Um den Schnittpunkt exakt zu berechnen, setzen wir die beiden Ausdrücke aus [1] und [2] gleich:

$-0,4x_1 + 8 = -1,2x_1 + 12 \Leftrightarrow 0,8x_1 = 4 \Leftrightarrow \boxed{x_1^* = 5}$.
eingesetzt: $x_2^* = -0,4 \cdot 5 + 8 \Leftrightarrow \boxed{x_2^* = 6}$.
Der maximale Deckungsbeitrag beträgt DB* = $10 \cdot 5 + 12,5 \cdot 6 = \underline{125\ GE}$.

Dass die Lösung im Schnittpunkt und damit *auf* den Geraden [1] und [2] liegt, weist darauf hin, dass die beiden Restriktionen [1] und [2] voll ausgeschöpft werden. Nebenbedingung [3] dagegen wird nicht voll ausgeschöpft. Dies lässt sich auch leicht durch Einsetzen der Lösungswerte in die Nebenbedingungen nachweisen:

[1]: $5 \cdot 5 + 12,5 \cdot 6 = 100\ (\leq 100)$ Vollauslastung
[2]: $9 \cdot 5 + 7,5 \cdot 6 = 90\ (\leq 90)$ Vollauslastung
[3]: $5 \leq 7$ Nichtauslastung

6.3 Simplex-Verfahren

Die gezeigte graphische Methode ist eher als didaktisches Hilfsmittel anzusehen und weniger als praktisch verwertbares Lösungsinstrument. Für n=3 Variablen wäre die graphische Lösung nur dreidimensional darstellbar, für n≥4 scheidet sie vollständig aus.
Wir wollen uns an dieser Stelle mit dem bekanntesten Algorithmus zur Lösung von linearen Gleichungssystemen mit n Variablen (n beliebig groß) beschäftigen, nämlich mit dem **Simplex-Verfahren**. Das Simplex-Verfahren wurde bereits 1947 in den USA entwickelt und eignet sich hervorragend zur Umsetzung

in ein Computerprogramm. Das Verfahren bedient sich der Methoden der linearen Algebra und gehört heutzutage zum Basiswissen eines Absolventen der Betriebswirtschaft.

Bevor wir in den Algorithmus „einsteigen" und am einfachen Beispiel demonstrieren, wollen wir kurz die Idee beschreiben.

Idee des Simplex-Verfahrens:

Wie wir im Fall n=2 gesehen haben, ergibt die Menge der zulässigen Lösungen ein zweidimensionales Lösungspolyeder. Für n=3 ergäbe sich ein dreidimensionales und für allgemeines $n \in \mathbb{N}$ ein (für n>3 nicht mehr vorstellbares) n-dimensionales Lösungspolyeder. Die Optimallösung liegt, – sofern eine eindeutige Lösung existiert – in einer *Ecke* des Polyeders. Der Algorithmus beginnt im Ursprung (Nullpunkt) des Koordinatensystems. Anschaulich würde dies bezogen auf die Produktionsprogrammplanung bedeuten, dass auf die Produktion verzichtet wird, die Fertigungskapazitäten überhaupt nicht in Anspruch genommen werden. Dies ist der Ausgangspunkt des Algorithmus und selbstverständlich noch nicht die Optimallösung.

Da sich die Optimallösung in einer Ecke befindet, werden nun systematisch die Ecken durchsucht und Schritt für Schritt das Ergebnis verbessert, bis man schließlich die optimale Lösung gefunden hat.

Beispiel:

Wir wollen den Algorithmus an dem in Kapitel 6.2 graphisch gelösten Problem für n=2 Variablen entwickeln (so genanntes **Standard-Maximum-Problem**).

Gegeben war das lineare Programm zur Maximierung des Deckungsbeitrags (DB):

ZF: DB = $\quad 10x_1 + 12{,}5x_2 \to$ max!

NB: $\quad 5x_1 + 12{,}5x_2 \leq 100 \qquad$ [1]

$\qquad\qquad 9x_1 + 7{,}5x_2 \leq 90 \qquad$ [2]

$\qquad\qquad x_1 \leq 7 \qquad\qquad\qquad$ [3]

NNB: $\quad x_1, x_2 \geq 0$

Das Simplex-Verfahren setzt ein lineares *Gleichungs*system voraus. Um aus einer Ungleichung eine Gleichung zu machen, bedient man sich eines „Tricks": Man addiert auf der linken Seite den „fehlenden" Wert in Form einer zusätzlichen Variable hinzu. Diese Variable wird als **Schlupfvariable** bezeichnet. Bei Vollauslastung der Kapazitäten wird die Schlupfvariable den Wert Null haben, ansonsten wird sie positiv sein. Somit gibt der Wert der Schlupfvariable das Ausmaß der Nichtauslastung der Kapazitäten an.

Wir bezeichnen die Schlupfvariablen mit $y_1, \dots, y_m$, bringen ferner die Zielfunktion in die Form „= 0" und schreiben das lineare Programm wie folgt:

$$-10x_1 \quad -12{,}5x_2 \qquad\qquad\qquad + \underbrace{DB_{max}}_{=:Z} \quad = 0$$

$$5x_1 \quad +12{,}5x_2 \quad +y_1 \qquad\qquad\qquad\qquad = 100$$

$$9x_1 \quad + 7{,}5x_2 \qquad\quad + y_2 \qquad\qquad\qquad = 90$$

$$x_1 \qquad\qquad\qquad\qquad\quad +y_3 \qquad\qquad = 7$$

$$x_1, x_2, y_1, y_2, y_3 \qquad\qquad\qquad\qquad\qquad \geq 0$$

Nun haben wir ein Gleichungssystem aus 3 Gleichungen (allgemein: n Gleichungen) und 2 + 3 (allgemein: n+m) Unbekannten. Das Gleichungssystem ist damit „unterbestimmt" (mehr Variablen als Gleichungen), was jedoch an dieser Stelle nicht stört.

Der nächste Schritt besteht darin, das Gleichungssystem in ein „geordnetes" Matrizenschema zu bringen, nämlich in das **Simplextableau**.

Das Simplextableau für die Ausgangslösung ($x_1=0$, $x_2=0$) sieht folgendermaßen aus:

	x_1	x_2	y_1	y_2	y_3	Z	b
y_1	5	12,5	1	0	0	0	100
y_2	9	7,5	0	1	0	0	90
y_3	1	0	0	0	1	0	7
Z	−10	−12,5	0	0	0	1	0

Die Schlupfvariablen y_1, y_2, y_3 bilden drei Einheitsvektoren bzw. insgesamt eine Einheitsmatrix. Sie werden als **Basisvariable** bezeichnet[1]. Die „gleich 0" gesetzten Variablen x_1 und x_2 gehören nicht zu den Einheitsvektoren und werden als **Nichtbasisvariable** bezeichnet. Unten rechts im Simplextableau finden wir den Zielfunktionswert, der im Ausgangstableau Null sein muss (DB=0).

Die Ausgangslösung lautet also: **$x_1=0$, $x_2=0$, $y_1=100$, $y_2=90$, $y_3=7$, Z=0**.

Das Ziel besteht darin, durch „Variablentausch" den Zielfunktionswert zu erhöhen, denn die beiden negativen Werte −10 und −12,5 zeigen, dass man durch Erhöhung dieser Werte den Zielfunktionswert vergrößern könnte.

Allgemein kann man sagen: **Solange in der Zielfunktionszeile noch negative Werte stehen, lässt sich der Zielwert noch verbessern.** Die Umkehrung gilt aber auch: Wenn in der untersten Zeile nur noch nicht-negative Elemente stehen, dann haben wir den maximalen Zielwert erreicht.

Für den angestrebten Variablentausch (eine Nichtbasisvariable wird zur Basisvariable gemacht) wählen wir in der Zielfunktionszeile den am stärksten negativen Wert, das ist hier der Wert −12,5. Somit machen wir x_2 zur Basisvariablen. Die dazugehörige Spalte wird **Pivotspalte** genannt. Ist die Wahl der Pivotspalte nicht eindeutig, d. h. gibt es mehrere „kleinste" Werte, kann man einen Wert und die dazugehörige Spalte frei wählen.

Die Auswahl von x_2 als Pivotspalte bedeutet anschaulich, dass wir die x_2-Achse „nach oben wandern" bis zum Schnittpunkt der ersten begrenzenden Gerade.

	x_1	x_2	y_1	y_2	y_3	Z	b
y_1	5	12,5	1	0	0	0	100
y_2	9	7,5	0	1	0	0	90
y_3	1	0	0	0	1	0	7
Z	−10	−12,5	0	0	0	1	0
		Pivotspalte					

---

1 Basisvariablen sind die zu den Einheitsvektoren gehörenden Variablen. Dem liegt das Prinzip zu Grunde, dass sich jedes Gleichungssystem nach Durchführung des Gauß'schen Eliminationsverfahrens (Vollelimination) durch eine bestimmte Anzahl von Einheitsvektoren darstellen lässt.

Als nächstes ermitteln wir die Pivotzeile und bilden dazu die Quotienten $\frac{b_i}{a_i}$, wobei b_i das Ergebnis in der Zeile i und a_i die Koeffizienten der Pivotspalte für die i-te Zeile sind:

1. Zeile: $\frac{100}{12,5} = 8$ 2. Zeile: $\frac{90}{7,5} = 12$ 3. Zeile: $\frac{7}{0}$ nicht lösbar.

Von allen lösbaren, positiven Quotienten suchen wir das Minimum (hier: 8) und wählen die dazugehörige Zeile (hier: Zeile 1) als **Pivotzeile** aus:

Pivotelement

	x_1	x_2	y_1	y_2	y_3	Z	b
y_1	5	12,5	1	0	0	0	100	Pivotzeile
y_2	9	7,5	0	1	0	0	90
y_3	1	0	0	0	1	0	7
Z	−10	−12,5	0	0	0	1	0

Pivotspalte

Das Schnittelement aus Pivotzeile und Pivotspalte heißt **Pivotelement**.

Nun erfolgt der so genannte **Pivotschritt** nach folgender Regel:
1. Die Pivotzeile wird durch das Pivotelement dividiert, sodass das Pivotelement den Wert 1 erhält.
2. Alle anderen Elemente ergeben sich nach folgender Regel:

$$a_{ij,neu} = a_{ij} - \frac{\text{zugehöriges Pivotzeilenelement} \cdot \text{zugehöriges Pivotspaltenelement}}{\text{Pivotelement}}$$

z.B. $a_{21,neu} = 9 - \frac{5 \cdot 7,5}{12,5} = 9 - 3 = 6$.

Nach Durchführung der notwendigen Rechenschritte lautet das 2. Simplextableau:

	x_1	x_2	y_1	y_2	y_3	Z	b
x_2	0,4	1	0,08	0	0	0	8
y_2	6	0	-0,6	1	0	0	30
y_3	1	0	0	0	1	0	7
Z	−5	0	1	0	0	1	**100**

x_2 ist nun zur Basisvariable geworden (bildet mit y_2 und y_3 drei verschiedene Einheitsvektoren), während die Variablen x_1 und y_1 Nichtbasisvariablen sind (keine Einheitsvektoren), d. h. ihnen wird der Wert 0 zugewiesen.

Das Simplextableau liefert also folgende Zwischenlösung:

x_2=8, y_2=30, y_3=7, x_1=0, y_1=0, Z=100.

Da in der untersten Zeile noch ein negativer Wert steht, lässt sich die Lösung verbessern. Graphisch bedeutet dieser Befund, dass sich die Zielfunktion weiter nach „oben rechts" verschieben lässt.

Die zu x_1 gehörige Spalte wird somit zur neuen Pivotspalte. Erneut berechnen wir die Quotienten:

1. Zeile: $\frac{8}{0,4} = 20$ 2. Zeile: $\frac{30}{6} = 5$ ← Minimum (Pivotzeile)

3. Zeile: $\frac{7}{1} = 7$

	x_1	x_2	y_1	y_2	y_3	Z	b
x_2	0,4	1	0,08	0	0	0	8
y_2	6	0	−0,6	1	0	0	30
y_3	1	0	0	0	1	0	7
Z	−5	0	1	0	0	1	100

Der Wert 6 ist damit unser neues Pivotelement.

Erneut führen wir die Pivotschritte durch, um die Einheitsvektoren zu gewinnen: Zunächst dividieren wir die Pivotzeile durch das Pivotelement, damit das Pivotelement den Wert 1 erhält:

	x_1	x_2	y_1	y_2	y_3	Z	b
y_2	6	0	−0,6	1	0	0	30

$| : 6$

$=$

	x_1	x_2	y_1	y_2	y_3	Z	b
y_2	1	0	−0,1	$0,1\overline{6}$	0	0	5

Für alle Werte gilt wieder:

$$a_{ij,neu} = a_{ij} - \frac{\text{zugehöriges Pivotzeilenelement} \cdot \text{zugehöriges Pivotspaltenelement}}{\text{Pivotelement}}$$

Damit lautet das 3. Simplextableau:

	x_1	x_2	y_1	y_2	y_3	Z	b
x_2	0	1	0,12	$0,0\overline{6}$	0	0	6
x_1	1	0	−0,1	$0,1\overline{6}$	0	0	5
y_3	0	0	0,1	$-0,1\overline{6}$	1	0	2
Z	0	0	0,5	$0,8\overline{3}$	0	1	125

Wir sind am Ziel. In der untersten Zeile findet sich kein negativer Wert mehr, das Ergebnis lässt sich nicht weiter verbessern. Basisvariablen sind nun x_2, x_1 und y_3, während y_1 und y_2 (mit dem Wert 0 versehene) Nichtbasisvariablen sind.

Aus dem Simplextableau können wir die endgültige Lösung ablesen:

$y_1 = 0$ und $y_2 = 0$ **(Nichtbasisvariablen)**

$x_2^* = 6$, $x_1^* = 5$, $y_3 = 2$ **(Basisvariablen)**

$Z^* = 125$ **(optimaler Zielwert)**

$y_1=0$ und $y_2=0$ bedeutet, dass die Kapazitäten, die durch die Nebenbedingungen 1 und 2 beschrieben werden, voll ausgeschöpft sind. Faktisch gilt hier das „="-Zeichen und nicht die „<"-Relation.

$y_3=2$ bedeutet: Die Kapazität 3 (Nebenbedingung 3) ist nicht voll ausgeschöpft, d. h. es gibt Leerkapazitäten.

$x_1=5$ und $x_2=6$ lautet das optimale Produktionsprogramm, das uns zusammen mit dem maximalen Deckungsbeitrag $Z^*=DB^*=125$ in der rechten Spalte des Tableaus geliefert wird. Dieses Resultat hatten wir in Kapitel 6.2 bereits graphisch ermittelt.

Abschließende Bemerkungen zum Simplex-Verfahren:

▶ Das Beispiel hat gezeigt, dass das Simplex-Verfahren bereits für n=2 Variablen recht mühsam war. Für n≥3 Variablen wird es entsprechend aufwändiger. Es findet praktisch nur computergestützt Anwendung.

▶ Die Schlupfvariablen werden auch als „Schattenpreise" bezeichnet. Ihr Wert gibt an, in welchem Ausmaß bei der Lösung des Problems Leerkapazitäten (und damit Kosten für entgangene Produktionskapazitäten, so genannte **Opportunitätskosten**) bestehen. Gilt in einer Kapazitätsrestriktion y=0 für eine Schlupfvariable, so haben wir für diese Anlage den gewünschten Zustand der Vollauslastung.

▶ Das Simplex-Verfahren sieht zunächst nur Maximierungsprobleme vor. Um auch Minimierungsaufgaben lösen zu können, muss man dem Minimierungsproblem ein entsprechend modifiziertes Maximierungsproblem zuordnen. Man spricht hier von einem **dualen Problem**.

▶ Ähnlich wie bei linearen Gleichungssystemen im Allgemeinen ist es nicht zwingend, dass das Optimierungsproblem eindeutig lösbar ist. Es kann durchaus sein, dass das Problem keine Lösung hat oder sogar unendlich viele Lösungen besitzt. Letzteres ist dann der Fall, wenn die Zielgerade parallel zur Nebenbedingungsgerade verläuft, sodass nicht eindeutig eine Ecklösung bestimmt werden kann.

Sowohl die Behandlung dualer Probleme als auch sonstiger Konstellationen erfordert jedoch einen tieferen Einstieg in die lineare Optimierung, der den Rahmen dieses Buches sprengen würde.

Schrittfolgen des Simplex-Algorithmus (Zusammenfassung):

Schritt 1: Aufstellen des linearen Programms „Z → max!" mit den Nebenbedingungen in der Form „≤ b_i" (i = 1, ... ,m) sowie den Nichtnegativitätsbedingungen entsprechend der Formulierung in Kapitel 6.1. Falls eine Nebenbedingung in der Form „≤ b_i" gegeben ist, so ist sie durch Multiplikation der Ungleichung mit (–1) in die „≤"-Form zu bringen.

Schritt 2: Durch Hinzuaddieren von Schlupfvariablen $y_1, ... , y_m$ werden die Ungleichungen in Gleichungen umgewandelt.

Schritt 3: Die Zielfunktion ist in die Form „$- c_1 x_1 - c_2 x_2 - ... - c_n x_n + Z = 0$" zu bringen.

Schritt 4: Aufstellen des 1. Simplextableaus (Ausgangstableau) nach folgendem Prinzip:

	x_1	...	x_n	y_1	...	y_m	Z	b
y_1	a_{11}	...	a_{1n}	1	...	0	0	b_1
⋮	⋮	⋱	⋮	⋮	⋱	⋮	⋮	⋮
y_m	a_{m1}	...	a_{mn}	0	...	1	0	b_m
Z	$-c_1$	...	$-c_n$	0	...	0	1	0

Schritt 5: Bestimmung der Pivotspalte l (l=1, ... ,n) als Spalte mit dem „negativsten" Koeffizienten c_j (j=1, ... ,n). Bei Nicht-Eindeutigkeit kann frei gewählt werden.

Schritt 6: Bestimmung der Pivotzeile k (k=1, ... ,m). Dazu Bildung der Quotienten $\frac{b_i}{a_{il}}$ (i=1, ... ,m), wobei b_i die Ergebniswerte der i-ten Zeile und a_{il} die Koeffizienten in der Pivotspalte sind. Bestimmung des Minimums des Quotienten $\frac{b_i}{a_{il}}$ und Bezeichnung der dazugehörigen Zeile als Pivotzeile.

Schritt 7: Bestimmung des Pivotelements a_{kl} = Schnittpunkt aus Pivotspalte und Pivotzeile.

Schritt 8: Teilung der Pivotzeile durch Pivotelement.
Dadurch erhält das Pivotelement den Wert 1.

Schritt 9: Für alle anderen Elemente ist der Pivotschritt nach folgendem Rechenmuster durchzuführen:

$$NeuerWert = AlterWert - \frac{\text{zugehöriges Pivotzeilenelement·zugehöriges Pivotspaltenelement}}{\text{Pivotelement}}$$

Ergebnis: Neues Simplextableau, bei dem in der Pivotspalte nun ein Einheitsvektor steht.

Schritt 10: Prüfung, ob in der Zielfunktionszeile noch negative Werte auftreten.
Falls ja, dann weiter mit Schritt 5.
Falls nein, dann Ablesen der Lösungen aus der rechten Spalte des Tableaus.

Aufgabe 86: In einem Produktionsprozess durchlaufen zwei Produkte simultan drei Aggregate (Fertigungsstufen). Es gelten folgende Zeitangaben:

Maschine	Maschinenkapazität (Minuten)	Zeitbedarf für 1 Stück des Produkts 1 (Minuten)	Zeitbedarf für 1 Stück des Produkts 2 (Minuten)
I	3.900	10	4
II	1.900	4	5
III	2.500	3	10

Die variablen Stückkosten betragen für beide Produkte 3 GE, die Fixkosten betragen 2.000 GE. Die Stückerlöse seien 10 GE für Produkt 1 und 8 GE für Produkt 2.

a) Stellen Sie das lineare Optimierungsprogramm zur Maximierung des Gesamtgewinns auf!

b) Ermitteln Sie zeichnerisch den Optimalpunkt und berechnen Sie die gewinnmaximalen Produktionsmengen x_1^* und x_2^* sowie den maximalen Gewinn G*!

c) Lösen Sie das Optimierungsproblem mit Hilfe des Simplex-Verfahrens!

Aufgabe 87: Ein Unternehmen stellt drei Produkte (P_1, P_2, P_3) aus zwei Materialien (A und B) her und will seinen Deckungsbeitrag maximieren. Dabei gelten folgende Bedingungen:

▶ Die Kapazität der Maschinengruppe, auf der beide Produkte hergestellt werden, beträgt 100 Maschinenstunden,

▶ vom Material A stehen 600 Mengeneinheiten, vom Material B 400 Mengeneinheiten zur Verfügung,

▶ die Stückdeckungsbeiträge betragen 50 GE (P_1), 40 GE (P_2) und 70 GE (P_3).

Die Maschinenstunden (in Zeiteinheit ZE) und die Materialmengen (in Mengeneinheit ME), die für die Herstellung jeweils *einer* Einheit eines Produkts (Erzeugniseinheit EE) benötigt werden (Aufwandskoeffizienten), sind in folgender Tabelle zusammengestellt:

		Aufwandskoeffizienten für Produkt		
		P_1	P_2	P_3
Maschinenstunden	$\frac{ZE}{EE}$	2	0	1
Material A	$\frac{ME}{EE}$	2	1	3
Material B	$\frac{ME}{EE}$	1	1	2

Gesucht sind die Produktionsmengen x_1^*, x_2^*, x_3^*, bei denen der Gesamtdeckungsbeitrag unter Einhaltung der Restriktionen maximal wird.

a) Stellen Sie das lineare Optimierungsprogramm zur Maximierung des Gesamtdeckungsbeitrags auf!

b) Ermitteln Sie mit Hilfe des Simplex-Verfahrens das optimale Produktionsprogramm (x_1^*, x_2^*, x_3^*) und berechnen Sie den maximalen Deckungsbeitrag DB*!

Lösungshinweise

Aufgabe 1:

a) $x - y$; b) $3b$; c) $xu + 2uy - 3vx - 6vy$; d) $x^2 - y^2 + z^2 - 2xz$

Aufgabe 2:

a) $7x \cdot (4z - 2y + 5u)$; b) $3uv \cdot (5w + 6 - 11x)$

Aufgabe 3:

a) $(x - \frac{1}{2})^2$; b) $(8a - 2b) \cdot (8a + 2b)$; c) $49a^2 - 225b^2$;

d) $(a + b)^3 = a^3 + 3a^2b + 3ab^2 + b^3$ e) $(a - b)^3 = a^3 - 3a^2b + 3ab^2 - b^3$

Aufgabe 4:

a) 2; b) $\frac{1}{2}$; c) keine weitere Vereinfachung möglich.

Aufgabe 5:

a) $\frac{31}{10}$; b) $\frac{17}{30}$; c) $\frac{3}{5}$; d) $\frac{a-b}{a+b} + \frac{a+b}{a-b} = \frac{(a-b)^2 + (a+b)^2}{(a+b)\cdot(a-b)} = \ldots = \frac{2\cdot(a^2+b^2)}{a^2-b^2}$.

Aufgabe 6:

a) $\frac{a^{-x} \cdot \left(a^2 - 1\right)^{-x}}{a^3 - a} = \frac{\left[a \cdot \left(a^2 - 1\right)\right]^{-x}}{a \cdot (a^2 - 1)} \overset{a^{-n} = \frac{1}{a^n}}{=} \ldots = \frac{1}{\left[a \cdot (a^2 - 1)\right]^{x+1}}$; b) $\frac{(a+b)^{\frac{4}{3}}}{(a+b)^{\frac{1}{3}}} = \ldots = a + b$

Aufgabe 7:

a) $\log_2 17 = \frac{\ln 17}{\ln 2} = 4{,}087$; b) $\log_{1,05} 3 = \frac{\ln 3}{\ln 1{,}05} = 22{,}517$.

Aufgabe 8:

a) $r = 0{,}05 = 5\%$; b) $a = \frac{7b}{1 - 5b}$.

Aufgabe 9:

a) $a = 15$, $b = 25$; b) $x = 4$, $y = -1$, $z = -3$.

Aufgabe 10:

jeweils über pq-Formel

a) $p = -18$, $q = 17$: $x_{1/2} = 9 \pm \sqrt{81 - 17} = 9 \pm 8 = 1$ bzw.17;

b) $p = 10$, $q = 25$: $x = -5 \pm \sqrt{25 - 25} = -5$;

c) $p = -2$, $q = 4$: $x = 1 \pm \sqrt{1 - 4}$, keine Lösung in $\mathbb{R}$.

Aufgabe 11:

Ansatz: $\frac{a+b}{a} = \frac{a}{b} \Leftrightarrow a^2 - ab - b^2 = 0$, quadratische Gleichung mit $p = -b$ und $q = -b^2$,

$\Rightarrow a = b \cdot \frac{\sqrt{5}+1}{2} = 1{,}618 \cdot b$ bzw. $\frac{a}{b} = 1{,}618$, nun ist : $a + b = 10$ bzw. $a = 10 - b$

$\Rightarrow \frac{10-b}{b} = 1{,}618$ und somit $\underline{b = 3{,}82 \text{ m}}$ und $\underline{a = 6{,}18 \text{ m}}$.

Aufgabe 12:

a) $3x^3 + 6x^2 + 3x = 0 \Leftrightarrow \underbrace{3x}_{x_1 = 0} \cdot \underbrace{(x^2 + 2x + 1)}_{(x+1)^2 \overset{!}{=} 0} = 0 \Rightarrow x_1 = 0, \ x_2 = -1.$

b)

	1	−1	−18	52	−40
x = 2	−	2	2	−32	40
	1	−3	−33	35	0
x = 2	−	2	6	−20	
	1	3	−10	0	
x = 2	−	2	10		
	1	5	0		

Also: $(x - 2)^3 \cdot (x + 5) = 0 \Rightarrow$ Lösungen: $\underline{x = 2}$ und $\underline{x = -5}$

c)

	125	−225	−845	561
x = $^3/_5$	−	75	−90	−561
	125	−150	−935	0

$(x - {}^3/_5) \cdot (125x^2 - 150x - 935) = 0$. Lösung der quadrischen Gleichung führt auf die Werte $x = -2{,}2$ und $x = 3{,}4$, somit $\mathbb{L} = \{-2{,}2; \ 0{,}6; \ 3{,}4\}$.

Aufgabe 13:

a) Bedingungen: Nenner $\neq 0$ und Radikand ≥ 0, Nenner $\neq 0$: $x \neq -4$,
    Radikand ≥ 0: $5x - 4 \geq 0 \Leftrightarrow x \geq {}^{24}/_5 = 4{,}8$, $x + 4 \geq 0 \Leftrightarrow x \geq -4 \Rightarrow \mathbb{D}_f = \{x \mid x \geq 4{,}8\}$
    $\sim \mid \cdot \ \sqrt{x+4} \Rightarrow 6 + \sqrt{(5x - 24) \cdot (x + 4)} - (x + 4) = 0 \Leftrightarrow \sqrt{(5x - 24) \cdot (x + 4)} = x - 2 \mid^2$
    $\Rightarrow 5x^2 - 4x - 96 = x^2 - 4x + 4 \Leftrightarrow 4x^2 = 100 \Leftrightarrow x^2 = 25 \Leftrightarrow (x + 5) \cdot (x - 5) = 0$
    $\Leftrightarrow x_1 = -5$ oder $x_2 = 5$. Da -5 außerhalb des Definitionsbereichs liegt, verbleibt als
    einzige Lösung: $\underline{x = 5}$. Probe: ${}^6/_3 + 1 - 3 = 0$.

b) $\mathbb{D}_f = \{x \in \mathbb{R} \mid x > -5, \ x \neq 0\}$, $\sim \mid \cdot \ x \cdot \sqrt{x + 5} \Rightarrow x = 4 \cdot \sqrt{x + 5} \Rightarrow x^2 = 16 \cdot (x+5)$
    Lösen der quadrischen Gleichung führt auf $x_1 = 20$, $x_2 = -4$.
    Probe: $x = 20$: $\checkmark$, $x = -4$: $1 \neq -1$, d.h. keine Lösung; einzige Lösung: $\underline{x = 20}$.

Aufgabe 14:

a) $\mathbb{D}_f = \mathbb{R} \setminus \{-1; 1; 4\}$. $\sim \mid \cdot (x-4) \cdot (x+1) \cdot (x-1)$
    $\Leftrightarrow 5 \cdot (x + 1) \cdot (x - 1) + (x - 4) \cdot (x - 1) - 6 \cdot (x - 4) \cdot (x + 1) = 0$
    $\Leftrightarrow 5 \cdot (x^2 - 1) + x^2 - 5x^2 + 4 - 6 \cdot (x^2 \ 3x - 4) = 0$
    $\Leftrightarrow 5x^2 - 5 + x^2 - \underline{5x} + 4 - 6x^2 + \underline{18x} + 24 = 0 \Leftrightarrow 13x + 23 = 0 \Leftrightarrow \underline{\underline{x = -{}^{23}/_{13}}}$

b) $\mathbb{D}_f = \mathbb{R} \setminus \{-1; 1\}$. $\overline{\sim} \mid \cdot (x-1) \cdot (x+1) \Leftrightarrow x - 1 = x + 1 \Rightarrow$ keine Lösung in $\mathbb{R}$.

Aufgabe 15:

a) $\mathbb{D}_f = \mathbb{R}. \sim \mid \cdot 4^2 \Leftrightarrow 4^{x-1} = 1 \mid \ln \Leftrightarrow (x-1) \cdot \ln 4 = \ln 1 = 0 \Leftrightarrow \underline{\underline{x = 1}}$.

b) $\mathbb{D}_f = \mathbb{R}. \ 3^{3x-2} = 1 \Leftrightarrow (3x-2) \cdot \ln 3 = \ln 1 = 0 \Leftrightarrow \underline{\underline{x = ?}}$.

Aufgabe 16:

a) $(\sqrt{6} - x) \cdot (\sqrt{6} + x) < 0 \Leftrightarrow [(\sqrt{6} - x) > 0 \wedge (\sqrt{6} + x) < 0] \vee [(\sqrt{6} - x) < 0 \wedge (\sqrt{6} + x) > 0]$

... Lösung: $x < -\sqrt{6}$ oder $x > \sqrt{6}$.

b) $x \le {}^{10}/_7$.

c) $\mathbb{D}_f = \mathbb{R} \setminus \{4\}$. Fallunterscheidung – Fall 1: $x - 4 > 0$, Fall 2: $x - 4 < 0$. Fall $1 \Rightarrow \mathbb{L} = \{x \mid x > 4\}$, Fall $2 \Rightarrow$ keine Lösung, $\Rightarrow \mathbb{L} = \{x \mid x > 4\}$.

Aufgabe 17:

a) Geometrische Folge: $g_{17} = 1 \cdot 1{,}04^{17-1} = \underline{\underline{1{,}873}}$; b) weder noch;

c) Arithmetische Folge: $a_{17} = 4 + (17-1) \cdot (-3) = \underline{\underline{-44}}$.

Aufgabe 18:

a) $g_{20} = 0{,}01 \cdot 2^{20-1} = \underline{\underline{5.242{,}88\,\text{€}}}$; b) $s_{20} = 0{,}01 \cdot \frac{2^{20}-1}{2-1} = \underline{\underline{10.485{,}75\,\text{€}}}$.

Aufgabe 19:

Arith. Reihe $29+28+\ldots+1+0$: $s_{30} = -1 \cdot \frac{30 \cdot 31}{2} + (29+1) \cdot 30 = \underline{\underline{435}}$.

Aufgabe 20:

$s_\infty = 100.000 \cdot \frac{1}{1-0{,}5} = \underline{\underline{200.000\,\text{€}}}$.

Aufgabe 21:

Jahr	a) Buchwert zu Jahresbeginn	Lineare Afa	Buchwert zu Jahresende	b) Buchwert zu Jahresbeginn	geom.-degr. AfA (20%)	Lin. Afa bez. auf Restlaufz.	Buchwert zu Jahresende
1	60.000,00 €	5.000,00 €	55.000,00 €	60.000,00 €	**12.000,00 €**	5.000,00 €	48.000,00 €
2	55.000,00 €	5.000,00 €	50.000,00 €	48.000,00 €	**9.600,00 €**	4.363,64 €	38.400,00 €
3	50.000,00 €	5.000,00 €	45.000,00 €	38.400,00 €	**7.680,00 €**	3.840,00 €	30.720,00 €
4	45.000,00 €	5.000,00 €	40.000,00 €	30.720,00 €	**6.144,00 €**	3.413,33 €	24.576,00 €
5	40.000,00 €	5.000,00 €	35.000,00 €	24.576,00 €	**4.915,20 €**	3.072,00 €	19.660,80 €
6	35.000,00 €	5.000,00 €	30.000,00 €	19.660,80 €	**3.932,16 €**	2.808,69 €	15.728,64 €
7	30.000,00 €	5.000,00 €	25.000,00 €	15.728,64 €	**3.145,73 €**	2.621,44 €	12.582,91 €
8	25.000,00 €	5.000,00 €	20.000,00 €	12.582,91 €	**2.516,58 €**	2.516,58 €	10.066,33 €
9	20.000,00 €	5.000,00 €	15.000,00 €	10.066,33 €	2.013,27 €	**2.516,58 €**	7.549,75 €
10	15.000,00 €	5.000,00 €	10.000,00 €	7.549,75 €	1.509,95 €	**2.516,58 €**	5.033,16 €
11	10.000,00 €	5.000,00 €	5.000,00 €	5.033,16 €	1.006,63 €	**2.516,58 €**	2.516,58 €
12	5.000,00 €	5.000,00 €	– €	2.516,58 €	503,32 €	**2.516,58 €**	– €

c)

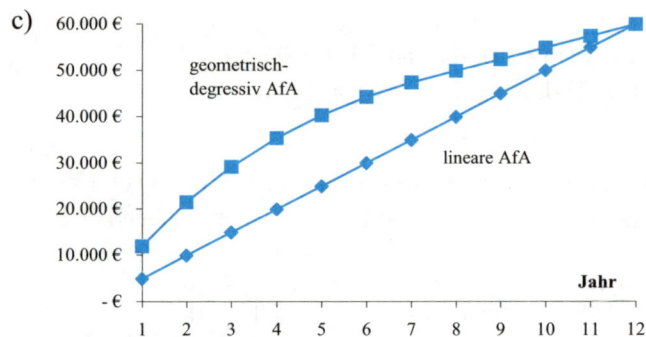

Aufgabe 22:

253 Tage: $K_{253} = 5.000 \cdot (1 + 0,015 \cdot \frac{253}{360}) = \underline{\underline{5.052,71\ \text{€}}}$.

Aufgabe 23:

$\tilde{\text{i}} = \frac{0,02}{0,98} \cdot \frac{360}{14} = 0,5248 = 52,48\%$ p.a. äquivalenter Zinssatz.

Aufgabe 24:

	Bewegung (€)	Bestand (€)	Zinstage	Zinszahlen
				(Bestand mal Tage)
31.12.		4.500	75	337.500
15.03.	− 2.000	2.500	75	187.500
31.05.	+ 5.000	7.500	120	900.000
30.09.	+ 3.000	10.500	75	787.500
15.12.	− 4.000	6.500	15	97.500
31.12.		6.500 + Z		
			Σ 360	2.310.000

Zinsen Z = $2.310.000 \cdot \frac{0,02}{360} = \underline{\underline{128,33\ \text{€}}}$.   Guthaben 31.12.: $\underline{\underline{6.628,33\ \text{€}}}$.

Aufgabe 25:

a) $K_{24} = 3.000 \cdot 1,025 + 24 \cdot 250 \cdot (1+0,025 \cdot \frac{23}{48}) = \underline{\underline{9.146,88\ \text{€}}}$.

b) Ø–Verz. dauer $= \frac{23}{48} = \frac{172,5}{360} = 172,5$ Tage $\Rightarrow$ nach (360 – 172,5=) $\underline{187\ \text{Tagen}}$.

Aufgabe 26:

a) $K_5 = 10.000 \cdot 1,0275 \cdot 1,03 \cdot 1,0325 \cdot 1,04 \cdot 1,05 = \underline{\underline{11.932,51\ \text{€}}}$.

b) $10.000 \cdot q^5 = 11.932,51 \Leftrightarrow q = \sqrt[5]{1,193251} = 1,036$, somit $\underline{\underline{\text{i}=3,6\%\ \text{p.a.}}}$

Aufgabe 27:

a) $E_{10} = 4.000 \cdot 1,06^{10} = 7.163,39\ \text{€}$.

b) $4.000 \cdot 1,06^n = 12.000 \Leftrightarrow 1,06^n = 3 \Leftrightarrow n = \frac{\ln 3}{\ln 1,06} = 18,85 \approx \underline{19\ \text{Jahre}}$.

c) $4.000 \cdot (1+i)^{10} = 8.000 \Leftrightarrow (1+i)^{10} = 2 \Rightarrow 1+i = \sqrt[10]{2} = 1,07177$, somit $\underline{\underline{\text{i} = 7,177\%\ \text{p.a.}}}$

Aufgabe 28:

a) $i^* = \sqrt[5]{1,2 \cdot 1,05 \cdot 0,5 \cdot 1,1 \cdot 1} - 1 = -0,0707 = \underline{-7,07\% \text{ p.a.}}$

b) $5.000 \cdot 1,2 \cdot 1,05 \cdot 0,5 \cdot 1,1 \cdot 1 = \underline{3.465 \text{ €}}$.

Aufgabe 29:

Vergleich Endvermögen. Festverzinsliche Anlage: $K_3 = 100 \cdot 1,05^3 = \underline{115,76}$;
Investition: $K_3 = 20 \cdot 1,05^2 + 40 \cdot 1,05 + 50 = \underline{114,05} \Rightarrow$ festverzinslich anlegen.

Aufgabe 30:

a) $K = 10.000 \cdot (1 + 0,015 \cdot \frac{1}{4}) \cdot 1,015^2 \cdot (1 + 0,015 \cdot \frac{3}{4}) = \underline{10.457,22 \text{ €}}$.

b) $K = 10.000 \cdot (1 + \frac{0,015}{4})^{12} = \underline{10.459,40 \text{ €}}$. c) $K = 10.000 \cdot (1 + \frac{0,015}{12})^{36} = \underline{10.459,99 \text{ €}}$.

Aufgabe 31:

$K = 10.000 \cdot e^{3 \cdot 0,015} = \underline{10.460,28 \text{ €}}$.

Aufgabe 32:

a) $K_{10} = 50.000 \cdot e^{10 \cdot 0,02} = \underline{61.070}$.

b) $50.000 \cdot e^{10 \cdot i} = 65.000 \Leftrightarrow e^{10 \cdot i} = 1,3 \Leftrightarrow 10 \cdot i = \ln 1,3 \Leftrightarrow i = 0,0262 = \underline{2,62\% \text{ p.a.}}$

c) $50.000 \cdot (1 + i)^{10} = 65.000 \Leftrightarrow (1+i)^{10} = 1,3 \Rightarrow i = \sqrt[10]{1,3} - 1 = 0,0266 = \underline{2,66\% \text{ p.a.}}$.

Aufgabe 33:

a) $K_{20} = 30.000 \cdot 1,05^{20} = 79.598,93 \text{ €}$; $R_{20} = 5.000 \cdot \frac{1,05^{20} - 1}{0,05} = 5.000 \cdot \text{REF}(20;0,05)$

$= 165.329,77 \text{ €}$; $K_{20} + R_{20} = \underline{244.928,77 \text{ €}}$.

b) $30.000 \cdot 1,05^n + 5.000 \cdot \frac{1,05^n - 1}{0,05} = 500.000$; auflösen nach $n \Rightarrow \underline{n = 31,3 \text{ Jahre}}$.

Aufgabe 34:

a) $R_0 = 6.000 \cdot \text{RBF} (5; 4,5 \%) = \underline{26.339,86 \text{ €}}$.

b)

Jahr	Guthaben zu Jahresbeginn	Jahresende		
		Zinsen (4,5% p.a.)	Entnahme	Guthaben am Jahresende
1	26.339,86	1.185,29	−6.000	21.525,15
2	21.525,15	968,63	−6.000	16.493,78
3	16.493,78	742,22	−6.000	11.236,00
4	11.236,00	505,62	−6.000	5.741,62
5	5.741,62	258,38	−6.000	**0**

Aufgabe 35:

a) $\text{BW} = 30 \cdot 1,08^{-1} + 20 \cdot 1,08^{-2} + 10 \cdot \text{RBF}(8; 8\%) = \underline{94,193} \Rightarrow$ nicht kaufen!

b) $100.000 = r \cdot \text{RBF}(10; 8\%) \Leftrightarrow r = \frac{100.000}{\text{RBF}(10;8\%)} = \underline{14.902,95 \text{ €}}$.

Aufgabe 36:

a)   Zunächst Rentenbarwert (20 Jahre) für vorschüssige Zahlungen, dann Abzinsung um 5 Jahre: $K(01.01.2003) = 3000 \cdot RBF(20;7\%) \cdot 1{,}07 \cdot 1{,}07^{-5} = \underline{\underline{24.246{,}37\ €}}$.

b) $K(01.01.2003) = 1{,}07 \cdot \frac{3.000}{0{,}07} \cdot 1{,}07^{-5} = \underline{\underline{32.695{,}51\ €}}$.

Aufgabe 37:

a) $C_E = 100 \cdot 0{,}05 \cdot RBF(10;4\ \%) + 100 \cdot 1{,}04^{-10} = \underline{\underline{108{,}11}}$ über pari.

b) $C_E = 100 \cdot 1{,}04^{-10} = \underline{\underline{67{,}56}}$.

Aufgabe 38:

$R_0^V = 26.339{,}86 \cdot 1{,}045 = 27.525{,}15.$

Jahr	Guthaben zu Jahresbeginn	Jahresende		
		Zinsen (4,5% p.a.)	Entnahme	Guthaben am Jahresende
1	27.525,15−6.000 = 21.525,15	968,63	−6.000	16.493,78
2	16.493,78	742,22	−6.000	11.236,00
3	11.236,00	505,62	−6.000	5.741,62
4	5.741,62	258,38	−6.000	0
5	−	−	−	−

Aufgabe 39:

$R_0^V = 100.000 \cdot RBF(30;6\%) \cdot 1{,}06 = \underline{\underline{1.459.072{,}10\ €}}$.

Aufgabe 40:

$R_0^V = 300.000,\ r = 30.000;\ n = \ldots = \frac{\ln 2{,}304}{\ln 1{,}06} = \underline{\underline{14{,}327\ \text{Jahre}}}$.

Aufgabe 41:

$50.000 = r' \cdot RBF(20;4\%) \Leftrightarrow r' = 3.679{,}09;\ r' = r \cdot 12 \cdot (1 + 0{,}04 \cdot \frac{11}{24}) = 3.679{,}09$

$\Leftrightarrow r = \frac{3.679{,}09}{12{,}22} = \underline{\underline{301{,}07\ €}}$.

Aufgabe 42:

a) $R_{20} = 3.600 \cdot REF(20;6\%) = \underline{\underline{132.428{,}13\ €}}$.

b) $r' = 3600 \cdot (1 + 0{,}06 \cdot \frac{1}{2}) = 3.708;\ R_{20} = 3.708 \cdot REF(20;6\%) = \underline{\underline{136.400{,}97\ €}}$.

c) $r' = 30 \cdot 12 \cdot (1 + \frac{0{,}06}{12} \cdot \frac{12-1}{2}) = 3.699;\ R_{20} = 3.699 \cdot REF(20;6\%) = \underline{\underline{136.069{,}90\ €}}$.

Aufgabe 43:

a) $A = 200.000 \cdot AF(30;8\%) = \underline{\underline{1.765{,}49\ €}}$.

b) $S_5 = 200.000 \cdot 1{,}08^5 - 17.765{,}49 \cdot \frac{1{,}08^5 - 1}{0{,}08} = \underline{\underline{189.642{,}59\ €}}$.

   entsprechend: $S_{15} = \underline{\underline{152.063{,}21\ €}};\ S_{25} = \underline{\underline{70.932{,}44\ €}}$.

c)

Jahr	Schuld zu Jahresbeginn	Zinsen (8% p.a.)	Annuität	Schuld am Jahresende
1	200.000,00 €	16.000,00 €	17.765,49 €	198.234,51 €
2	198.234,51 €	15.858,76 €	17.765,49 €	196.327,78 €
3	196.327,78 €	15.706,22 €	17.765,49 €	194.268,52 €

d) $T = \frac{200.000}{30} = 6.666,67$ €; $S_5 = 200.000 \cdot (1 - \frac{5}{30}) = 166.666,67$ €;

entsprechend $S_{15} = 100.000$; $S_{25} = 33.333,33$ €.

Jahr	Schuld zu Jahresbeginn	Zinsen (8% p.a.)	Rate	Belastung	Schuld am Jahresende
1	200.000,00 €	16.000,00 €	6.666,67 €	22.666,67 €	193.333,33 €
2	193.333,33 €	15.466,67 €	6.666,67 €	22.133,34 €	186.666,67 €
3	186.666,67 €	14.933,33 €	6.666,67 €	21.600,00 €	180.000,00 €

Aufgabe 44:

a) $E_9 = 60.000 \cdot 1,06^9 = \underline{101.370 €}$. b) $E_9 = 60.000 \cdot 1,04^3 \cdot 1,06^3 \cdot 1,08^3 = \underline{101.261,43 €}$.

Der „mittlere" Zinssatz beträgt nicht 6%, sondern $\sqrt[9]{1,04^3 \cdot 1,06^3 \cdot 1,08^3} = \underline{5,987\% \text{ p.a.}}$

c) $60.000 \cdot 1,06^n = 120.000$ bzw. $1,06^n = 2 \Leftrightarrow n = \frac{\ln 2}{\ln 1,06} = \underline{12 \text{ Jahre}}$.

d) $E_0 = 90.000 \cdot 1,06^{-9} = \underline{53.271 €}$.

e) $r' = 500 \cdot 12 \cdot (1 + \frac{0,06}{12} \cdot \frac{12-1}{2}) = 6.165$ €; $R_{10} = 6.165 \cdot \text{REF}(10; 6\%) = \underline{81.259,60 €}$.

f) $R_{10} = 6.000 \cdot \text{REF}(10; 6\%) = \underline{79.084,77 €}$.

Aufgabe 45:

DCF $= 5 \cdot \text{RBF}(3; 12\%) + 3,5 \cdot \text{RBF}(5; 12\%) \cdot 1,12^{-3} + \frac{2}{0,12} \cdot 1,12^{-8} = \underline{27,72 \text{ Mio. €}}$.
8 %: DCF $= \underline{37,48 \text{ Mio. €}}$, d. h. Wahl des Zinssatz hat erheblichen Einfluss auf Unternehmenwert.

Aufgabe 46:

a) $R_0 = 20.000 \cdot \text{RBF}(5; 5\%) = 86.589,53$ €. b) $r = 86.589,53 \cdot \text{AF}(10; 6\%) = \underline{11.767,52 €}$.

c) $R_0 = r \cdot q \cdot \text{RBF}(3; 6\%)$, nach r auflösen: $r - 11.767,52 \cdot 0,943 = \underline{11.101,43 €}$

d) $A = 50.000 \cdot \text{AF}(30; 7\%) = \underline{4.029,32 €}$; $S_8 = \underline{44.569,28 €}$.

Aufgabe 47:

Vergleich der aufgezinsten Auszahlungen

Angebot 1: $5.900 \cdot 1,18^3 + 99,99 \cdot 12 \cdot (1 + \frac{0,18}{12} \cdot \frac{11}{2}) \cdot \text{REF}(3; 18\%) = \underline{14.333,97 €}$;

Angebot 2: $299,99 \cdot 12 \cdot (1 + \frac{0,18}{12} \cdot \frac{11}{2}) \cdot \text{REF}(3; 18\%) = \underline{13.921,18 € \text{ (günstiger)}}$

Alternativ Barwertberechnung: $BW_1 = 8.724,09$, $BW_2 = 8.472,86$.

Die Barwerte geben den Kreditbetrag an, den man zur Finanzierung der Zahlungen aufnehmen müsste. Auch hier ist folgerichtig Angebot 2 günstiger.

Aufgabe 48:

a) Gesucht Barwert (BW): BW $= 2 + 3 \cdot 1{,}08^{-1} + 3 \cdot 1{,}08^{-2} + 2 \cdot 1{,}08^{-3} + 1{,}08^{-4} =$ $\underline{9{,}67 \text{ Mio. €}}$.

b) $9{,}67 = R_0 = r \cdot RBF(4; 8\ \%) \Leftrightarrow r = \underline{2{,}92 \text{ Mio. €}}$.

Aufgabe 49:

a) $K(x) = 1.000 + 25x$, $x \geq 0$

b) $K = 2.500$

   $1.000 + 25x = 2.500 \Rightarrow x = \underline{60 \text{ Arbeitsstunden}}$.

Wertetabelle

x	K(x)
0	1.000
10	1.250
20	1.500
30	1.750
40	2.000
50	2.250
60	2.500
70	2.750
80	3.000

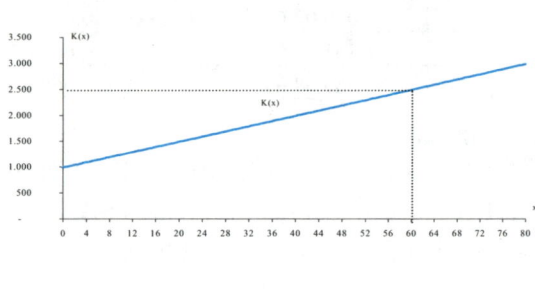

Aufgabe 50:

zu zeigen: $K(x + \Delta x) > K(x)$ bzw. $\frac{1}{2} \cdot (x + \Delta x)^2 + 200 > \frac{1}{2} \cdot x^2 + 200$; Auflösen gemäß 1. binomische Formel und Vereinfachen führt auf: $x + \frac{1}{2} \cdot \Delta x > 0$ ✓ für $x \geq 0$ und $\Delta x > 0$.

zu zeigen: $k_f(x + \Delta x) < k_f(x)$ bzw. $\frac{200}{x + \Delta x} < \frac{200}{x}$ | $\cdot x \cdot (x + \Delta x)$ ... $\Rightarrow 200 \cdot \Delta x > 0$ ✓.

Aufgabe 51:

a) $\mathbb{D}_f = \mathbb{R} \setminus \{-4\}$; $f(x) = \frac{x^2 - 16}{x + 4} = \frac{(x + 4) \cdot (x - 4)}{x + 4} = x - 4$

   $\lim\limits_{x \to -4^-} f(x) = \lim\limits_{x \to -4^+} f(x) = -8$ hebbare Unstetigkeit an der Stelle $x = -4$: $(2{,}0\ 3{,}999$
   $(\text{oder } 4{,}00$

   $$f(x) = \begin{cases} \dfrac{x^2 - 16}{x + 4} & x \varepsilon \mathbb{R} \setminus \{-4\} \\ -8 & x = -4 \end{cases}$$

b) $\lim\limits_{x \to 4^-} f(x) = +\infty$, $\lim\limits_{x \to -4^-} f(x) = +\infty$. Polstelle an $x = 4$.

c) $\mathbb{D}_f = \mathbb{R} \setminus \{0\}$; $\lim\limits_{x \to 0^-} f(x) = 0$, $\lim\limits_{x \to 0^+} f(x) = +\infty$. Sprung an $x = 0$.

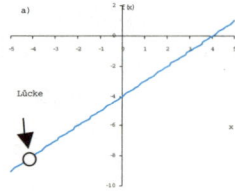

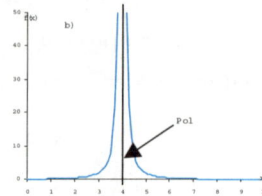

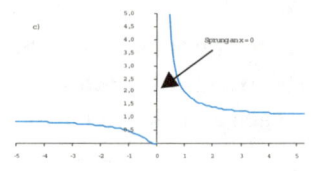

Aufgabe 52:

a) $\lim\limits_{x\to\infty}(1+\frac{1}{x})^x = e = 2,7182818...$ Euler'sche Zahl

b) $\mathbb{D}_f = \mathbb{R} \setminus \{1\}$; Fall 1: $|a| > 1 \Rightarrow \lim\limits_{x\to\infty}f(x) = \infty$, Fall 2: $|a| < 1 \Rightarrow \lim\limits_{x\to\infty}f(x) = \frac{1}{1-a}$.

c) $\mathbb{D}_f = \mathbb{R} \setminus \{0\}$; $\lim\limits_{x\to 0^+}f(x) = 0$, $\lim\limits_{x\to 0^-}f(x) = 12$, $\lim\limits_{x\to +\infty}f(x) = 10$, $\lim\limits_{x\to -\infty}f(x) = 10$.

Aufgabe 53:

y(x) ist nicht bijektiv, also nicht umkehrbar.

   z.B.: $x = 1 \Rightarrow y = 2,5$, aber: $y = 2,5 \nRightarrow x = 1$,

   denn : $y = 2,5 \Rightarrow x = 1$ oder $x = -1$.

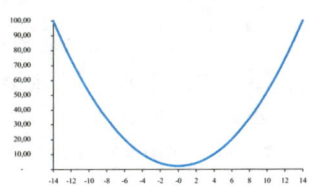

Aufgabe 54:

Variable Kosten pro Stück: <u>6 GE</u>, Fixe Kosten pro Monat = 18.000 GE
Gesamtkosten pro Monat: <u>K(x) = 6x + 18.000</u>, Umsatzerlös im Monat: U(x) = 12x
Gewinn im Monat: <u>G(x) = U(x) – K(x) = 6x – 18.000.</u>

a) U(x) = K(x) $\Leftrightarrow$ 12x = 6x + 18.000 $\Leftrightarrow$ 6x = 18.000 $\Leftrightarrow$ <u>x = 3.000 Stück.</u>

b)

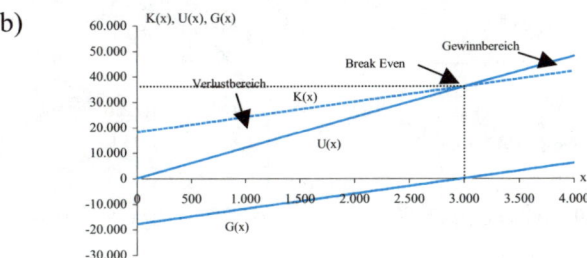

Aufgabe 55:

a) 2-Punkte-Form; alternativ: Einsetzen in Geradengleichung y = mx + b
   6.000 = m·10.000 + b
   <u>4.400 = m·2.000 + b</u>
   1.600 = 8.000.m $\Leftrightarrow$ <u>m</u> $= \frac{1}{5} = 0,2$. Einsetzen $\Rightarrow$ b = <u>4.000</u>.
   $\Rightarrow$ <u>y = 0,2x + 4.000</u> Fixkosten = 4.000 GE, variable Stückkosten = 0,2 GE.

b) ökonomisch sinnvoll: $x \geq 0$ und $p \geq 0$. $p \geq 0 \Leftrightarrow 8,2 – 0,001$; $x \geq 0$
   $\Leftrightarrow 8,2 \geq 0,001x \Leftrightarrow x \leq 8.200 \Rightarrow \mathbb{D}_f = \{x: 0 \leq x \leq 8.200\}$.
   <u>U(x)</u> = p · x = p(x) · x = <u>8,2x –0,001x² = x · (8,2 – 0,001x)</u>

c) G(x) = U(x) – K(x) = 8,2x – 0,001x² – 0,2x – 4.000 = –0,001x² + 8x – 4.000
   G = 0: –0,001x² + 8x –4.000 = 0 | ·(–1.000) $\Leftrightarrow$ x² – 8.000x + 4.000.000 = 0
   pq-Formel mit p = –8.000, q = 4.00.000 $\Rightarrow$ <u>x₁ = 535,9</u>, <u>x₂ = 7.464,1.</u>

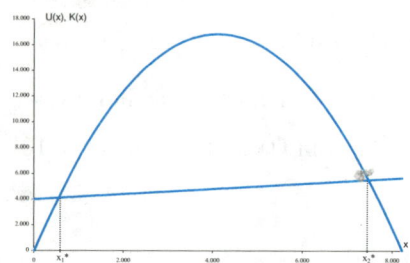

d) Er sollte 2.000 Stück produzieren, da er bei dieser Stückzahl gewinnbrin-
    gend wirtschaftet. 10.000 liegt zum einen außerhalb des Definitionsbe-
    reichs, zum anderen wäre diese Stückzahl verlustbringend.

Aufgabe 56:

a) $p \geq 0 \Leftrightarrow -10x + 68 \geq 0 \Leftrightarrow x \leq 6,8$; $\mathbb{D}_{f,\ddot{o}k} = \{x: 0 \leq x \leq 6,8\}$

b) $U(x) = -10x^2 + 68x$, $G(x) = U(x) - K(x) = -2x^3 + 8x^2 + 8x - 32$.

c) $G(x) = 0 \Leftrightarrow -2x^3 + 8x^2 + 8x - 32 = 0 \Leftrightarrow$
    $x^3 - 4x^2 - 4x + 16 = 0$.
    Lösungsversuch mit $x = 2$:

	1	-4	-4	16
$x = 2$	–	2	-4	-16
	1	-2	-8	0

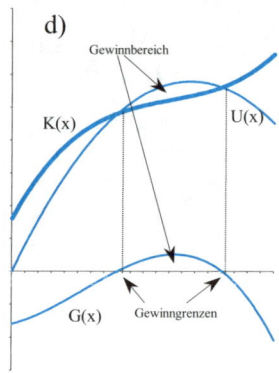

d)

Gewinnbereich

$K(x)$ $U(x)$

$G(x)$ Gewinngrenzen

   Abspalten des Linearfaktors $(x - 2)$:
$(x_1 - 2) \cdot (x^2 - 2x - 8) = 0$
$x^2 - 2x - 8 = 0$; pq-Formel mit $p = -2$, $q = -8$;
$x_{2,3} = \dfrac{2}{2} \pm \sqrt{1+8} = 1 \pm 3$; $\Rightarrow x_2 = -2$ (scheidet aus),

$x_3 = 4 \Rightarrow$ Gewinngrenzen: $\underline{x = 2}$ und $\underline{x = 4}$.

Aufgabe 57:

a) $p(x) = 100 - 0,1 \cdot x$; $U(x) = 100x - 0,1x^2$; Ökonomisch sinnvoller Bereiche
    für Kostenfunktion: $x \geq 0$, Umsatzfunktion: $0 \leq x \leq 1.000$.

b) $G(x) = U(x) - K(x) = 100x - 0,1x^2 - 8.000 - 0,1x^2 = -0,2x^2 + 100x - 8.000$.
    $G(x) = 0 \,|\, : (-0,2) \Leftrightarrow x^2 - 500x + 40.000 = 0$; pq-Formel mit $p = -500$
    und $q = 40.000 \Rightarrow \underline{x_{01} = 100}$ und $\underline{x_{02} = 400}$.

Aufgabe 58:

Allgemeine Form: $y(x) = ax^2 + bx + c$; gesucht: a, b und c.
$y(0) = -6 \Rightarrow \underline{c = -6}$. Aus $4a - 2b - 6 = 0$ und $9a + 3b - 6 = 0$ folgt:
$\underline{a = 1}$ und $\underline{b = 1} \Rightarrow y(x) = \underline{x^2 + x - 6}$.

$b = -1$ $x^2 - x - 6$

Aufgabe 59:

a) ök. sinnv. Def.bereich: $Y > 0$ und $C > 0$.

b) Existenzminimum: $C(0) = 60 \cdot \sqrt{16} = \underline{240\ \text{€/Monat}}$.

c) $S(Y) = Y - C(Y)$; gesucht: Y aus $S(Y) > 0$ bzw. $S(Y) = 0$ d.h. $Y = C(Y)$;
    $Y = 60 \cdot \sqrt{0{,}2 \cdot Y + 16}\ \big|^2 \Rightarrow Y^2 = 3.600 \cdot (0{,}2Y + 16) \Rightarrow \ldots \Rightarrow \underline{Y = 792{,}66\ \text{€}}$.

d) $\dfrac{C}{Y} = 0{,}9$ bzw. $C = 0{,}9 \cdot Y$ bzw. $60 \cdot \sqrt{0{,}2 \cdot Y + 16} = 0{,}9 \cdot Y$; Quadrieren führt auf
    quadrische Gleichung; aufgelöst: $\underline{Y = 962{,}75\ \text{€}}$.

Aufgabe 60:

a) $K(10) = 120$; $K(20) = 160$; $K(0) = \underline{100 = c}$ (Fixkosten); Lösen der Gleichung:
    $100a + 10b + 100 = 120$ und $400a + 20b + 100 = 160 \Rightarrow \underline{a = 0{,}1}$ und $\underline{b = 1}$
    $\Rightarrow \underline{K(x) = 0{,}1x^2 + x + 100}$.

b) $\displaystyle\lim_{\Delta x \to 0} \frac{K(x+\Delta x)-K(x)}{\Delta x} = \lim_{\Delta x \to 0} \frac{0{,}1 \cdot (x+\Delta x)^2 + (x+\Delta x) + 100 - (0{,}1x^2 + x + 100)}{\Delta x}$
    $= \ldots = \displaystyle\lim_{\Delta x \to 0} (0{,}2x + 1 + 0{,}1\Delta x) = \underline{0{,}2x + 1 = K'(x)}$; $\underline{K'(10) = 3}$; $\underline{K'(20) = 5}$.

c) Rechenregel $y = ax^n \to y' = n \cdot a \cdot x^{n-1}$: $K'(x) = 2 \cdot 0{,}1 \cdot x + 1 + 0 = \underline{0{,}2x + 1}$.

Aufgabe 61:

a) $f'(x) = \underline{3x^2 + e^x}$; b) Quotientenregel: $f'(x) = \underline{\underline{-\dfrac{x^2 + 6x + 4}{(x^2 - 4)^2}}}$

c) $f(x) = x^6 \cdot x^{\frac12} = x^{\frac{13}{2}}$; $f'(x) = \dfrac{13}{2} \cdot x^{\frac{11}{2}} = \dfrac{13}{2} \cdot \sqrt{x^{11}} = \underline{\underline{\dfrac{13}{2} \cdot x^5 \cdot \sqrt{x}}}$

d) Logarithmengesetz: $f(x) = 2 \cdot x \cdot \ln x - 2x$; Produktregel: $f'(x) = 2 \cdot \ln x + 2 - 2 = \underline{2 \cdot \ln x}$.

e) $f(x) = 2 \cdot \ln(x + 3)$; $f'(x) = \dfrac{2}{x+3}$. f) $f'(x) = 20x^3 + \dfrac{1}{x} + e^x$;
    $f''(x) = 60x^2 - \dfrac{1}{x^2} + e^x$; $f'''(x) = 120x + \dfrac{2}{x^3} + e^x$.

g) $f'(x) = 5 \cdot e^x \cdot x^2 + 10 \cdot x \cdot e^x$; $f''(x) = 5e^x x^2 + 20xe^x + 10e^x = \underline{5e^x \cdot (x^2 + 4x + 2)}$.

Aufgabe 62:

a) $p = 3{,}99$, $x = 5.000 \Rightarrow U = 19.950\ \text{€}$. $\Delta p = -0{,}2 \Rightarrow \dfrac{\Delta p}{p} = \dfrac{-0{,}2}{3{,}99} = -0{,}05013$;
    $\Rightarrow (\varepsilon - \text{„bestenfalls''} -1$, d.h. %-Nachfragesteigerung vom gleichen Ausmaß$)$
    $\dfrac{\Delta x}{x} = \dfrac{\Delta x}{5.000} = +0{,}05013 \Rightarrow \Delta x = 250{,}6 \Rightarrow x + \Delta x = 5.250{,}6$
    $U_{\text{neu}} = 5.250{,}6 \cdot 3{,}79 = \underline{19.900\ \text{€}} \Rightarrow$ Maßnahme lohnt nicht.

b) Gesucht: Elastizität, damit Umsatz wenigstens 19.950;
    $3{,}79 \cdot x = 19.950 \Leftrightarrow x_{\text{neu}} = 5.264$, d.h. $\Delta x = 264$; $\varepsilon_{x,p} = \dfrac{\frac{\Delta x}{x}}{\frac{\Delta p}{p}} = \dfrac{\frac{264}{5.000}}{\frac{-0{,}2}{3{,}99}} = \underline{-1{,}053}$.

Aufgabe 63:

a) $x'(p) = -2; \varepsilon_{x,p} = -2 \cdot \frac{p}{18-2p} = -\frac{2p}{18-2p}$; $p = 5: \varepsilon_{x,5} = \underline{\underline{-1,25}}$.

b) $-\frac{2p}{18-2p} = -2 \Leftrightarrow \underline{p = 6}$.

Aufgabe 64:

a) $\underline{U(x) = -\frac{1}{3}x^2 + 5x}$

b) $p'(x) = -\frac{1}{3}; \varepsilon_{p,x} = p'(x) \cdot \frac{x}{p(x)} = \dfrac{-\frac{1}{3} \cdot x}{-\frac{1}{3} \cdot x + 5}$; $x = 6: \varepsilon_{p,6} = \underline{\underline{-0,67}}; x = 9: \varepsilon_{p,9} = \underline{\underline{-1,5}}$.

$\varepsilon_{U,x} = U'(x) \cdot \frac{x}{U(x)} = \dfrac{-\frac{2}{3} \cdot x + 5}{-\frac{1}{3} \cdot x + 5}$; $\underline{\underline{\varepsilon_{U,6} = \frac{1}{3}}}; \underline{\underline{\varepsilon_{U,9} = -\frac{1}{2}}}$.

c) $U(x) = p(x) \cdot x; U'(x) = p'(x) \cdot x + p(x)$ (Produktregel)

$\varepsilon_{U,x} = U'(x) \cdot \frac{x}{U(x)} = [p'(x) \cdot x + p(x)] \cdot \frac{x}{x \cdot p(x)} = \underbrace{p'(x) \cdot \frac{x}{p(x)}}_{\varepsilon_{p,x}} + \underbrace{\frac{p(x)}{p(x)}}_{1} = \underline{\underline{\varepsilon_{p,x} + 1}}$.

Aufgabe 65:

$\varepsilon_{K,x} = K'(x) \cdot \frac{x}{K(x)} \overset{!}{=} 1; K'(x) = 0{,}375x^2 - 7{,}5x + 38;$

$\dfrac{(0{,}375x^2 - 7{,}5x + 38) \cdot x}{0{,}125x^3 - 3{,}75x^2 + 38x + 64} = 1 \quad | \cdot (0{,}125x^3 - 3{,}75x^2 + 38x + 64)$

$\Leftrightarrow \ldots \Leftrightarrow x^3 - 15x^2 - 256 = 0;$ Lösungsversuch $x = 16$:

	1	-15	0	-256
$x = 16$	$-$	16	16	256
	1	1	16	$\underline{0}$

Abspalten des Linearfaktors $(x - 16)$: $(x - 16) \cdot \underbrace{(x^2 + x + 16)}_{\substack{\text{für } x \geq 0 \text{ keine} \\ \text{weitere Nullstelle}}} = 0$

$\Rightarrow$ einzige Lösung: $\underline{x = 16}$.

Aufgabe 66:

a) $U(x) = -0{,}2x^2 + 30x; U'(x) = -0{,}4x + 30; U' = 0 \Rightarrow \underline{x^* = 75}; U'' < 0 \Rightarrow$
    Max. $p^* = p(x^*) = \underline{\underline{15}}$.

b) $U(x) = 150 \cdot x \cdot e^{-0,1x}; U'(x) = 150 \cdot e^{-0,1x} - 15 \cdot x \cdot e^{-0,1x} = 15 \cdot e^{-0,1x} \cdot (10 - x)$
    $U' = 0 \Rightarrow \underline{x^* = 10}; U''(x) = e^{-0,1x} \cdot (1{,}5x - 30); U''(10) < 0 \Rightarrow$ Max.; $p^* = \underline{\underline{55{,}18}}$.

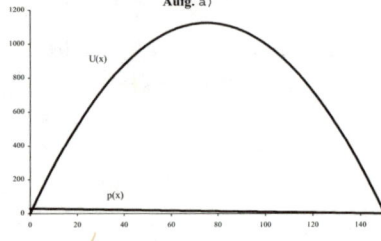
Aufg. a)

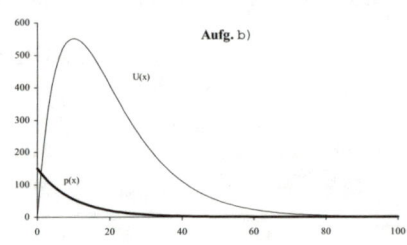
Aufg. b)

Aufgabe 67:

$U''(x) = -15 \cdot e^{-0,1x} - [15 \cdot e^{-0,1x} - 1,5 \cdot x \cdot e^{-0,1x}] = e^{-0,1x} \cdot (1,5x - 30)$; $U'' = 0 \Rightarrow \underline{x_w = 20}$.

$U'''(x) = e^{-0,1x} \cdot (4,5 - 0,15x)$; $U'''(x_w) \geq 0 \Rightarrow$ WP bei $x = 20$;

$U'''(x_w) > 0 \Rightarrow$ Übergang von konkav zu konvex.

Aufgabe 68:

a) $U(x) = -x^2 + 64x$; $G(x) = -0,25x^3 + 3,15x^2 + 25,9x - 122,4$.

b) $G'(x) = -0,75x^2 + 6,3x + 25,9$. Newton: $x_{j+1} = x_j - \frac{G(x_j)}{G'(x_j)}$. $x_1 = 3$; $x_2 = 3,6071$;

x_3 = 3,60000 = 3,6. Horner-Schema mit $x_{01} = 3,6$:

	−0,25	3,15	25,9	−122,4
x = 3,6	−	−0,9	8,1	122,4
	−0,25	2,25	34	0

$(-0,25x^2 + 2,25x + 34) \cdot (x - 3,6) = 0$; abc-Formel $\Rightarrow x_{02} = 17$, $x_{03} = -8$. $\underline{L = \{3,6;\ 17\}}$.

Aufgabe 69:

$U(x) = p(x) \cdot x = -0,9x^2 + 15x$; $G(x) = -0,9x^2 + 15x - (0,3x^3 - 1,8x^2 + 5x + 30)$.

$G(x) = 0 \Leftrightarrow x^3 - 3x^2 - {}^{100}/_3 \cdot x + 100 = 0$; Lösungsversuch mit $x = 3$:

	1	−3	$-{}^{100}/_3$	100
x = 3	−	3	0	−100
	1	0	$-{}^{100}/_3$	0

Abspalten des Linearfaktors $(x - 3)$: $(x_1 - 3) \cdot (x^2 - {}^{100}/_3) = 0$; $x_2 = \frac{10}{\sqrt{3}} = 5,77$ oder

$x_3 = -\frac{10}{\sqrt{3}}$ (x_3 scheidet aus, da < 0); Gewinngrenzen: $\underline{x_1 = 3}$ und $\underline{x_2 = 5,77}$.

Aufgabe 70:

a) $U(2.000) = 2.000 \cdot 600 = \underline{1.200.000 \text{ GE}}$; $U(2.400) = 2.400 \cdot 520 = \underline{1.248.000 \text{ GE}}$.

b) 2-Punkte-Form $\Rightarrow \underline{p(x) = -5x + 5.000}$.

c) $U(x) = -5x^2 + 5.000x$; $U'(x) = -10x + 5.000$; $U' = 0 \Rightarrow \underline{x^* = 500}$; $\underline{p^* = 2.500}$;
    $U''(x) = -10$; $U'' < 0 \Rightarrow$ Max. bei $x = 500$. $\underline{U^* = 1.250.000 \text{ GE}}$.

d) $\varepsilon_{p,x} = -5 \cdot \frac{x}{-5x + 5.000}$; $x = 500$: $\varepsilon_{p,500} = -5 \cdot \frac{500}{2.500 + 5.000} = -1$. Gleiches Ergebnis erhält
    man, wenn man $\varepsilon_{x,p}$ auf Basis $x(p) = -0,2p + 1.000$ errechnet.

Aufgabe 71:

a) 1%ige Erhöhung des Stückpreises bewirkt 1%iger Nachfragerückgang.

b) $x(20) = 10$ bzw. $a + 20b = 10$ (1); $\varepsilon = -1$ bzw. $\frac{20b}{a + 20b} = -1$ bzw. $a + 40b = 0$ (2).

    Auflösen führt auf $a = 20$ und $b = -\frac{1}{2}$, somit $\underline{x(p) = -\frac{1}{2}p + 20}$.

c) $p(x) = -1,5x + 35$; $U(x) = -1,5x^2 + 35x$; $U'x = -3x + 35$; $\underline{x^* = 11,67}$; $\underline{p^* = 17,5}$;
    $U''(x) = -3 < 0 \Rightarrow$ Max.

d) $k_v(x) = 0,1x^2 - 2,7x + 28,7$; $k_v'(x) = 0 \Leftrightarrow \underline{x_{min} = 13,5}$; $k_v''(x) = 0,2 > 0 \Rightarrow$ Min.

e) $k(x) = 0,1x^2 - 2,7x + 28,7 + \frac{27}{x}$; $k'(x) = 0,2x - 2,7 - \frac{27}{x^2} = 0$; eingesetzt: ✓

f) $G(x) = -0,1x^3 + 1,2x^2 + 6,3x - 27$; Lösungsversuch $x = 3$:

	−0,1	1,2	6,3	−27
x = 3	−	−0,3	2,7	27
	−0,1	0,9	9	<u>0</u>

$(x - 3) \cdot (-0,1x^2 + 0,9x + 9) = 0$, verbleibt zu lösen: $-0,1x^2 + 0,9x + 9 = 0$
bzw. $x^2 - 9x - 90 = 0$; pq-Formel mit $p = -9$, $q = -90$: $x = 15$ und $x = -6$;
$\Rightarrow$ Lösungen $\underline{x_{01} = 3}$ und $\underline{x_{02} = 15}$.

g) $G'(x) = -0,3x^2 + 2,4x + 6,3$; $G'(x) = 0 \Rightarrow$ (quadrische Gleichung) $\underline{x^{**} = 10,083}$;
   $\underline{p^{**} = 19,875}$;
   $G''(x) = -0,6x + 2,4$; $G''(x^{**}) = -3,65 < 0 \Rightarrow$ Max.

Aufgabe 72:

a) $K'(x) = 0,15x^2 - 1,6x + 7,25$; $K''(x) = 0,3x - 1,6$; $K'''(x) = 0,3 \neq 0$; $K''(x) = 0 \Leftrightarrow$
   $\underline{x_W = 5,33}$; $K(x_W) = 30,996$.

b)

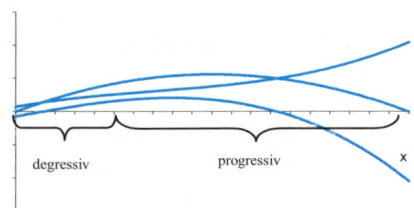

degressiv   progressiv   x

c) $k_v(x) = 0,05x^2 - 0,8x + 7,25$; $k_v'(x) = 0,1x - 0,8 = 0 \Leftrightarrow \underline{x_{Bmin} = 8}$; $k_v'' > 0$ ✓

d) $k(x) = 0,05x^2 - 0,8x + 7,25 + \frac{7,5}{x}$; $k'(x) = 0,1x - 0,8 - \frac{7,5}{x^2}$; $k'(x) = 0$

   $\Leftrightarrow 0,1x^3 - 0,8x^2 - 7,5 = 0$; einsetzen $x = 8,939$: ✓; $k''(x) = 0,1 + 15x^3 > 0$ ✓
   Horner-Schema:

	0,1	−0,8	0	−7,5
x = 8,939	−	0,8939	0,839	7,5
	0,1	0,0939	0,839	<u>0</u>

$(x - 8,939) \cdot (0,1x^2 + 0,0939x + 0,839) = 0$; rechter Ausdruck hat keine positive Lösung.

e) $\varepsilon_{x,p} = -1 \cdot \frac{p}{15-p}$; $p = 7,5$: $\underline{\varepsilon_{x;7,5} = -1}$.

f) $U(x) = 15x - x^2$; $U'(x) = 15 - 2x = 0$; $U''(x) = -2 < 0$; $\underline{x^* = 7,5}$.

g) $G(x) = -0,05x^3 - 0,2x^2 + 7,75x - 7,5 = 0$ |:(−0,05)
   $\Leftrightarrow x^3 + 4x^2 - 155x + 150 = 0$; Lösungsversuch $x = 1$:

	1	4	−155	150
x = 1	−	1	5	−150
	1	5	−150	<u>0</u>

$(x-1) \cdot (x^2 + 5x - 150) = 0$; quadratische Gleichung führt auf $x = 10$ und $x = -15$
$\Rightarrow$ Gewinngrenzen: $\underline{x_{01} = 1}$ und $\underline{x_{02} = 10}$.

h) $G'(x) = -0,15x^2 - 0,4x + 7,75$; $G'(x) = 0 \Leftrightarrow x^2 + 2,667x - 51,67 = 0$
   pq-Formel mit $p = 2,67$ und $q = -51,67$: $x = 5,98$ und $x = -8,64$;
   $\Rightarrow \underline{x^{**} = 5,98}$; $\underline{p^{**} = 9,02}$; $G''(x) = -0,3x - 0,4 < 0 \Rightarrow$ Max.

Aufgabe 73:

$K(x) = -2 \cdot (1-x)^3 + 4 = \ldots = 2x^3 - 6x^2 + 6x + 2$

a) Fixkosten = ± 2.

b) $K'(x) = 6x^2 - 12x + 6$; $K''(x) = 12x - 12 = 0 \Leftrightarrow x_w = 1$; $K(x_w) = 4$;
$K'''(x) = 12 \neq 0$; $K'(x_w) = 0 \Rightarrow$ Sattelpunkt.

c) $k(x) = \dfrac{K(x)}{x} = 2x^2 - 6x + 6 + \dfrac{2}{x}$; $k'(x) = 4x - 6 - \dfrac{2}{x^2} = 0 \Leftrightarrow 4x^3 - 6x^2 - 2 = 0$

Newton: $x_{j+1} = x_j - \dfrac{4x^3 - 6x^2 - 2}{12x^2 - 12x}$. Startwert: $x_1 = 2$; $x_2 = 1{,}75$; $\underline{x_3 = 1{,}6825}$.

d) $G(x) = -2x^3 + 6x^2 - 3x - 2$; $G(x) = 0$; Lösungsversuch $x = 2$:

	2	6	–3	–2
x = 2	–	–4	4	2
	–2	2	1	0

$(x-2) \cdot (-2x^2 + 2x + 1) = 0$; quadr. Gl. mit Lsg. $x = -0{,}36$ und $x = 1{,}366$;
$\Rightarrow$ Gewinngrenzen $\underline{x_{01} = 1{,}366}$ und $\underline{x_{02} = 2}$.

e) $G'(x) = -6x2 + 12x - 3$; $G'(x) = 0$; quadr. Gl. mit Lsg. $\underline{x = 1{,}707}$ und $x = 0{,}293$;
$G''(x) = -12x + 12$; $G''(1{,}707) < 0 \Rightarrow$ Max.; $G''(0{,}293) > 0 \Rightarrow$ Min.

Aufgabe 74:

a) $x(r) = r \cdot (-0{,}15r^2 + 2r + 12)$; $r_{01} = 0$; $-0{,}15r^2 + 2r + 12 = 0 \Leftrightarrow r^2 - 13{,}33r - 80 = 0$
pq-Formel mit $p = -13{,}33$ und $q = -80 \Rightarrow \underline{r_{02} = 17{,}825}$.

b) steigender/fallender Output: $x' > 0$ bzw. $x' < 0$.
$x'(r) = -0{,}45r^2 + 4r + 12$; $x' = 0 \Rightarrow x^* = 11{,}258 \Rightarrow \underline{0 \leq r \leq 11{,}258}$: steigender
Output; $\underline{11{,}258 \leq r \leq 17{,}825}$: fallender Output.
$x''(r) = -0{,}9r + 4$; $x'' = 0 \Rightarrow x^{**} = 4{,}44 \Rightarrow \underline{0 \leq r \leq 4{,}44}$: steigende Grenzerträge; $\underline{4{,}44 \leq r}$: fallende Grenzerträge.

c)

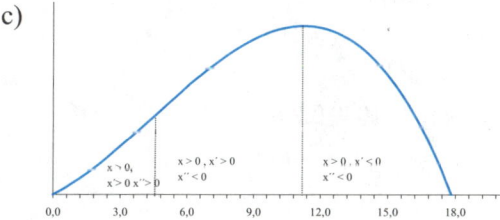

Aufgabe 75:

a) K = Gesamtkosten pro Jahr = variable Lagerkosten pro Jahr + bestellfixe Kosten pro
Jahr $= \dfrac{Q}{2} \cdot 1 + K_f z$ (wobei $z = \dfrac{B}{Q}$) $= \dfrac{Q}{2} \cdot 1 + K_f \dfrac{B}{Q} = K(Q)$

$K'(Q) = \dfrac{1}{2} - \dfrac{K_f \cdot B}{Q} \overset{!}{=} 0 \Leftrightarrow Q^2 = \dfrac{2K_f B}{1} \Rightarrow Q^* = \sqrt{\dfrac{2K_f B}{1}}$; $K''(Q) = \dfrac{2MB}{Q^3} > 0 \Rightarrow$ Minimum.

b) eingesetzt: $Q^* = \sqrt{\dfrac{2 \cdot 100.000 \cdot 1.250}{10}} = \underline{\underline{5.000\,\text{Stück}}}$. $z = \dfrac{100.000}{5.000} = \underline{\underline{20}}$.

Aufgabe 76:

a) $f(x; y) = x^2 - 4x + 4 + y^2 - 4xy + 4x^2 + 8 = \underline{\underline{5x^2 + y^2 - 4xy - 4x + 12}}$.

b) $f_x(x; y) = \underline{10x - 4y - 4}$ [1]; $f_y(x; y) = \underline{2y - 4x}$ [2]; $f_{xx}(x; y) = \underline{10}$; $f_{yy}(x; y) = \underline{2}$;
   $f_{xy}(x; y) = \underline{-4}$.

c) [2] : $f_y = 0 \Leftrightarrow y^* = 2x^* \geq$ [1]; $10 \cdot x^* - 4 \cdot 2x^* - 4 = 0 \Leftrightarrow \underline{x^* = 2}$; $\underline{y^* = 4}$;
   zu zeigen : $f_{xx} \cdot f_{yy} > f_{xy}{}^2$: $\underline{10 \cdot 2 > 16}$ ✓. Es liegt ein Minimum vor.

d) $f^* = f(x^*; y^*) = \underline{\underline{8}}$.

Aufgabe 77:

a) $f_x(x; y) = \underline{-3x^2 + 12y}$ [1]; $f_y(x; y) = \underline{-3y^2 + 12x}$ [2]; $f_{xx} = -6x$; $f_{yy} = -6y$;
   $f_{xy} = 12$.

b) zu lösen : Gleichungssystem $-3x^2 + 12y = 0$ und $-3y^2 + 12x = 0$;
   [1] $\cdot 4$: $-12x^2 + 48y = 0$
   [2] $\cdot x$: $\underline{12x^2 - 3xy^2 = 0}$
   $\qquad 48y - 3y^2x = 0 \Leftrightarrow y \cdot (48 - 3xy) = 0 \Leftrightarrow y^* = 0 \vee y^* = \frac{16}{x}$;

   1. $y^* = 0 \Rightarrow x^* = 0$ $(x^*; y^*) \notin \mathbb{D}_f$.
   2. $-12x^2 + 48 \cdot {}^{16}/_x = 0 \Leftrightarrow x^3 = 64$
   $\Leftrightarrow \underline{x^* = 4} \Rightarrow \underline{y^* = 4}$.
   Nachweis, ob Extremum:
   $-6 \cdot 4 \cdot (-6 \cdot 4) > 144$ ✓.
   Es liegt ein Maximum vor.
   $f^* = f(x^*; y^*) = \underline{1.064}$.

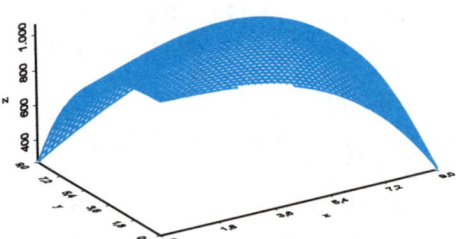

Aufgabe 78:

Zielfunktion: $20A + 10K \rightarrow$ min!
Nebenbedingung: $100 \cdot A^{0,8} \cdot K^{0,2} = 10.000$ bzw. $A^{0,8} \cdot K^{0,2} - 100 = 0$.
$L(A; K; \lambda) = 20 \cdot A + 10 \cdot K + \lambda \cdot (A^{0,8} \cdot K^{0,2} - 100)$
$L_A = 20 + 0,8 \cdot \lambda \cdot A^{-0,2} \cdot K^{0,2} = 0$ [1]; $L_K = 10 + 0,2 \cdot \lambda \cdot A^{0,8} \cdot K^{-0,8} = 0$ [2];
$L_\lambda = A^{0,8} \cdot K^{0,2} - 100 = 0$ [3].
[1]: $20 + \frac{0,8 \cdot \lambda \cdot K^{0,2}}{A^{0,2}} = 0 \Leftrightarrow \lambda = -25 \cdot \frac{A^{0,2}}{K^{0,2}} \rightarrow$ [2]. $10 + 0,2 \cdot (-25 \cdot \frac{A^{0,2}}{K^{0,2}}) \cdot \frac{A^{0,8}}{K^{0,8}} = 0$;
$... \Rightarrow \underline{A^* = 2K^*} \rightarrow$ [3] $\Rightarrow \underline{K^* = 57,43}$, $\underline{A^* = 2K^* = 114,87}$.

Aufgabe 79:

a) Zielfunktion: $3\pi r^2 + 2\pi rh \rightarrow$ min! , Nebenbedingung: $\pi hr^2 - 250 = 0$ [cm].

b) $L(r; h; \lambda) = 3\pi r^2 + 2\pi rh + \lambda \cdot (\pi hr^2 - 250)$;
   $L_r = 6\pi r + 2\pi h + 2\lambda\pi hr = 0$ [1]; $L_h = 2\pi r + \lambda\pi r^2 = 0$ [2]; $L_\lambda = \pi r^2 h - 250 = 0$ [3].

c) [2] $\Rightarrow \lambda = -\frac{2}{r} \rightarrow$ [1]; $6r + 2h + 2 \cdot (-\frac{2}{r}) \cdot h \cdot r = 0 \Leftrightarrow \underline{r^* = \frac{h^*}{3}}$ bzw. $\underline{h^* = 3r^*}$.

   $\rightarrow$ [3]: $r^3 = \frac{250}{3 \cdot \pi}$ $\big| \sqrt[3]{} \Leftrightarrow \underline{r^* = 2,98 \text{ cm}}$, $\underline{h^* = 8,95 \text{ cm}}$, $\underline{G^* = 251,27 \text{ cm}^2}$.

Aufgabe 80:

a) Zielfunktion: $5ab + 2b^2 \rightarrow$ min! , Nebenbedingung: $a \cdot b^2 - 50 = 0$ [dm].

b) $L(a; b; \lambda) = 5ab + 2b^2 + \lambda \cdot (ab^2 - 50)$;
    $L_a = 5b + \lambda b^2 = 0$ [1]; $L_b = 5a + 4b + 2\lambda ab = 0$ [2]; $L_\lambda = ab^2 - 50 = 0$ [3].

c) $[1] \Rightarrow \lambda b^2 = -5b \Leftrightarrow \lambda = -\frac{5}{b} \rightarrow [2]$; $5a + 4b - 2 \cdot \frac{5}{b} \cdot ab = 0 \Leftrightarrow \underline{a^* = 0,8b^*}, \underline{b^* = 1,25a^*}$.

[3]: $0,8 \cdot b^3 = 50$ bzw. $b^3 = 62,5$ dm$^3 \Leftrightarrow \underline{b^* = 3,97 \text{ dm}}, \underline{a^* = 3,175 \text{ dm}}, \underline{P^* = 94,49 \text{ dm}^2}$.

Aufgabe 81:

a) $\begin{array}{c} R_1 \\ R_2 \end{array} \begin{bmatrix} \overset{Z_1 \quad Z_2 \quad Z_3}{} \\ 1 \quad 7 \quad 1 \\ 2 \quad 5 \quad 6 \end{bmatrix}_{(2,3)} \cdot \begin{array}{c} Z_1 \\ Z_2 \\ Z_3 \end{array}\begin{bmatrix} \overset{E_1 \quad E_2}{2 \quad 5} \\ 1 \quad 3 \\ 1 \quad 1 \end{bmatrix}_{(3,2)} = \begin{array}{c} R_1 \\ R_2 \end{array}\begin{bmatrix} \overset{E_1 \quad E_2}{10 \quad 27} \\ 15 \quad 31 \end{bmatrix}_{(2,2)}$;

Benötigte Rohstoffmengen: $\begin{bmatrix} 10 & 27 \\ 15 & 31 \end{bmatrix} \cdot \begin{bmatrix} 1.000 \\ 2.000 \end{bmatrix} = \begin{bmatrix} 64.000 \\ 77.000 \end{bmatrix}$;

Benötigte Zwischenprodukte: $\begin{bmatrix} 2 & 5 \\ 1 & 3 \\ 1 & 1 \end{bmatrix} \cdot \begin{bmatrix} 1.000 \\ 2.000 \end{bmatrix} = \begin{bmatrix} 12.000 \\ 7.000 \\ 3.000 \end{bmatrix}$

b) Gesamtrohstoffkosten: $[2, 3] \cdot \begin{bmatrix} 64.000 \\ 77.000 \end{bmatrix} = \underline{359.000 \text{ GE}}$.

Aufgabe 82:

Lösungsvektoren:

a) $\begin{bmatrix} x_1 \\ x_2 \\ x_3 \end{bmatrix} = \begin{bmatrix} 3 \\ -1 \\ 2 \end{bmatrix}$ b) $\begin{bmatrix} x_1 \\ x_2 \\ x_3 \end{bmatrix} = \begin{bmatrix} 2 \\ -5,5 \\ -0,5 \end{bmatrix}$ c) nicht eindeutig lösbar.

Aufgabe 83:

Ansatz : $\begin{bmatrix} 2 & 6 & 4 \\ 1 & 1 & 2 \\ 4 & 10 & 6 \end{bmatrix} \cdot \begin{bmatrix} k_1 \\ k_2 \\ k_3 \end{bmatrix} = \begin{bmatrix} 42 \\ 15 \\ 68 \end{bmatrix}$ bzw. $\begin{bmatrix} 2 & 6 & 4 & | & 42 \\ 1 & 1 & 2 & | & 15 \\ 4 & 10 & 6 & | & 68 \end{bmatrix}$; Lösung: $\begin{bmatrix} k_1 \\ k_2 \\ k_3 \end{bmatrix} = \begin{bmatrix} 2 \\ 3 \\ 5 \end{bmatrix}$.

Aufgabe 84:

a) Zu lösen:

$$\begin{array}{rrrrr} 24 & & + 3p_2 & + 2p_3 & = 8p_1 \\ 13 & + p_1 & & + 3p_3 & = 10p_2 \\ 13 & + 2\,p_1 & + 2p_2 & & = 25p_3 \end{array}$$

bzw. $\begin{bmatrix} 8 & -3 & -2 & | & 24 \\ -1 & 10 & -3 & | & 13 \\ -2 & -2 & 25 & | & 13 \end{bmatrix}$

b) Gauß'sches Eliminationsverfahren $\Rightarrow$ Lösungsvektor $\begin{bmatrix} p_1^* \\ p_2^* \\ p_3^* \end{bmatrix} = \begin{bmatrix} 4 \\ 2 \\ 1 \end{bmatrix}$.

c) Gesamte Primärkosten = 24 + 13 + 13 = 50 GE.
Bewertete Marktleistung = $5 \cdot 4 + 2 \cdot 5 + 20 \cdot 1 = 50$ GE. ✓

Aufgabe 85:
Variablenbezeichnungen: Mengen für $R_1, R_2, Z_1, Z_2, Z_3, E_1, E_2 = x_1, \ldots, x_7$.

$$
\begin{aligned}
x_1 &= x_3 + x_4 + x_5 \\
x_2 &= 2x_3 + 4x_4 \quad 2x_5 \\
x_3 &= + x_4 + + x_7 \\
& 2x_6 \\
x_4 &= x_6 + 3x_7 \\
x_5 &= + + + x_7 \\
& 2x_4 2x_6 \\
x_6 &= 500 \\
x_7 &= 2.000
\end{aligned}
$$

bzw.
$$
\left[\begin{array}{ccccccc|c}
1 & 0 & -1 & -1 & -1 & 0 & 0 & 0 \\
0 & 1 & -2 & -4 & -2 & 0 & 0 & 0 \\
0 & 0 & 1 & -1 & 0 & -2 & -1 & 0 \\
0 & 0 & 0 & 1 & 0 & -1 & -3 & 0 \\
0 & 0 & 0 & -2 & 1 & -2 & -1 & 0 \\
0 & 0 & 0 & 0 & 0 & 1 & 0 & 500 \\
0 & 0 & 0 & 0 & 0 & 0 & 1 & 2.000
\end{array}\right]
; \text{ Lösungsvektor: }
\begin{bmatrix} x_1 \\ x_2 \\ x_3 \\ x_4 \\ x_5 \\ x_6 \\ x_7 \end{bmatrix}
=
\begin{bmatrix} 32.000 \\ 77.000 \\ 9.500 \\ 6.500 \\ 16.000 \\ 500 \\ 2.000 \end{bmatrix}.
$$

Aufgabe 86:
a) Aufstellen des linearen Programms:
ZF: Gewinn = $10x_1 + 8 x_2 - 3x_1 - 3x_2 - 2.000 = 7x_1 + 5x_2 - 2.000 \rightarrow$ max!
NB: $10x_1 + 4x_2 \le \text{4.000}$ 3500 [1]
   $4x_1 + 5x_2 \le \text{2.000}$ 1900 [2]
   $3x_1 + 10x_2 \le \text{3.000}$ 2500 [3]
NNB: $x_1, x_2 \ge 0$ [4]

b)

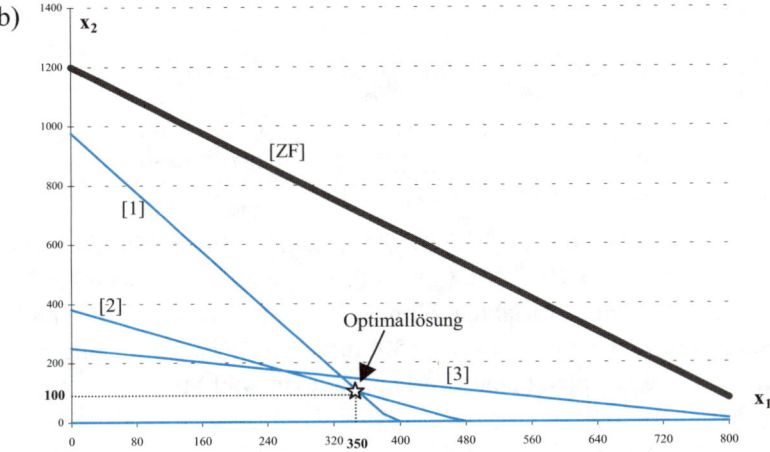

c)   Modifiziertes lineares Programm unter Hinzunahme von Schlupfvariablen:

$$-7x_1 \quad -5x_2 \qquad\qquad \underbrace{+G_{max}}_{=:Z} \quad = -2.000$$

$$
\begin{aligned}
10x_1 &+ 4x_2 &+y_1 && && &= \cancel{4.000}\ 3\,900\\
4x_1 &+ 5x_2 && + y_2 && &= \cancel{2.000}\ 1\,900\\
3x_1 &+ 10x_2 && && +y_3 &= \cancel{3.000}\ 2\,500\\
x_1,&\, x_2, y_1, y_2, y_3 && && &\geq 0
\end{aligned}
$$

⇒ Ausgangstableau (=1. Simplextableau):

	x_1	x_2	y_1	y_2	y_3	Z	b
y_1	10	4	1	0	0	0	3.900
y_2	4	5	0	1	0	0	1.900
y_3	3	10	0	0	1	0	2.500
Z	−7	−5	0	0	0	1	−2.000

Ausgangslösung : $x_1=0$, $x_2=0$, $y_1=3.900$, $y_2=1.900$, $y_3=2.500$, $Z=-2.000$.

Die erste Spalte (x_1) wird Pivotspalte, da $-7 < -5$. Zur Ermittlung des Pivotelements wählen wir das Minimum aus: $\frac{3.900}{10}$, $\frac{1.900}{4}$ und $\frac{2.500}{3}$, also $\frac{3.900}{10} = 390$, so dass die erste Zeile (y_1) zur Pivotzeile wird. Das Element 10 ist also das Pivotelement.

2. Simplextableau:

	x_1	x_2	y_1	y_2	y_3	Z	b
x_1	1	0,4	0,1	0	0	0	390
y_2	0	3,4	−0,4	1	0	0	340
y_3	0	8,8	−0,3	0	1	0	1.330
Z	0	−2,2	0,7	0	0	1	730

3. Simplextableau:

	x_1	x_2	y_1	y_2	y_3	Z	b
x_1	1	0	0,147	−0,1176	0	0	350
x_2	0	1	−0,1176	0,2941	0	0	100
y_3	0	0	0,735	−2,588	1	0	450
Z	0	0	0,441	0647	0	1	**950**

keine Verbesserung mehr möglich (in der Z-Zeile kein negativer Wert mehr).
$\Rightarrow$ Lösung : $x_1 = 350$, $x_2 = 100$, $y_1 = 0$, $y_2 = 0$, $y_3 = 450$, Z (=Gewinn) = 950 GE. Das Ergebnis der Schlupfvariablen y_1 und y_2 bedeutet, dass die NB 1 und 2 voll ausgeschöpft werden, während ($y_3 = 450$) die dritte Nebenbedingung nicht voll ausgelastet ist – es verbleibt eine Leerkapazität von 450 ME.

Aufgabe 87:
a)   Aufstellen des linearen Programms:
ZF: Deckungsbeitrag = $50x_1 + 40 x_2 + 70x_3 \rightarrow$ max!

NB:
$$2x_1 + \qquad\quad x_3 \leq 100 \qquad [1]$$
$$2x_1 + x_2 + 3x_3 \leq 600 \qquad [2]$$
$$x_1 + x_2 + 2x_3 \leq 400 \qquad [3]$$

NNB: $x_1, x_2 \geq 0 \qquad\qquad\qquad [4]$

b)   Ausgangstableau (=1. Simplextableau):

	x_1	x_2	x_3	y_1	y_2	y_3	Z	b
y_1	2	0	1	1	0	0	0	100
y_2	2	1	3	0	1	0	0	600
y_3	1	1	2	0	0	1	0	400
Z	−50	−40	−70	0	0	0	1	**0**

Weiteres Vorgehen analog Aufgabe 86.

...

$\Rightarrow$ Lösung : $x_1 = 50$, $x_2 = 350$, $x_3 = 0$, $y_1 = 0$, $y_2 = 150$ (Leerkapazität),
$y_3 = 0$,
Z (=DB) = 16.500 GE.

Herleitung der Formeln für arithmetische und geometrische Reihe

Gauß'scher Trick für die arithmetische Reihe

Gesucht ist ein „griffiger" Ausdruck für $X = \sum\limits_{t=1}^{n} t = 1+2+3+...+(n-1)+n$.

Dazu schreiben wir die Summe zweimal untereinander auf, zunächst „von vorne" beginnend, anschließend „von hinten" beginnend:

$$X = \sum_{t=1}^{n} t \quad = 1 + 2 + 3 + 4 + ... + (n-3) + (n-2) + (n-1) + n$$

$$+ \quad X = \sum_{t=1}^{n} t \quad = n + (n-1) + (n-2) + (n-3) + ... + 4 + 3 + 2 + 1$$

$$2 \cdot \sum_{t=1}^{n} t = \underbrace{(1+n) + (1+n) + (1+n) + (1+n) + ... + (1+n) + (1+n) + (1+n) + (1+n)}_{n \text{ mal}}$$

$$= (1+n) \cdot n \qquad | : 2$$

$$\boxed{\sum_{t=1}^{n} t = \frac{n \cdot (n+1)}{2}} = X \text{ (gesuchter Ausdruck)}$$

Gauß'scher Trick für die geometrische Reihe

Gesucht ist ein Formelausdruck $Y = \sum\limits_{t=1}^{n} q^{t-1} = q^0 + q^1 + q^2 + ... + q^{t-2} + q^{t-1}$.

Dazu schreiben wir die Summe zweimal untereinander auf, in der ersten Zeile notieren wir den Ausdruck Y, in der zweiten Y·q und ziehen die zweite Zeile von der ersten ab:

$$Y = \sum_{t=1}^{n} q^{t-1} \quad = q^0 + \boxed{q^1 + q^2 + q^3 + ... + q^{t-3} + q^{t-2} + q^{t-1}}$$

Untereinanderstehende Wertepaare heben sich gegenseitig auf.

$$-Y \cdot q = q \cdot \sum_{t=1}^{n} q^{t-1} \quad = \boxed{q^1 + q^2 + q^3 + ... + q^{t-3} + q^{t-2} + q^{t-1}} + q^t$$

$$Y - Yq = Y \cdot (1-q) = q^0 \qquad\qquad\qquad - q^t \quad | : (1-q) \quad q \neq 1$$

$$\Leftrightarrow Y = \boxed{\sum_{t=1}^{n} q^{t-1} = \frac{1-q^t}{1-q} = \frac{q^t-1}{q-1}} \text{ (gesuchter Ausdruck)}$$

Tabelle 1: Aufzinsungsfaktoren $q^t = (1 + i)^t$

n	1,0%	1,5%	2,0%	2,5%	3,0%	3,5%	4,0%	4,5%	5,0%	5,5%	6,0%	7,0%	8,0%	9,0%	10,0%	11,0%	12,0%	15,0%	20,0%
1	1,0100	1,0150	1,0200	1,0250	1,0300	1,0350	1,0400	1,0450	1,0500	1,0550	1,0600	1,0700	1,0800	1,0900	1,1000	1,1100	1,1200	1,1500	1,2000
2	1,0201	1,0302	1,0404	1,0506	1,0609	1,0712	1,0816	1,0920	1,1025	1,1130	1,1236	1,1449	1,1664	1,1881	1,2100	1,2321	1,2544	1,3225	1,4400
3	1,0303	1,0457	1,0612	1,0769	1,0927	1,1087	1,1249	1,1412	1,1576	1,1742	1,1910	1,2250	1,2597	1,2950	1,3310	1,3676	1,4049	1,5209	1,7280
4	1,0406	1,0614	1,0824	1,1038	1,1255	1,1475	1,1699	1,1925	1,2155	1,2388	1,2625	1,3108	1,3605	1,4116	1,4641	1,5181	1,5735	1,7490	2,0736
5	1,0510	1,0773	1,1041	1,1314	1,1593	1,1877	1,2167	1,2462	1,2763	1,3070	1,3382	1,4026	1,4693	1,5386	1,6105	1,6851	1,7623	2,0114	2,4883
6	1,0615	1,0934	1,1262	1,1597	1,1941	1,2293	1,2653	1,3023	1,3401	1,3788	1,4185	1,5007	1,5869	1,6771	1,7716	1,8704	1,9738	2,3131	2,9860
7	1,0721	1,1098	1,1487	1,1887	1,2299	1,2723	1,3159	1,3609	1,4071	1,4547	1,5036	1,6058	1,7138	1,8280	1,9487	2,0762	2,2107	2,6600	3,5832
8	1,0829	1,1265	1,1717	1,2184	1,2668	1,3168	1,3686	1,4221	1,4775	1,5347	1,5938	1,7182	1,8509	1,9926	2,1436	2,3045	2,4760	3,0590	4,2998
9	1,0937	1,1434	1,1951	1,2489	1,3048	1,3629	1,4233	1,4861	1,5513	1,6191	1,6895	1,8385	1,9990	2,1719	2,3579	2,5580	2,7731	3,5179	5,1598
10	1,1046	1,1605	1,2190	1,2801	1,3439	1,4106	1,4802	1,5530	1,6289	1,7081	1,7908	1,9672	2,1589	2,3674	2,5937	2,8394	3,1058	4,0456	6,1917
11	1,1157	1,1779	1,2434	1,3121	1,3842	1,4600	1,5395	1,6229	1,7103	1,8021	1,8983	2,1049	2,3316	2,5804	2,8531	3,1518	3,4785	4,6524	7,4301
12	1,1268	1,1956	1,2682	1,3449	1,4258	1,5111	1,6010	1,6959	1,7959	1,9012	2,0122	2,2522	2,5182	2,8127	3,1384	3,4985	3,8960	5,3503	8,9161
13	1,1381	1,2136	1,2936	1,3785	1,4685	1,5640	1,6651	1,7722	1,8856	2,0058	2,1329	2,4098	2,7196	3,0658	3,4523	3,8833	4,3635	6,1528	10,6993
14	1,1495	1,2318	1,3195	1,4130	1,5126	1,6187	1,7317	1,8519	1,9799	2,1161	2,2609	2,5785	2,9372	3,3417	3,7975	4,3104	4,8871	7,0757	12,8392
15	1,1610	1,2502	1,3459	1,4483	1,5580	1,6753	1,8009	1,9353	2,0789	2,2325	2,3966	2,7590	3,1722	3,6425	4,1772	4,7846	5,4736	8,1371	15,4070
16	1,1726	1,2690	1,3728	1,4845	1,6047	1,7340	1,8730	2,0224	2,1829	2,3553	2,5404	2,9522	3,4259	3,9703	4,5950	5,3109	6,1304	9,3576	18,4884
17	1,1843	1,2880	1,4002	1,5216	1,6528	1,7947	1,9479	2,1134	2,2920	2,4848	2,6928	3,1588	3,7000	4,3276	5,0545	5,8951	6,8660	10,7613	22,1861
18	1,1961	1,3073	1,4282	1,5597	1,7024	1,8575	2,0258	2,2085	2,4066	2,6215	2,8543	3,3799	3,9960	4,7171	5,5599	6,5436	7,6900	12,3755	26,6233
19	1,2081	1,3270	1,4568	1,5987	1,7535	1,9225	2,1068	2,3079	2,5270	2,7656	3,0256	3,6165	4,3157	5,1417	6,1159	7,2633	8,6128	14,2318	31,9480
20	1,2202	1,3469	1,4859	1,6386	1,8061	1,9898	2,1911	2,4117	2,6533	2,9178	3,2071	3,8697	4,6610	5,6044	6,7275	8,0623	9,6463	16,3665	38,3376
21	1,2324	1,3671	1,5157	1,6796	1,8603	2,0594	2,2788	2,5202	2,7860	3,0782	3,3996	4,1406	5,0338	6,1088	7,4002	8,9492	10,8038	18,8215	46,0051
22	1,2447	1,3876	1,5460	1,7216	1,9161	2,1315	2,3699	2,6337	2,9253	3,2475	3,6035	4,4304	5,4365	6,6586	8,1403	9,9336	12,1003	21,6447	55,2061
23	1,2572	1,4084	1,5769	1,7646	1,9736	2,2061	2,4647	2,7522	3,0715	3,4262	3,8197	4,7405	5,8715	7,2579	8,9543	11,0263	13,5523	24,8915	66,2474
24	1,2697	1,4295	1,6084	1,8087	2,0328	2,2833	2,5633	2,8760	3,2251	3,6146	4,0489	5,0724	6,3412	7,9111	9,8497	12,2392	15,1786	28,6252	79,4968
25	1,2824	1,4509	1,6406	1,8539	2,0938	2,3632	2,6658	3,0054	3,3864	3,8134	4,2919	5,4274	6,8485	8,6231	10,8347	13,5855	17,0001	32,9190	95,3962
26	1,2953	1,4727	1,6734	1,9003	2,1566	2,4460	2,7725	3,1407	3,5557	4,0231	4,5494	5,8074	7,3964	9,3992	11,9182	15,0799	19,0401	37,8568	114,4755
27	1,3082	1,4948	1,7069	1,9478	2,2213	2,5316	2,8834	3,2820	3,7335	4,2444	4,8223	6,2139	7,9881	10,2451	13,1100	16,7386	21,3249	43,5353	137,3706
28	1,3213	1,5172	1,7410	1,9965	2,2879	2,6202	2,9987	3,4297	3,9201	4,4778	5,1117	6,6488	8,6271	11,1671	14,4210	18,5799	23,8839	50,0656	164,8447
29	1,3345	1,5400	1,7758	2,0464	2,3566	2,7119	3,1187	3,5840	4,1161	4,7241	5,4184	7,1143	9,3173	12,1722	15,8631	20,6237	26,7499	57,5755	197,8136
30	1,3478	1,5631	1,8114	2,0976	2,4273	2,8068	3,2434	3,7453	4,3219	4,9840	5,7435	7,6123	10,0627	13,2677	17,4494	22,8923	29,9599	66,2118	237,3763

Tabelle 2: Abzinsungsfaktoren $q^{-t} = (1 + i)^{-t}$

n \\ i	1,0%	1,5%	2,0%	2,5%	3,0%	3,5%	4,0%	4,5%	5,0%	5,5%	6,0%	7,0%	8,0%	9,0%	10,0%	11,0%	12,0%	15,0%	20,0%
1	0,9901	0,9852	0,9804	0,9756	0,9709	0,9662	0,9615	0,9569	0,9524	0,9479	0,9434	0,9346	0,9259	0,9174	0,9091	0,9009	0,8929	0,8696	0,8333
2	0,9803	0,9707	0,9612	0,9518	0,9426	0,9335	0,9246	0,9157	0,9070	0,8985	0,8900	0,8734	0,8573	0,8417	0,8264	0,8116	0,7972	0,7561	0,6944
3	0,9706	0,9563	0,9423	0,9285	0,9151	0,9019	0,8890	0,8763	0,8638	0,8516	0,8396	0,8163	0,7938	0,7722	0,7513	0,7312	0,7118	0,6575	0,5787
4	0,9610	0,9422	0,9238	0,9060	0,8885	0,8714	0,8548	0,8386	0,8227	0,8072	0,7921	0,7629	0,7350	0,7084	0,6830	0,6587	0,6355	0,5718	0,4823
5	0,9515	0,9283	0,9057	0,8839	0,8626	0,8420	0,8219	0,8025	0,7835	0,7651	0,7473	0,7130	0,6806	0,6499	0,6209	0,5935	0,5674	0,4972	0,4019
6	0,9420	0,9145	0,8880	0,8623	0,8375	0,8135	0,7903	0,7679	0,7462	0,7252	0,7050	0,6663	0,6302	0,5963	0,5645	0,5346	0,5066	0,4323	0,3349
7	0,9327	0,9010	0,8706	0,8413	0,8131	0,7860	0,7599	0,7348	0,7107	0,6874	0,6651	0,6227	0,5835	0,5470	0,5132	0,4817	0,4523	0,3759	0,2791
8	0,9235	0,8877	0,8535	0,8207	0,7894	0,7594	0,7307	0,7032	0,6768	0,6516	0,6274	0,5820	0,5403	0,5019	0,4665	0,4339	0,4039	0,3269	0,2326
9	0,9143	0,8746	0,8368	0,8007	0,7664	0,7337	0,7026	0,6729	0,6446	0,6176	0,5919	0,5439	0,5002	0,4604	0,4241	0,3909	0,3606	0,2843	0,1938
10	0,9053	0,8617	0,8203	0,7812	0,7441	0,7089	0,6756	0,6439	0,6139	0,5854	0,5584	0,5083	0,4632	0,4224	0,3855	0,3522	0,3220	0,2472	0,1615
11	0,8963	0,8489	0,8043	0,7621	0,7224	0,6849	0,6496	0,6162	0,5847	0,5549	0,5268	0,4751	0,4289	0,3875	0,3505	0,3173	0,2875	0,2149	0,1346
12	0,8874	0,8364	0,7885	0,7436	0,7014	0,6618	0,6246	0,5897	0,5568	0,5260	0,4970	0,4440	0,3971	0,3555	0,3186	0,2858	0,2567	0,1869	0,1122
13	0,8787	0,8240	0,7730	0,7254	0,6810	0,6394	0,6006	0,5643	0,5303	0,4986	0,4688	0,4150	0,3677	0,3262	0,2897	0,2575	0,2292	0,1625	0,0935
14	0,8700	0,8118	0,7579	0,7077	0,6611	0,6178	0,5775	0,5400	0,5051	0,4726	0,4423	0,3878	0,3405	0,2992	0,2633	0,2320	0,2046	0,1413	0,0779
15	0,8613	0,7999	0,7430	0,6905	0,6419	0,5969	0,5553	0,5167	0,4810	0,4479	0,4173	0,3624	0,3152	0,2745	0,2394	0,2090	0,1827	0,1229	0,0649
16	0,8528	0,7880	0,7284	0,6736	0,6232	0,5767	0,5339	0,4945	0,4581	0,4246	0,3936	0,3387	0,2919	0,2519	0,2176	0,1883	0,1631	0,1069	0,0541
17	0,8444	0,7764	0,7142	0,6572	0,6050	0,5572	0,5134	0,4732	0,4363	0,4024	0,3714	0,3166	0,2703	0,2311	0,1978	0,1696	0,1456	0,0929	0,0451
18	0,8360	0,7649	0,7002	0,6412	0,5874	0,5384	0,4936	0,4528	0,4155	0,3815	0,3503	0,2959	0,2502	0,2120	0,1799	0,1528	0,1300	0,0808	0,0376
19	0,8277	0,7536	0,6864	0,6255	0,5703	0,5202	0,4746	0,4333	0,3957	0,3616	0,3305	0,2765	0,2317	0,1945	0,1635	0,1377	0,1161	0,0703	0,0313
20	0,8195	0,7425	0,6730	0,6103	0,5537	0,5026	0,4564	0,4146	0,3769	0,3427	0,3118	0,2584	0,2145	0,1784	0,1486	0,1240	0,1037	0,0611	0,0261
21	0,8114	0,7315	0,6598	0,5954	0,5375	0,4856	0,4388	0,3968	0,3589	0,3249	0,2942	0,2415	0,1987	0,1637	0,1351	0,1117	0,0926	0,0531	0,0217
22	0,8034	0,7207	0,6468	0,5809	0,5219	0,4692	0,4220	0,3797	0,3418	0,3079	0,2775	0,2257	0,1839	0,1502	0,1228	0,1007	0,0826	0,0462	0,0181
23	0,7954	0,7100	0,6342	0,5667	0,5067	0,4533	0,4057	0,3634	0,3256	0,2919	0,2618	0,2109	0,1703	0,1378	0,1117	0,0907	0,0738	0,0402	0,0151
24	0,7876	0,6995	0,6217	0,5529	0,4919	0,4380	0,3901	0,3477	0,3101	0,2767	0,2470	0,1971	0,1577	0,1264	0,1015	0,0817	0,0659	0,0349	0,0126
25	0,7798	0,6892	0,6095	0,5394	0,4776	0,4231	0,3751	0,3327	0,2953	0,2622	0,2330	0,1842	0,1460	0,1160	0,0923	0,0736	0,0588	0,0304	0,0105
26	0,7720	0,6790	0,5976	0,5262	0,4637	0,4088	0,3607	0,3184	0,2812	0,2486	0,2198	0,1722	0,1352	0,1064	0,0839	0,0663	0,0525	0,0264	0,0087
27	0,7644	0,6690	0,5859	0,5134	0,4502	0,3950	0,3468	0,3047	0,2678	0,2356	0,2074	0,1609	0,1252	0,0976	0,0763	0,0597	0,0469	0,0230	0,0073
28	0,7568	0,6591	0,5744	0,5009	0,4371	0,3817	0,3335	0,2916	0,2551	0,2233	0,1956	0,1504	0,1159	0,0895	0,0693	0,0538	0,0419	0,0200	0,0061
29	0,7493	0,6494	0,5631	0,4887	0,4243	0,3687	0,3207	0,2790	0,2429	0,2117	0,1846	0,1406	0,1073	0,0822	0,0630	0,0485	0,0374	0,0174	0,0051
30	0,7419	0,6398	0,5521	0,4767	0,4120	0,3563	0,3083	0,2670	0,2314	0,2006	0,1741	0,1314	0,0994	0,0754	0,0573	0,0437	0,0334	0,0151	0,0042

Tabelle 3: Rentenendwertfaktoren REF(t;i) = (q^t - 1) / i

n	1,0%	1,5%	2,0%	2,5%	3,0%	3,5%	4,0%	4,5%	5,0%	5,5%	6,0%	7,0%	8,0%	9,0%	10,0%	11,0%	12,0%
1	1,0000	1,0000	1,0000	1,0000	1,0000	1,0000	1,0000	1,0000	1,0000	1,0000	1,0000	1,0000	1,0000	1,0000	1,0000	1,0000	1,0000
2	2,0100	2,0150	2,0200	2,0250	2,0300	2,0350	2,0400	2,0450	2,0500	2,0550	2,0600	2,0700	2,0800	2,0900	2,1000	2,1100	2,1200
3	3,0301	3,0452	3,0604	3,0756	3,0909	3,1062	3,1216	3,1370	3,1525	3,1680	3,1836	3,2149	3,2464	3,2781	3,3100	3,3421	3,3744
4	4,0604	4,0909	4,1216	4,1525	4,1836	4,2149	4,2465	4,2782	4,3101	4,3423	4,3746	4,4399	4,5061	4,5731	4,6410	4,7097	4,7793
5	5,1010	5,1523	5,2040	5,2563	5,3091	5,3625	5,4163	5,4707	5,5256	5,5811	5,6371	5,7507	5,8666	5,9847	6,1051	6,2278	6,3528
6	6,1520	6,2296	6,3081	6,3877	6,4684	6,5502	6,6330	6,7169	6,8019	6,8881	6,9753	7,1533	7,3359	7,5233	7,7156	7,9129	8,1152
7	7,2135	7,3230	7,4343	7,5474	7,6625	7,7794	7,8983	8,0192	8,1420	8,2669	8,3938	8,6540	8,9228	9,2004	9,4872	9,7833	10,0890
8	8,2857	8,4328	8,5830	8,7361	8,8923	9,0517	9,2142	9,3800	9,5491	9,7216	9,8975	10,2598	10,6366	11,0285	11,4359	11,8594	12,2997
9	9,3685	9,5593	9,7546	9,9545	10,1591	10,3685	10,5828	10,8021	11,0266	11,2563	11,4913	11,9780	12,4876	13,0210	13,5795	14,1640	14,7757
10	10,4622	10,7027	10,9497	11,2034	11,4639	11,7314	12,0061	12,2882	12,5779	12,8754	13,1808	13,8164	14,4866	15,1929	15,9374	16,7220	17,5487
11	11,5668	11,8633	12,1687	12,4835	12,8078	13,1420	13,4864	13,8412	14,2068	14,5835	14,9716	15,7836	16,6455	17,5603	18,5312	19,5614	20,6546
12	12,6825	13,0412	13,4121	13,7956	14,1920	14,6020	15,0258	15,4640	15,9171	16,3856	16,8699	17,8885	18,9771	20,1407	21,3843	22,7132	24,1331
13	13,8093	14,2368	14,6803	15,1404	15,6178	16,1130	16,6268	17,1599	17,7130	18,2868	18,8821	20,1406	21,4953	22,9534	24,5227	26,2116	28,0291
14	14,9474	15,4504	15,9739	16,5190	17,0863	17,6770	18,2919	18,9321	19,5986	20,2926	21,0151	22,5505	24,2149	26,0192	27,9750	30,0949	32,3926
15	16,0969	16,6821	17,2934	17,9319	18,5989	19,2957	20,0236	20,7841	21,5786	22,4087	23,2760	25,1290	27,1521	29,3609	31,7725	34,4054	37,2797
16	17,2579	17,9324	18,6393	19,3802	20,1569	20,9710	21,8245	22,7193	23,6575	24,6411	25,6725	27,8881	30,3243	33,0034	35,9497	39,1899	42,7533
17	18,4304	19,2014	20,0121	20,8647	21,7616	22,7050	23,6975	24,7417	25,8404	26,9964	28,2129	30,8402	33,7502	36,9737	40,5447	44,5008	48,8837
18	19,6147	20,4894	21,4123	22,3863	23,4144	24,4997	25,6454	26,8551	28,1324	29,4812	30,9057	33,9990	37,4502	41,3013	45,5992	50,3959	55,7497
19	20,8109	21,7967	22,8406	23,9460	25,1169	26,3572	27,6712	29,0636	30,5390	32,1027	33,7600	37,3790	41,4463	46,0185	51,1591	56,9395	63,4397
20	22,0190	23,1237	24,2974	25,5447	26,8704	28,2797	29,7781	31,3714	33,0660	34,8683	36,7856	40,9955	45,7620	51,1601	57,2750	64,2028	72,0524
21	23,2392	24,4705	25,7833	27,1833	28,6765	30,2695	31,9692	33,7831	35,7193	37,7861	39,9927	44,8652	50,4229	56,7645	64,0025	72,2651	81,6987
22	24,4716	25,8376	27,2990	28,8629	30,5368	32,3289	34,2480	36,3034	38,5052	40,8643	43,3923	49,0057	55,4568	62,8733	71,4027	81,2143	92,5026
23	25,7163	27,2251	28,8450	30,5844	32,4529	34,4604	36,6179	38,9370	41,4305	44,1118	46,9958	53,4361	60,8933	69,5319	79,5430	91,1479	104,6029
24	26,9735	28,6335	30,4219	32,3490	34,4265	36,6665	39,0826	41,6892	44,5020	47,5380	50,8156	58,1767	66,7648	76,7898	88,4973	102,1742	118,1552
25	28,2432	30,0630	32,0303	34,1578	36,4593	38,9499	41,6459	44,5652	47,7271	51,1526	54,8645	63,2490	73,1059	84,7009	98,3471	114,4133	133,3339
26	29,5256	31,5140	33,6709	36,0117	38,5530	41,3131	44,3117	47,5706	51,1135	54,9660	59,1564	68,6765	79,9544	93,3240	109,1818	127,9988	150,3339
27	30,8209	32,9867	35,3443	37,9120	40,7096	43,7591	47,0842	50,7113	54,6691	58,9891	63,7058	74,4838	87,3508	102,7231	121,0999	143,0786	169,3740
28	32,1291	34,4815	37,0512	39,8598	42,9309	46,2906	49,9676	53,9933	58,4026	63,2335	68,5281	80,6977	95,3388	112,9682	134,2099	159,8173	190,6989
29	33,4504	35,9987	38,7922	41,8563	45,2189	48,9108	52,9663	57,4230	62,3227	67,7114	73,6398	87,3465	103,9659	124,1354	148,6309	178,3972	214,5828
30	34,7849	37,5387	40,5681	43,9027	47,5754	51,6227	56,0849	61,0071	66,4388	72,4355	79,0582	94,4608	113,2832	136,3075	164,4940	199,0209	241,3327

Tabelle 4: Rentenbarwertfaktoren RBF (t; i) = (1 - q^{-t}) / i

n	1,0%	1,5%	2,0%	2,5%	3,0%	3,5%	4,0%	4,5%	5,0%	5,5%	6,0%	7,0%	8,0%	9,0%	10,0%	11,0%	12,0%	15,0%	20,0%
1	0,9901	0,9852	0,9804	0,9756	0,9709	0,9662	0,9615	0,9569	0,9524	0,9479	0,9434	0,9346	0,9259	0,9174	0,9091	0,9009	0,8929	0,8696	0,8333
2	1,9704	1,9559	1,9416	1,9274	1,9135	1,8997	1,8861	1,8727	1,8594	1,8463	1,8334	1,8080	1,7833	1,7591	1,7355	1,7125	1,6901	1,6257	1,5278
3	2,9410	2,9122	2,8839	2,8560	2,8286	2,8016	2,7751	2,7490	2,7232	2,6979	2,6730	2,6243	2,5771	2,5313	2,4869	2,4437	2,4018	2,2832	2,1065
4	3,9020	3,8544	3,8077	3,7620	3,7171	3,6731	3,6299	3,5875	3,5460	3,5052	3,4651	3,3872	3,3121	3,2397	3,1699	3,1024	3,0373	2,8550	2,5887
5	4,8534	4,7826	4,7135	4,6458	4,5797	4,5151	4,4518	4,3900	4,3295	4,2703	4,2124	4,1002	3,9927	3,8897	3,7908	3,6959	3,6048	3,3522	2,9906
6	5,7955	5,6972	5,6014	5,5081	5,4172	5,3286	5,2421	5,1579	5,0757	4,9955	4,9173	4,7665	4,6229	4,4859	4,3553	4,2305	4,1114	3,7845	3,3255
7	6,7282	6,5982	6,4720	6,3494	6,2303	6,1145	6,0021	5,8927	5,7864	5,6830	5,5824	5,3893	5,2064	5,0330	4,8684	4,7122	4,5638	4,1604	3,6046
8	7,6517	7,4859	7,3255	7,1701	7,0197	6,8740	6,7327	6,5959	6,4632	6,3346	6,2098	5,9713	5,7466	5,5348	5,3349	5,1461	4,9676	4,4873	3,8372
9	8,5660	8,3605	8,1622	7,9709	7,7861	7,6077	7,4353	7,2688	7,1078	6,9522	6,8017	6,5152	6,2469	5,9952	5,7590	5,5370	5,3282	4,7716	4,0310
10	9,4713	9,2222	8,9826	8,7521	8,5302	8,3166	8,1109	7,9127	7,7217	7,5376	7,3601	7,0236	6,7101	6,4177	6,1446	5,8892	5,6502	5,0188	4,1925
11	10,3676	10,0711	9,7868	9,5142	9,2526	9,0016	8,7605	8,5289	8,3064	8,0925	7,8869	7,4987	7,1390	6,8052	6,4951	6,2065	5,9377	5,2337	4,3271
12	11,2551	10,9075	10,5753	10,2578	9,9540	9,6633	9,3851	9,1186	8,8633	8,6185	8,3838	7,9427	7,5361	7,1607	6,8137	6,4924	6,1944	5,4206	4,4392
13	12,1337	11,7315	11,3484	10,9832	10,6350	10,3027	9,9856	9,6829	9,3936	9,1171	8,8527	8,3577	7,9038	7,4869	7,1034	6,7499	6,4235	5,5831	4,5327
14	13,0037	12,5434	12,1062	11,6909	11,2961	10,9205	10,5631	10,2228	9,8986	9,5896	9,2950	8,7455	8,2442	7,7862	7,3667	6,9819	6,6282	5,7245	4,6106
15	13,8651	13,3432	12,8493	12,3814	11,9379	11,5174	11,1184	10,7395	10,3797	10,0376	9,7122	9,1079	8,5595	8,0607	7,6061	7,1909	6,8109	5,8474	4,6755
16	14,7179	14,1313	13,5777	13,0550	12,5611	12,0941	11,6523	11,2340	10,8378	10,4622	10,1059	9,4466	8,8514	8,3126	7,8237	7,3792	6,9740	5,9542	4,7296
17	15,5623	14,9076	14,2919	13,7122	13,1661	12,6513	12,1657	11,7072	11,2741	10,8646	10,4773	9,7632	9,1216	8,5436	8,0216	7,5488	7,1196	6,0472	4,7746
18	16,3983	15,6726	14,9920	14,3534	13,7535	13,1897	12,6593	12,1600	11,6896	11,2461	10,8276	10,0591	9,3719	8,7556	8,2014	7,7016	7,2497	6,1280	4,8122
19	17,2260	16,4262	15,6785	14,9789	14,3238	13,7098	13,1339	12,5933	12,0853	11,6077	11,1581	10,3356	9,6036	8,9501	8,3649	7,8393	7,3658	6,1982	4,8435
20	18,0456	17,1686	16,3514	15,5892	14,8775	14,2124	13,5903	13,0079	12,4622	11,9504	11,4699	10,5940	9,8181	9,1285	8,5136	7,9633	7,4694	6,2593	4,8696
21	18,8570	17,9001	17,0112	16,1845	15,4150	14,6980	14,0292	13,4047	12,8212	12,2752	11,7641	10,8355	10,0168	9,2922	8,6487	8,0751	7,5620	6,3125	4,8913
22	19,6604	18,6208	17,6580	16,7654	15,9369	15,1671	14,4511	13,7844	13,1630	12,5832	12,0416	11,0612	10,2007	9,4424	8,7715	8,1757	7,6446	6,3587	4,9094
23	20,4558	19,3309	18,2922	17,3321	16,4436	15,6204	14,8568	14,1478	13,4886	12,8750	12,3034	11,2722	10,3711	9,5802	8,8832	8,2664	7,7184	6,3988	4,9245
24	21,2434	20,0304	18,9139	17,8850	16,9355	16,0584	15,2470	14,4955	13,7986	13,1517	12,5504	11,4693	10,5288	9,7066	8,9847	8,3481	7,7843	6,4338	4,9371
25	22,0232	20,7196	19,5235	18,4244	17,4131	16,4815	15,6221	14,8282	14,0939	13,4139	12,7834	11,6536	10,6748	9,8226	9,0770	8,4217	7,8431	6,4641	4,9476
26	22,7952	21,3986	20,1210	18,9506	17,8768	16,8904	15,9828	15,1466	14,3752	13,6625	13,0032	11,8258	10,8100	9,9290	9,1609	8,4881	7,8957	6,4906	4,9563
27	23,5596	22,0676	20,7069	19,4640	18,3270	17,2854	16,3296	15,4513	14,6430	13,8981	13,2105	11,9867	10,9352	10,0266	9,2372	8,5478	7,9426	6,5135	4,9636
28	24,3164	22,7267	21,2813	19,9649	18,7641	17,6670	16,6631	15,7429	14,8981	14,1214	13,4062	12,1371	11,0511	10,1161	9,3066	8,6016	7,9844	6,5335	4,9697
29	25,0658	23,3761	21,8444	20,4535	19,1885	18,0358	16,9837	16,0219	15,1411	14,3331	13,5907	12,2777	11,1584	10,1983	9,3696	8,6501	8,0218	6,5509	4,9747
30	25,8077	24,0158	22,3965	20,9303	19,6004	18,3920	17,2920	16,2889	15,3725	14,5337	13,7648	12,4090	11,2578	10,2737	9,4269	8,6938	8,0552	6,5660	4,9789

Tabelle 5: Annuitätenfaktoren $(t;i) = i / (1 - q^{-t})$

n \ i	1,0%	1,5%	2,0%	2,5%	3,0%	3,5%	4,0%	4,5%	5,0%	5,5%	6,0%	7,0%	8,0%	9,0%	10,0%	11,0%	12,0%	15,0%	20,0%
1	1,0100	1,0150	1,0200	1,0250	1,0300	1,0350	1,0400	1,0450	1,0500	1,0550	1,0600	1,0700	1,0800	1,0900	1,1000	1,1100	1,1200	1,1500	1,2000
2	0,5075	0,5113	0,5150	0,5188	0,5226	0,5264	0,5302	0,5340	0,5378	0,5416	0,5454	0,5531	0,5608	0,5685	0,5762	0,5839	0,5917	0,6151	0,6545
3	0,3400	0,3434	0,3468	0,3501	0,3535	0,3569	0,3603	0,3638	0,3672	0,3707	0,3741	0,3811	0,3880	0,3951	0,4021	0,4092	0,4163	0,4380	0,4747
4	0,2563	0,2594	0,2626	0,2658	0,2690	0,2723	0,2755	0,2787	0,2820	0,2853	0,2886	0,2952	0,3019	0,3087	0,3155	0,3223	0,3292	0,3503	0,3863
5	0,2060	0,2091	0,2122	0,2152	0,2184	0,2215	0,2246	0,2278	0,2310	0,2342	0,2374	0,2439	0,2505	0,2571	0,2638	0,2706	0,2774	0,2983	0,3344
6	0,1725	0,1755	0,1785	0,1815	0,1846	0,1877	0,1908	0,1939	0,1970	0,2002	0,2034	0,2098	0,2163	0,2229	0,2296	0,2364	0,2432	0,2642	0,3007
7	0,1486	0,1516	0,1545	0,1575	0,1605	0,1635	0,1666	0,1697	0,1728	0,1760	0,1791	0,1856	0,1921	0,1987	0,2054	0,2122	0,2191	0,2404	0,2774
8	0,1307	0,1336	0,1365	0,1395	0,1425	0,1455	0,1485	0,1516	0,1547	0,1579	0,1610	0,1675	0,1740	0,1807	0,1874	0,1943	0,2013	0,2229	0,2606
9	0,1167	0,1196	0,1225	0,1255	0,1284	0,1314	0,1345	0,1376	0,1407	0,1438	0,1470	0,1535	0,1601	0,1668	0,1736	0,1806	0,1877	0,2096	0,2481
10	0,1056	0,1084	0,1113	0,1143	0,1172	0,1202	0,1233	0,1264	0,1295	0,1327	0,1359	0,1424	0,1490	0,1558	0,1627	0,1698	0,1770	0,1993	0,2385
11	0,0965	0,0993	0,1022	0,1051	0,1081	0,1111	0,1141	0,1172	0,1204	0,1236	0,1268	0,1334	0,1401	0,1469	0,1540	0,1611	0,1684	0,1911	0,2311
12	0,0888	0,0917	0,0946	0,0975	0,1005	0,1035	0,1066	0,1097	0,1128	0,1160	0,1193	0,1259	0,1327	0,1397	0,1468	0,1540	0,1614	0,1845	0,2253
13	0,0824	0,0852	0,0881	0,0910	0,0940	0,0971	0,1001	0,1033	0,1065	0,1097	0,1130	0,1197	0,1265	0,1336	0,1408	0,1482	0,1557	0,1791	0,2206
14	0,0769	0,0797	0,0826	0,0855	0,0885	0,0916	0,0947	0,0978	0,1010	0,1043	0,1076	0,1143	0,1213	0,1284	0,1357	0,1432	0,1509	0,1747	0,2169
15	0,0721	0,0749	0,0778	0,0808	0,0838	0,0868	0,0899	0,0931	0,0963	0,0996	0,1030	0,1098	0,1168	0,1241	0,1315	0,1391	0,1468	0,1710	0,2139
16	0,0679	0,0708	0,0737	0,0766	0,0796	0,0827	0,0858	0,0890	0,0923	0,0956	0,0990	0,1059	0,1130	0,1203	0,1278	0,1355	0,1434	0,1679	0,2114
17	0,0643	0,0671	0,0700	0,0729	0,0760	0,0790	0,0822	0,0854	0,0887	0,0920	0,0954	0,1024	0,1096	0,1170	0,1247	0,1325	0,1405	0,1654	0,2094
18	0,0610	0,0638	0,0667	0,0697	0,0727	0,0758	0,0790	0,0822	0,0855	0,0889	0,0924	0,0994	0,1067	0,1142	0,1219	0,1298	0,1379	0,1632	0,2078
19	0,0581	0,0609	0,0638	0,0668	0,0698	0,0729	0,0761	0,0794	0,0827	0,0862	0,0896	0,0968	0,1041	0,1117	0,1195	0,1276	0,1358	0,1613	0,2065
20	0,0554	0,0582	0,0612	0,0641	0,0672	0,0704	0,0736	0,0769	0,0802	0,0837	0,0872	0,0944	0,1019	0,1095	0,1175	0,1256	0,1339	0,1598	0,2054
21	0,0530	0,0559	0,0588	0,0618	0,0649	0,0680	0,0713	0,0746	0,0780	0,0815	0,0850	0,0923	0,0998	0,1076	0,1156	0,1238	0,1322	0,1584	0,2044
22	0,0509	0,0537	0,0566	0,0596	0,0627	0,0659	0,0692	0,0725	0,0760	0,0795	0,0830	0,0904	0,0980	0,1059	0,1140	0,1223	0,1308	0,1573	0,2037
23	0,0489	0,0517	0,0547	0,0577	0,0608	0,0640	0,0673	0,0707	0,0741	0,0777	0,0813	0,0887	0,0964	0,1044	0,1126	0,1210	0,1296	0,1563	0,2031
24	0,0471	0,0499	0,0529	0,0559	0,0590	0,0623	0,0656	0,0690	0,0725	0,0760	0,0797	0,0872	0,0950	0,1030	0,1113	0,1198	0,1285	0,1554	0,2025
25	0,0454	0,0483	0,0512	0,0543	0,0574	0,0607	0,0640	0,0674	0,0710	0,0745	0,0782	0,0858	0,0937	0,1018	0,1102	0,1187	0,1275	0,1547	0,2021
26	0,0439	0,0467	0,0497	0,0528	0,0559	0,0592	0,0626	0,0660	0,0696	0,0732	0,0769	0,0846	0,0925	0,1007	0,1092	0,1178	0,1267	0,1541	0,2018
27	0,0424	0,0453	0,0483	0,0514	0,0546	0,0579	0,0612	0,0647	0,0683	0,0720	0,0757	0,0834	0,0914	0,0997	0,1083	0,1170	0,1259	0,1535	0,2015
28	0,0411	0,0440	0,0470	0,0501	0,0533	0,0566	0,0600	0,0635	0,0671	0,0708	0,0746	0,0824	0,0905	0,0989	0,1075	0,1163	0,1252	0,1531	0,2012
29	0,0399	0,0428	0,0458	0,0489	0,0521	0,0554	0,0589	0,0624	0,0660	0,0698	0,0736	0,0814	0,0896	0,0981	0,1067	0,1156	0,1247	0,1527	0,2010
30	0,0387	0,0416	0,0446	0,0478	0,0510	0,0544	0,0578	0,0614	0,0651	0,0688	0,0726	0,0806	0,0888	0,0973	0,1061	0,1150	0,1241	0,1523	0,2008

Literaturverzeichnis

Bosch, Karl (2001): Brückenkurs Mathematik, 10. Auflage, München

Hettich, Günter; Jüttler, Helmut; Luderer, Bernd (2001): Mathematik für Wirtschaftswissenschaftler und Finanzmathematik, 7. Auflage, München

Kobelt, Helmut; Schulte, Peter (1999): Finanzmathematik, 7. Auflage, Herne

Luderer, Bernd; Würker, Uwe (2001): Einstieg in die Wirtschaftsmathematik, 4. Auflage, Stuttgart/Leipzig/Wiesbaden

Luderer, Bernd; Paape, Conny, Würker, Uwe (2001): Arbeitsbuch- und Übungsbuch Wirtschaftsmathematik, Beispiele-Aufgaben-Formeln, 2. Auflage, Stuttgart/Leipzig/Wiesbaden

Mehler-Bicher, Anett (2002): Mathematik für Wirtschaftswissenschaftler, 2. Auflage, München

Opitz, Otto (2002): Mathematik, Lehrbuch für Ökonomen, 8. Auflage, München

Purkert, Walter (2001): Brückenkurs Mathematik für Wirtschaftswissenschaftler, 4. Auflage, Stuttgart/Leipzig/Wiesbaden

Schwarze, Jochen (1998): Mathematik für Wirtschaftswissenschaftler, Elementare Grundlagen für Studienanfänger, 6. Auflage, Herne

Schwarze, Jochen (2000): Mathematik für Wirtschaftswissenschaftler, Bd. 1, Grundlagen, 11. Auflage, Herne

Schwarze, Jochen (2000): Mathematik für Wirtschaftswissenschaftler, Bd. 2, Differential und Integralrechnung, 11. Auflage, Herne

Schwarze, Jochen (2000): Mathematik für Wirtschaftswissenschaftler, Bd. 3, Lineare Algebra, Lineare Optimierung und Graphentheorie, 11. Auflage, Herne

Tietze, Jürgen (2002): Einführung in die angewandte Wirtschaftsmathematik, 10. Auflage, Wiesbaden

Tietze, Jürgen (2002): Übungsbuch zur Finanzmathematik. Aufgaben, Testklausuren, Lösungen, 2. erw. Auflage, Wiesbaden

Tietze, Jürgen (2002): Einführung in die Finanzmathematik, 5. Auflage, Wiesbaden

Stichwortverzeichnis

220 Stichwortverzeichnis